Karl Esser

Kryptogamen II
Moose · Farne

Praktikum und Lehrbuch

Unter Mitarbeit von
Jörg Kämper (Fotos)
Hans-Jürgen Rathke (Zeichnungen)

Mit 94 Abbildungen

Springer-Verlag
Berlin Heidelberg New York
London Paris Tokyo
Hong Kong Barcelona
Budapest

o. Universitäts-Professor Dr. phil. Dr. h.c. mult. Karl Esser
Dr. Jörg Kämper
Hans-Jürgen Rathke

Lehrstuhl für Allgemeine Botanik
Ruhr-Universität Bochum
Postfach 102148
Universitätsstraße 150
D-4630 Bochum 1

Ergänzungsband zu: K. Esser, Kryptogamen (Cyanobakterien, Algen, Pilze, Flechten), 2. neubearbeitete Auflage 1986

ISBN-13:978-3-540-53651-2   e-ISBN-13:978-3-642-76408-0
DOI: 10.1007/978-3-642-76408-0

Die Deutsche Bibliothek – CIP-Einheitsaufnahme
Esser, Karl: Kryptogamen / Karl Esser. – Berlin; Heidelberg; New York; London; Paris; Tokyo; Hong Kong; Barcelona; Budapest: Springer. 2. Moose, Farne: Praktikum und Lehrbuch / Fotos: Jörg Kemper. Zeichn.: Hans-Jürgen Rathke. – 1991
ISBN-13:978-3-540-53651-2

Dieses Werk ist urheberrechtlich geschützt. Die dadurch begründeten Rechte, insbesondere die der Übersetzung, des Nachdrucks, des Vortrags, der Entnahme von Abbildungen und Tabellen, der Funksendung, der Mikroverfilmung oder der Vervielfältigung auf anderen Wegen und der Speicherung in Datenverarbeitungsanlagen, bleiben, auch bei nur auszugsweiser Verwertung, vorbehalten. Eine Vervielfältigung dieses Werkes oder von Teilen dieses Werkes ist auch im Einzelfall nur in den Grenzen der gesetzlichen Bestimmungen des Urheberrechtsgesetzes der Bundesrepublik Deutschland vom 9. September 1965 in der jeweils geltenden Fassung zulässig. Sie ist grundsätzlich vergütungspflichtig. Zuwiderhandlungen unterliegen den Strafbestimmungen des Urheberrechtsgesetzes.

© Springer-Verlag Berlin Heidelberg 1992

Die Wiedergabe von Gebrauchsnamen, Handelsnamen, Warenbezeichnungen usw. in diesem Werk berechtigt auch ohne besondere Kennzeichnung nicht zu der Annahme, daß solche Namen im Sinne der Warenzeichen- und Markenschutz-Gesetzgebung als frei zu betrachten wären und daher von jedermann benutzt werden dürften.

31/3145-543210 – Gedruckt auf säurefreiem Papier

Vorwort

Sowohl bei der Abfassung des Kryptogamen-Buches*, im folgenden „Teil I" genannt, im Jahre 1976 als auch bei Erstellung der 2. Auflage im Jahre 1986 war es leider aus Zeitgründen nicht möglich, den gesamten Bereich der Kryptogamen zu behandeln. Die Moose und Farne wurden ausgespart. Diese Lücke soll durch den vorliegenden Band geschlossen werden.

Der Text hält sich an die damals gewählte Form, nicht die Taxonomie in den Vordergrund zu stellen, sondern Progressionen in der Morphologie und das Fortpflanzungsverhalten vordringlich zu bearbeiten. Da die Grundbegriffe zum Verständnis der Kryptogamen im ersten Teil umfassend behandelt wurden, kann in diesem Band auf einen theoretischen Teil verzichtet werden.

Der technisch-methodische Teil, mit dem dieses Buch beginnt, beinhaltet eine Ergänzung des entsprechenden Kapitels des ersten Teils. Dies kommt auch durch die gleichartige Gliederung zum Ausdruck. Bedingt durch den Charakter dieses Buches als Ergänzungsband bedeutet dies, daß technische Angaben und Methoden, die bereits im ersten Teil behandelt wurden, hier nur durch entsprechende Hinweise abgedeckt werden. Das gilt auch für die im Anhang gemachten Angaben über Beschaffung von Materialien für Kurs und Vorlesung sowie für die Literaturliste.

Selbstverständlich ist die Darstellung der Moose und Farne geprägt durch die Erfahrungen des Autors im Verlauf seiner Lehrtätigkeit, was sicherlich manchmal zu einer subjektiven Schwerpunktsetzung geführt hat.

In gleicher Weise wie im ersten Teil haben wir auch in diesem zweiten Teil soweit als möglich alle Methoden überprüft. Dies trifft auch für die wissenschaftlichen Grundlagen der Schema-Zeichnungen und natürlich für die mikroskopischen Präparate zu.

Auch bei der Abfassung dieses Buches haben mir viele Kollegen, Bekannte und Freunde durch Überlassung von Versuchsmaterial, Versuchsanleitungen und kritische Hinweise sehr geholfen. Ihnen möchte ich für ihre Unterstützung danken.

Dies sind vor allem: W.O. Abel (Hamburg), W. Bennert (Bochum), J. Bogner (München), M. Bopp (Heidelberg), A. Bresinsky

---

* Esser K (1986) Kryptogamen. Cyanobakterien, Algen, Pilze, Flechten. Praktikum und Lehrbuch. 2. Aufl. Springer, Berlin Heidelberg New York

(Regensburg), W. Greuter (Berlin), U. Hamann (Bochum), K. T. Jedrzejko (Sosnowiec), P. Kircher (Bochum), B. Kirchner (Bochum), W. Schulze-Motel (Berlin), L. Stange (Kassel), B. Zimmer (Berlin).

Wie schon im Vorwort zur ersten Auflage zum Ausdruck gebracht, lebt die Wissenschaft von einer ständigen konstruktiven Kritik. Da bei dieser ersten Auflage des Ergänzungsbandes Fehler gewiß nicht zu vermeiden sind, bin ich den Lesern für die Übermittlung von kritischen Anregungen und Wünschen, die bei einer eventuellen weiteren Auflage bzw. nach Integration dieses Bandes in den ersten Band zum Tragen kämen, sehr verbunden.

Herrn Privatdozent Dr. W. Bennert danke ich sehr herzlich für die Durchsicht des gesamten Manuskriptes und wertvolle Anregungen. Den Moos-Teil des Manuskriptes hat Herr Prof. Dr. W. O. Abel durchgesehen. Auch ihm sei gedankt.

Für die Reinschrift des druckfertigen Manuskriptes und die Zusammenstellung der Register bin ich Frau Angelika Schmitz zu großem Dank verpflichtet.

Bochum, Sommer 1991   Karl Esser

Inhaltsverzeichnis

Technisch-methodischer Teil

I. Materialbeschaffung	3
1. Frischmaterial	3
2. Konserviertes Material	3
II. Freiland- und Gewächshauskulturen	4
III. Laborkulturen	4
1. Nährmedien	5
2. Kulturmethoden	6
IV. Präparationsmethoden	7

Praktischer Teil

Vorbemerkungen	11

4. Abteilung: Bryophyta (Moose)

Allgemeine Einführung	13
I. Merkmale	13
II. Klassifizierung	16
III. Praktische Bedeutung	19
1. Klasse: Anthocerotopsida (Hornmoose)	20
A. Allgemeine Einführung	20
I. Merkmale	20
II. Fortpflanzung	20
III. Klassifizierung	21
B. Übungsanleitungen	21
2. Klasse: Marchantiopsida [Hepaticae] (Lebermoose)	25
A. Allgemeine Einführung	25
I. Merkmale	25
II. Fortpflanzung	26
III. Klassifizierung	29
B. Übungsanleitungen	30
I. Bau des Vegetationskörpers	31

1. Undifferenzierter Thallus: *Riccardia*-Typ 31
2. Thallus mit Differenzierung in Abschluß- und Zentralgewebe: *Pellia*-Typ 32
3. Thallus mit Differenzierung in Assimilations- und Speichergewebe 34
   a) *Ricciocarpus*-Typ 34
   b) *Riccia*-Typ 36
   c) *Marchantia*-Typ 36
II. Progression vom thallosen zum foliosen Vegetationskörper 39
   1. Thallose Form mit Differenzierung in Abschluß- und Zentralgewebe: *Pellia*-Typ 39
   2. Thallose Form mit ausgeprägter Mittelrippe: *Metzgeria*-Typ 39
   3. Übergang von thalloser zu folioser Form: *Fossombronia*-Typ 43
   4. Orthotrope foliose Form: *Haplomitrium*-Typ .. 45
   5. Plagiotrope foliose Form: *Jungermaniales*-Typ . 45
III. Vegetative Fortpflanzung 49
   1. Brutkörper 49
   2. Brutzellen 53
   3. Brutäste 53
IV. Sexuelle Fortpflanzung 55
   1. *Sphaerocarpus donellii* 55
   2. *Riella affinis* 57
   3. *Pellia epiphylla* 59
   4. *Marchantia polymorpha* 63

3. Klasse: Bryopsida [Musci] (Laubmoose) 70
A. Allgemeine Einführung 70
   I. Merkmale 70
   II. Fortpflanzung 71
   III. Klassifizierung 73
B. Übungsanleitungen 76
   I. Sporen und Protonema (Vorkeim) 76
   II. Gametophyt 81
      1. Cauloid (Moosstämmchen) 82
      2. Phylloid (Moosblättchen) 87
      3. Rhizoid (Mooswürzelchen) 93
      4. Gametangien 93
   III. Sporophyt (Sporogonium = Sporogon) 97
      1. Bryidae, gestielte stegokarpe Sporogone ... 97
      2. Sphagnidae, ungestieltes stegokarpes Sporogon 106
      3. Andreaeidae, ungestieltes kleistokarpes Sporogon 108
   IV. Vegetative Fortpflanzung 109

5. Abteilung: Pteridophyta (Farnpflanzen)

Allgemeine Einführung 111
    I. Merkmale 111
    II. Klassifizierung 114
    III. Praktische Bedeutung 116
1. Klasse: Psilophytopsida (Urfarne) 116
Allgemeine Einführung 116
    I. Merkmale 116
    II. Fortpflanzung 117
    III. Klassifizierung 118
    IV. Stelärtheorie und Telomtheorie 118
2. Klasse: Psilotopsida (Gabelblattgewächse) 118
A. Allgemeine Einführung 118
    I. Merkmale 118
    II. Fortpflanzung 118
    III. Klassifizierung 120
B. Übungsanleitungen 120
3. Klasse: Lycopodiopsida (Bärlappgewächse) 121
A. Allgemeine Einführung 121
    I. Merkmale 121
    II. Fortpflanzung 121
    III. Klassifizierung 124
B. Übungsanleitungen 124
1. Ordnung: Lycopodiales (Bärlappe) 124
2. Ordnung: Selaginellales (Moosfarne) 129
3. Ordnung: Lepidodendrales (Bärlappbäume) 139
4. Ordnung: Isoëtales (Brachsenkräuter) 139
4. Klasse: Equisetopsida [Articulatae] (Schachtelhalme) . 143
A. Allgemeine Einführung 143
    I. Merkmale 143
    II. Fortpflanzung 144
    III. Klassifizierung 144
B. Übungsanleitungen 145
5. Klasse: Pteridopsida [Filices] (Farne) 153
A. Allgemeine Einführung 153
    I. Merkmale 153
    II. Fortpflanzung 153
    III. Klassifizierung 153
B. Übungsanleitungen 155
Unterklasse: Protopteridiidae [Primofilices] 155
Unterklasse: Ophioglossidae [Eusporangiatae] 156
1. Ordnung: Ophioglossales (Rautenfarngewächse) 156
2. Ordnung: Marattiales 160

Unterklasse: Pterididae [Leptosporangiatae] 162
   Ordnung: Pteridales (Farne) 162
     I. Gametophyt (Prothallium) 168
       1. Sporenkeimung, Prothalliumbildung 168
       2. Antheridien und Archegonien 170
     II. Sporophyt (Farnpflanze) 174
       1. Junger Sporophyt 174
       2. Sproßachse 176
       3. Wurzel 177
       4. Blatt 180
       5. Sporangien 184
         a) Anordnung und Morphologie der Sori 184
         b) Entwicklung der Sporangien 186
         c) Habitus und Öffnung der Sporangien 188
       6. Vegetative Fortpflanzung des Sporophyten 189
Unterklasse: Salviniidae [Hydropterides] 193
1. Ordnung: Salviniales (Schwimmfarne) 194
2. Ordnung: Marsileales (Kleefarne) 200

Anhang

     I. Adressenliste für die Materialbeschaffung 207
     II. Unterrichtsfilme 208

Literatur

Technisch-methodischer Teil – Allgemeine Literatur 211
Praktischer Teil – Allgemeine Literatur 211
Praktischer Teil – Spezielle Literatur 212
       4. Abteilung: Bryophyta 212
       5. Abteilung: Pteridophyta 213

Verzeichnis der Pflanzennamen 215

Sachverzeichnis 217

Technisch-methodischer Teil

In diesem Kapitel werden nur *Hinweise* über *Materialbeschaffung, Laborkulturen* und *Präparationsmethoden* gegeben, soweit diese nicht in dem entsprechenden Kapitel von Teil I dieses Buches (2. Aufl., 14–27) verzeichnet sind. Die weitere Gliederung folgt analog der dort verwendeten Unterteilung, so daß ein vergleichendes Lesen möglich ist. Ebenfalls wie in Teil I werden spezielle, auf ein Objekt bezogene Angaben unter den Rubriken „Material" bzw. „Präparation und Aufgabe" im praktischen Teil gemacht.

I. Materialbeschaffung (Teil I, Seite 14 bis 20)

Im Gegensatz zur Beschaffung von Algen- und Pilzmaterial ist man bei den Moosen und Farnen noch weitgehend auf das Sammeln von Material angewiesen, falls nicht entsprechende Kulturen in einem Botanischen Garten zur Verfügung stehen. Es gibt weder Bryotheken noch Pteridotheken, denn Laborkulturen werden, mit Ausnahme von einigen Moosen, im allgemeinen nicht gehalten. Allerdings wird von einigen Firmen auch fixiertes und lebendes Material angeboten (S. 207f.).

1. Frischmaterial

Die Vegetationskörper der Moose und Farne können über einen relativ langen Zeitraum des Jahres beschafft werden. Das Material zum Studium der sexuellen Fortpflanzung ist dagegen nur in sehr begrenzten Zeiträumen zu finden, die bei den einzelnen Objekten im praktischen Teil angegeben werden. Viele Farne kann man nahezu ganzjährig in Gärtnereien erwerben.

Es ist zweckmäßig, sich bei wiederholter Durchführung des Kurses Fundortlisten für Frischmaterial mit entsprechenden Zeitangaben anzulegen. Als Hilfestellung können dazu die Hinweise auf Bodenbeschaffenheit und regionale Verbreitung dienen, die für die einzelnen Objekte im praktischen Teil gegeben werden.

2. Konserviertes Material

Um unabhängig von einer jahreszeitlich bedingten Einschränkung in der Materialbeschaffung zu sein, ist es notwendig, eine Kollektion von fixiertem Material anzulegen. Entsprechende Angaben über Fixierung und Aufbewahrung sind dem Teil I zu entnehmen.

Mit dem fixierten Material kann man natürlich nicht alle Anforderungen des Kurses abdecken, wie z. B. Beobachtungen über Freisetzung und Wanderung von männlichen Gameten.

Bei vielen Objekten ist es auch möglich, auf Herbarmaterial zurückzugreifen, das vor der Bearbeitung durch Befeuchtung mit Wasser, oder besser durch Einlegen in eine Feuchtkammer, für die Herstellung mikroskopischer Präparate vorbereitet wird.

II. Freiland- und Gewächshauskulturen

Beide Pflanzengruppen, Moose und Farne, lassen sich — sofern es sich nicht um tropische Formen handelt — sehr gut im Freiland an schattigen oder halbschattigen Stellen kultivieren, wenn man auf eine entsprechende Bodenbeschaffenheit achtet und für genügend Feuchtigkeit sorgt. Vor allem die Moose — und hier besonders die Lebermoose — kann man ganzjährig von natürlichen Standorten in einen „Moosgarten" einbringen, wenn man sie vorsichtig mit genügend anhaftendem Boden entnimmt und während des Transportes feucht hält.

Bei den Farnen ist es zwar möglich, ganzjährig Rhizome zu verpflanzen, aber vielfach wird dann die Haltbarkeit der Blätter beeinträchtigt. Einfacher ist natürlich die Haltung von Moosen und Farnen, wenn Gewächshäuser und eine facherfahrene Betreuung zur Verfügung stehen. Es hat sich gezeigt, daß die Moose sich am besten in sehr niedrigen, schattigen (Nordseite) und gut feuchtzuhaltenden Häusern kultivieren lassen. Die Farnhäuser sind natürlich größer und nicht auf den hohen Feuchtigkeitsgehalt angewiesen, sofern es sich nicht um tropische Farne handelt. Um keine unliebsame Überraschung bei Kursbeginn zu erleben, sollte man sich die Mooskulturen in regelmäßigen Abständen anschauen, denn vor allem bei den Lebermoosen gibt es eine unterschiedliche Penetranz der einzelnen Arten. Es kann daher sehr leicht zu einer Überwucherung von langsam wachsenden Arten durch schneller wachsende kommen.

Als Böden für die Moos- und Farnkulturen kann man die sogenannte Einheitserde verwenden. Zur Auflockerung sollte man Holzkohle- oder Styropor-Stückchen zufügen.

Die Anzucht von Wasser- und sumpfbewohnenden Farnen ist unproblematisch. Die tropischen Objekte können allerdings, bedingt durch ihre Kälteempfindlichkeit, nur in beheizten Gewächshäusern gehalten werden.

III. Laborkulturen (Teil I, Seite 20 bis 41)

Im Gegensatz zu den Pilzen ist man bei Moosen kaum auf Laborkulturen angewiesen, noch weniger bei den Farnen. Solche Kulturen kommen bei Moosen für ein Studium von Sporenkeimung, Protonemabildung und Entstehung des jungen Gametophyten, ferner für die Bearbeitung des Fortpflanzungsverhaltens von „exotischen" Lebermoosen, wie *Riella* (S. 58 f) und *Sphaerocarpus* (S. 55 f) in Frage. Bei den Farnen sind Laborkulturen ebenfalls für die Sporenkeimung sowie die Bildung und Entwicklung des Gametophyten (Prothallium) sehr zweckmäßig. Im

Technisch-methodischer Teil

folgenden wird eine Zusammenstellung von Nährmedien und allgemeinen Bemerkungen zu Kulturmethoden für Moose und Farne gegeben. Spezielle Kulturmethoden findet man im experimentellen Teil an entsprechender Stelle. Angaben über Kulturgefäße, Sterilisation und Grundlagen des sterilen Arbeitens sind Teil I zu entnehmen.

1. Nährmedien

Wenn man die Literatur durchsieht, findet man eine Fülle von Angaben über Nährmedien, deren Zusammensetzung auf den unterschiedlichen Erfahrungen der einzelnen Autoren beruht. Dies ist in der Mikrobiologie eine allgemeine Erscheinung. Ebenso, wie wir schon bei der Besprechung der Nährmedien für Pilze erwähnt haben (Teil I, 24), lassen sich auch Moose und Prothallien von Schachtelhalmen und Farnen auf Standardmedien kultivieren. Hierbei handelt es sich ausschließlich um anorganische Medien, welche in erster Linie den Stickstoffbedarf abdecken. Bedingt durch die Autotrophie der Moose und Farne ist der Zusatz einer Kohlenstoffquelle nicht notwendig.

Medien zur Anzucht von Moosen:

Benecke Agar (1 l)	NH_4NO_3	0,2 g
	$CaCl_2 \times 6 H_2O$	0,1 g
	$MgSO_4 \times 7 H_2O$	0,1 g
	KH_2PO_4	0,1 g
	$FeCl_3$	0,01 g
	Agar	20 g
	pH-Wert = 6,8	
Knop Agar (1 l)	KH_2PO_4	0,25 g
	KCl	0,25 g
	$MgSO_4 \times 7 H_2O$	0,25 g
	$Ca(NO_3)_2 \times 4 H_2O$	1 g
	$FeSO_4 \times 7 H_2O$	12,5 mg
	$FeCl_3 \times 7 H_2O$	30 mg
	EDTA (Äthylendiaminotetraacetat)	40 mg
	Agar	20 g

Wenn Agarmedien benutzt werden ist ein Zusatz von Spurenelementen im allgemeinen nicht notwendig, da handelsüblicher Agar diese meist enthält. Falls man aber Flüssigkeitskulturen verwendet, sollte man 0,1 ml/l der folgenden Stammlösung zugeben.

Spurenelement-Stammlösung (100 ml)	$CuSO_4$	35 mg
	$ZnSO_4 \times 7 H_2O$	55 mg
	H_3BO_3	614 mg
	$MnCl_2 \times 4 H_2O$	389 mg
	$CoCl_2 \times 6 H_2O$	55 mg
	KJ	28 mg
	$Na_2MoO_4 \times 2 H_2$	25 mg

Duckett-Agar	KH_2PO_4	14 mg
Lösung I (1 l)	NH_4NO_3	28 mg
	$MgSO_4$	25 mg
	$Ca(NO_3)_2$	33 mg
	Agar	20 g
	Lösung II	1 ml
	Eisentartrat	einige Kristalle
Lösung II (1 l)	H_3BO_4	0,28 g
	$MnCl_2$	0,18 g
	$ZnSO_4$	20 mg
	$CuSO_4$	8 mg

2. Kulturmethoden

Soweit man von Moosen und Farnen überhaupt Laborkulturen anlegen kann, geschieht dies nach den gleichen Prinzipien, wie es für Algen und Pilze besprochen wurde. Bedingt durch die Autotrophie und den Fortfall der C-Quelle im Nährmedium, müssen die Kulturen beleuchtet werden. Sicherlich gibt es in den Laboratorien, die solche Kulturen zu Forschungszwecken halten, unterschiedliche objektspezifische Bedingungen. Für Kurszwecke hat sich nach unserer Erfahrung eine Beleuchtung von 1.000 Lux (3 – 4 Watt/m^2) im 16-Stundentag als ausreichend erwiesen. Ebenfalls durch Empirie ermittelt, erwies sich eine Temperatur von etwa 20 °C als hinreichend.

Die Kulturräume sollten, wenn möglich, eine Luftfeuchtigkeit nicht unter 70% haben. Um ein Austrocknen der Agarschalen zu verhindern, wie dies leicht bei Kulturen im Verlauf von mehreren Wochen eintritt, kann man die Petrischalen in einer Feuchtkammer halten. Man muß aber darauf achten, daß die Kultur steril angelegt wird und steril bleibt. Die größte Schwierigkeit bereitet eine Sterilkultur über einen längeren Zeitraum. Eine große Infektionsgefahr ist gegeben durch:
1. eine nicht völlig keimfreie Entnahme von Sporen, Thallusstücken oder gar Moosgametophyten aus der Natur;
2. einen im Vergleich zu Pilzen sehr langsamen Wuchs der Moos- und Farnteile.

Da niemals, oder sehr selten, die gesamte Oberfläche der Petrischale mit Kulturobjekten bedeckt ist, genügt manchmal schon der bei einem einmaligen Öffnen entstehende Luftzug, um Infektionskeime einzulassen. Es sei daran erinnert, daß bei Pilzkulturen keinerlei Gefahr einer Fremdinfektion besteht, wenn der Pilz die Schale vollständig bewachsen hat.

In diesem Zusammenhang muß noch darauf hingewiesen werden, daß neben Bakterien und Pilzen vor allem Milben eine ständige Bedrohung der Moos- bzw. Farnkulturen darstellen. Diese oft mit dem unbewaffneten Auge nicht erkennbaren Milben (z. B. Hornmilben) können unter den Deckel der Petrischale kriechen und so die Kulturen infizieren. Wenn ein Kulturraum einmal durch Milben verseucht ist, bedarf es umfangreicher Desinfektionsmaßnahmen, um diesen wieder in verwendbaren Zustand zu versetzen. Die beste Prophylaxe gegen Milbenbefall besteht darin, an den Eingang des Kulturraumes eine mit Desinfektionsmittel getränkte Fußmatte zu legen, an der jeder Besucher seine Schuhsohlen abstreifen muß. Diese Matte muß mindestens im Abstand von 2 Tagen ausgewechselt werden.

IV. Präparationsmethoden (Teil I, Seite 42 bis 47)

Hier erscheint zunächst folgender Hinweis angebracht: Da der Vegetationskörper der Moose und Farne ein Gewebethallus bzw. ein Kormus ist, können anatomische Untersuchungen nur anhand von Schnittpräparaten durchgeführt werden. Dazu eignen sich von Handschnitten gefertigte Deckglaspräparate nur in begrenztem Umfang. Vor allem bei größeren Objekten oder verholzten Gewebeteilen sind Mikrotomschnitte unerläßlich. Als Beispiel für die unterschiedliche Qualität von Hand- und Mikrotomschnitten möge Abbildung 81 (S. 184) dienen. Dauerpräparate können aber nicht während des Kurses hergestellt werden. Daher ist es notwendig, über eine Sammlung von selbst hergestellten oder käuflich erworbenen Dauerpräparaten zu verfügen. Diese Präparate kann man „nachschieben", wenn entweder das entsprechende Material nicht zur Hand ist oder die Qualität von Handschnitten nicht ausreicht.

Anleitungen für das Anfertigen von mikroskopischen Präparaten können dem technisch-methodischen Teil von Teil I entnommen werden. Dies trifft auch für die Färbemethoden zu, die hier noch um einige, für Moose und Farne geeignete, ergänzt werden.

Kombinierte *Färbung* und *Aufhellung* mit *Chloralhydrat-Hämalaun* wird häufig für Pflanzenmaterial verwendet. Die Zellkerne werden mit dieser Färbung dunkelblau, das Cytoplasma graublau, Zellwände werden kaum gefärbt.

Dazu Handschnitte von Frischmaterial oder fixiertem Material solange in Chloralhydrat/Hämalaun Färbelösung einlegen, bis die Zellkerne deutlich gefärbt sind. Überschüssige Färbelösung entfernen und die Schnitte mit destilliertem Wasser abspülen. Die Objekte dann in 0,5% $NaHCO_3$ Lösung legen, bis ein Farbumschlag von rot nach blau eintritt („Bläuen"); rot gefärbte Präparate bleichen nach wenigen Wochen vollständig aus. Der Einschluß des Materials darf nur in neutralen Medien erfolgen; in saurem Milieu erfolgt ein erneuter Farbumschlag nach rot, was wiederum Ausbleichen zur Folge hat.

Hämalaun-Stammlösung: (1 l)	1 g	Hämatoxylin ($C_{16}H_{14}O_6 \times 3 H_2O$)
	0,2 g	Natriumjodat ($NaJO_3$)
	50 g	Alaun ($K_2O_4 - Al_2(SO_4)_3 \times 24 H_2O$)
Chloralhydrat/Hämalaun Färbelösung:	100 ml	Stammlösung
	5 g	Chloralhydrat ($CCl_3 - CH(OH)_2$)
	0,1 g	Citronensäure (2-Hydroxy-1,2,3-Propantricarbonsäure)

Färbung von verholzten Zellwänden und Chromosomen mit alkoholischer Safranin-Lösung: Die Schnitte werden in der Safraninlösung 3–24 Stunden gefärbt, mit dest. Wasser gewaschen und mit 92% Ethanol differenziert. Wenn keine Farbschlieren mehr vom Objekt ausgehen, kann die Differenzierung mikroskopisch kontrolliert werden.

Safranin-Lösung:	2 g	Safranin in
	50 %	Ethanol (unvergällt)

Vor dem Färben mit Safranin können die Objekte, wenn nötig, 5–10 min in Eau de Javelle aufgehellt

Eau de Javelle: werden. Vor der Färbung müssen sie dann 2–3mal mit dest. Wasser gewaschen werden.
3 g KClO$_3$ werden in
25 ml Wasser und
6 ml Salzsäure gelöst (leicht erwärmen). Unter Wasserkühlung werden
5 g NaOH in
30 ml Wasser zugesetzt. Die Lösung kann sofort verwendet werden.

Vorsicht: Die Lösung sollte in dichten Flaschen aufbewahrt werden, da gasförmiges Chlor entsteht. Nicht in der Nähe von empfindlichen Geräten lagern!!

Die Chloralhydrat/Hämalaun Färbung und die Safranin-Färbung lassen sich gut kombinieren; gefärbt wird zuerst mit Chloralhydrat/Hämalaun, die gut „gebläuten" Objekte werden dann mit Safranin nachgefärbt und solange differenziert, bis die ursprüngliche Chloralhydrat/Hämalaun-Färbung wieder gut sichtbar ist. Die im ersten Arbeitsgang gefärbten Strukturen erscheinen bei dieser Methode blau; verholzte Zellwände und Chromatinstrukturen hingegen sind rot gefärbt.

Färbung von Lignin mit Phloroglucin-Salzsäure: Schnitte 15 s bis 5 min in Phloroglucin-Lösung legen. Dieser Schritt kann direkt auf dem Objektträger erfolgen. Anschließend wird ein Deckglas aufgelegt und ein Tropfen Salzsäure unter das Deckglas gesaugt. Verholzte Zellwände färben sich deutlich rot. Diese Methode kann allerdings nicht für Dauerpräparate eingesetzt werden; die Rotfärbung bleicht relativ schnell aus.

Es ist unbedingt darauf zu achten, daß die Objektive des Mikroskopes nicht mit der Salzsäure in Berührung kommen, um Schäden an der Linseneinfassung zu vermeiden.

Phloroglucin-Lösung: 5 g Phloroglucin (C$_6$H$_6$O$_3$) in 92% Ethanol.
Konzentrierte Salzsäure

Praktischer Teil

Vorbemerkungen

Wie auch schon bei den Cyanobakterien, den Algen, den Pilzen und Flechten, die in Teil I behandelt wurden, basiert das Kursprogramm im wesentlichen auf der Herstellung und Auswertung mikroskopischer Präparate, die als Vorlage zur Anfertigung entsprechender Zeichnungen dienen. Obwohl dies seit einiger Zeit nicht mehr im Sinne des „botanischen Zeitgeistes" ist, bin ich der Meinung, daß diese Art des Unterrichtes in Zukunft mehr Chancen haben wird als bisher. Die Hinwendung zur Ökologie und auch die Hinwendung vieler Molekularbiologen und Gentechniker zu den Eukaryonten macht nämlich eine profunde Kenntnis von Morphologie, Anatomie und Entwicklung dieser Organismen notwendiger, als dies bisher der Fall zu sein schien.

Zur Benennung der systematischen Einheiten wurde der „International Code of Botanical Nomenclature"* benutzt, dessen Grundlagen vom XIV. International Botanical Congress, Berlin 1987 angenommen wurden. Die Definition und Rangstufe dieser Einheiten erfolgte in Anlehnung an die 32. Auflage des „Strasburger"**. Der dort vorgenommenen Unterteilung der Pflanzen in Organisationsstufen konnte ich mich nicht anschließen. In diesem Zusammenhang sei noch auf die weiteren Vorbemerkungen hingewiesen, die in Teil I (S. 50f.) gemacht wurden und die allgemeine Organisation des praktischen Teils betreffen.

---

* Greuter W, et al (eds) (1988) Koeltz Scientific Books. Königstein, FRG.
** Denffer von D, et al (1983) Lehrbuch der Botanik für Hochschulen. 32. Aufl. Gustav Fischer Verlag, Stuttgart New York

4. Abteilung: Bryophyta (Moose)

Allgemeine Einführung

I. Merkmale

Die photoautotrophen Moose sind, abgesehen von wenigen Ausnahmen, die sich sekundär wieder an das Leben im Wasser angepaßt haben, Landpflanzen. Sie bilden lappige Beläge oder dichte Polster an zumeist feuchten, schattigen Standorten und sind, nach Cyanobakterien bzw. Grünalgen, auf felsigen Unterlagen meist die Zweitbesiedler. Aufgrund ihrer Plastidenfarbstoffe (Chlorophyll a, b; Carotin α, β), und da sie Stärke als Reservestoff bilden, werden sie von den Grünalgen (Chlorophyceae) abgeleitet (Teil I, Abb. 12). Ferner gibt es rRNA Homologien mit Chlorophyceen[*].

Typisch für die Moose ist der im Prinzip einheitliche *Entwicklungs-Zyklus*, der durch einen heteromorphen Generationswechsel charakterisiert ist. Wie aus den für einzelne Taxa der Moose exemplarischen Entwicklungs-Zyklen (Abb. 3, 21, 28) hervorgeht, entsteht aus der keimenden Moosspore (Meiospore) ein Vorkeim. Aus diesem Protonema wächst der Gametophyt heraus, an dem sich die Geschlechtsorgane bilden. Die Tatsache, daß beide, die Oogonien – hier Archegonien genannt – und die männlichen Gametangien, die Antheridien, von einer Hülle steriler Zellen umgeben sind, wird als eine entscheidende Höherentwicklung gegenüber den Chlorophyceae und als Übergang zu den Fortpflanzungszellenbehältern der höheren Pflanzen angesehen.

Wie bereits besprochen, kommen analoge Umhüllungen von Fortpflanzungszellenbehältern bei Grünalgen nur ganz vereinzelt vor, z.B. bei *Coleochaete* (Teil I, S. 145) und bei *Chara* (Teil I, S. 175).

Als *Befruchtungs-Modus* liegt bei den Moosen ausschließlich Oogamie vor. Die als Spermatozoiden ausgebildeten männlichen Gameten benötigen zum Erreichen der Archegonien Wasser, das an den feuchten Standorten der Moospflanzen meist vorhanden ist. In einigen Fällen wurden Pheromone als Anlockungssubstanzen nachgewiesen (Chemotaxis). Der Sporophyt, das Sporogonium (syn. Sporogon) wächst aus dem Archegoniumhals heraus, bleibt mit dem Gametophyten verbunden und wird von diesem ernährt. In ihm differenzieren sich die Meiosporen.

Die *Fortpflanzungs-Systeme* der Moose sind entweder durch Monözie oder durch morphologische Diözie gekennzeichnet. Eine Überlagerung der Monözie durch homogenische Incompatibilität ist meines Wissens bisher nicht beschrieben

---

[*] Kato K, et al (1984) J Hattori Bot. Lab. 56, 133–138

worden. Wie bei den meisten Kryptogamen erfolgt auch die Vermehrung der Moose vielfach durch *vegetative Fortpflanzung.* In diesem Zusammenhang sind vor allem die mehrzelligen Brutkörper und die ein- bis zweizelligen Brutzellen (Gemmen) zu nennen.

Der *Vegetationskörper* besteht aus Zellen, deren Wände vorwiegend Zellulose enthalten und die zu Geweben mit Arbeitsteilung zusammengefaßt sind. Bei den niederen Moosen ist der Gametophyt als band- oder lappenförmiger Thallus (oft mit Mittelrippe) ausgebildet *(thallose Moose).* Die Gametangien entstehen *anakrogyn*, d. h. auf dem noch weiter wachsenden Thallus. Bei den höheren Formen, den *foliosen* Moosen, findet man, analog der Gliederung der Gefäßpflanzen in Sproßachse, Blätter und Wurzeln, eine Differenzierung in Moosstämmchen *(Cauloid)*, Moosblättchen *(Phylloid)* und Mooswürzelchen *(Rhizoid)*. Bei diesen beblätterten Formen entwickeln sich die Gametangien *akrogyn*, d. h. terminal an den nicht mehr weiterwachsenden Stämmchen. Je nachdem, ob die Sporogone an Haupt- oder Seitentrieben entstehen (kommt nur für Bryopsida in Frage), spricht man von *Akro-* bzw. *Pleurokarpie.* Es gibt zahlreiche Übergänge zwischen thallosen und foliosen Moosen. Die Wurzelfunktion (Haftung am Substrat, Wasseraufnahme*) wird von den Rhizoiden übernommen, die bei den Lebermoosen meist einzellig sind. Allerdings erfolgt die Wasserzufuhr bei manchen Moosen zusätzlich noch über Kapillarsysteme des Cauloids bzw. der Phylloide. Die Moospflänzchen wachsen mit apikaler *Scheitelzelle.* Diese ist bei den thallosen Formen und den Blättchen der foliosen Formen zweischneidig (S. 83) und bei den Cauloiden der foliosen Moose dreischneidig. Entsprechend ihrer Entwicklungshöhe werden die Lebensfunktionen von unterschiedlichen Gewebetypen wahrgenommen.

Das Abschlußgewebe aus chlorophyllhaltigen Zellen ist von einer zarten Cuticula überzogen, die wenig Schutz gegen Austrocknung bietet. Es enthält außerdem Atemöffnungen bzw. Spaltöffnungen für den Gasaustausch. In den meist chloroplastenlosen Speichergeweben werden vielfach Stärke und Öl als Reservestoffe abgelagert.

Mechanische Festigungsgewebe (collenchymatische bzw. sklerenchymatische Wandverdickungen) und einfache Leitgewebe sind nur bei foliosen Moosen zu finden. Als Ergänzung zu diesen sehr allgemeinen Angaben sind in Tab. 1 die mannigfaltigen anatomischen und morphologischen Besonderheiten der Moose in synoptischer Form zusammengefaßt. Auf diese Tabelle kann man bei der Durcharbeitung des Textes zurückgreifen.

Wegen vieler gemeinsamer Merkmale, z. B. Ableitung von Chlorophyceae, heteromorpher Generationswechsel, Spermatozoiden als männliche Gameten und vor allem ähnlicher Bau der Archegonien und Antheridien, werden die Bryophyta oft mit den Pteridophyta als *Archegoniatae* zusammengefaßt.

---

* Nach pers. Mitteilung von W. O. Abel wachsen rhizoidfreie Mutanten des Lebermooses *Sphaerocarpus donellii* sowohl auf Agarkulturen als auch auf Erde.

Allgemeine Einführung

Tabelle 1. Begriffsdefinitionen zur Organisation der Moose (Bryophyta). Die bereits in Tabelle 2 (Teil I, S. 54f.) definierten, für alle Kryptogamen gültigen Begriffe werden hier nicht mehr behandelt. In diesem Zusammenhang wird auch auf Tab. 4 (Teil I, S. 223) verwiesen, welche die Begriffsbestimmungen für Pilze und Flechten enthält.

	Gametophyt
Wuchsform:	
Protonema:	fädiger oder myzelartig verzweigter, selten flächiger oder bandförmiger Vorkeim der Moose.
	Chloronema: spezielle Wuchsform des Protonemas bei den Bryopsida (Laubmoose), entsteht aus der Moosspore, enthält zahlreiche Chloroplasten, Querwände senkrecht zur Wuchsrichtung, bildet chloroplastenfreie Rhizoide.
	Caulonema: entsteht aus dem Chloronema, enthält wenige Chloroplasten, Querwände schräg zur Wuchsrichtung, bildet Knospen, aus denen sich das Cauloid entwickelt.
thallos:	thallusartig.
folios:	beblättertes Stämmchen.
orthotrop:	aufrechter Wuchs, nur bei foliosen Formen.
plagiotrop:	kriechender Wuchs führt zu dorsiventraler Morphologie, ausschließlich bei thallosen, selten bei foliosen Formen.
Gewebe:	
Parenchym:	Grundgewebe, isodiametrische Zellen.
Prosenchym:	Grundgewebe, Zellen langgestreckt an den Enden zugespitzt.
Stereome:	Festigungsgewebe.
Leptom:	Siebteil (Stoffleitung) mit *Leptoidzellen*, keine mechanischen Elemente.
Hadrom:	Gefäßteil (Wasserleitung) mit *Hydroidzellen*, keine mechanischen Elemente.
Mantelgewebe:	bei Laubmoosen analog zur Tunica der Gefäßpflanzen.
Zentralstrang:	bei Laubmoosen und auch bei einigen Lebermoosen analog zum Corpus der Gefäßpflanzen.
Organe:	
Cauloid:	Moosstämmchen analog zur Sproßachse der Gefäßpflanzen, nur bei foliosen Moosen.
Phylloid:	Moosblättchen, analog zum Blatt bei Gefäßpflanzen, nur bei foliosen Moosen.
	Bei plagiotropen, foliosen Lebermoosen zeigen die Dorsalblätter eine *oberschlächtige Stellung* (Vergleich zum Rad einer Wassermühle!) wenn von basal gesehen ein Blattpaar des jeweils höheren in der unteren Randzone überdeckt ist. Im umgekehrten Fall spricht man von *unterschlächtig*. Die bei diesen Moosen wesentlich kleineren Ventralblätter heißen *Amphigastrien* (siehe auch Abb. 11).
Rhizoid:	Mooswürzelchen, analog zur Wurzel der Gefäßpflanzen.
Ventralschuppen:	flächige Auswüchse an der Ventralseite von thallosen Formen.
Brutkörper, Brutblätter, Brutäste, Brutzellen:	Organe der vegetativen Vermehrung, vor allem bei Lebermoosen zu finden.
Gametangien:	stets von einer Hülle steriler Zellen umgeben. Im *Antheridium* bilden sich viele zweigeißelige Spermatozoiden. Im *Archegonium* entsteht eine Eizelle. Die Archegonien können noch von einer weiteren becher- oder glockenförmigen Hülle umgeben sein.
	Zusätzlich zu dieser *Einzelhülle* (Involucrum)* können noch mehrere Gametangien von einer Gruppenhülle, dem *Perichaetium*, umschlossen sein.
Anordnung der Gametangien:	*anakrogyn*, flächenständig bei thallosen Lebermoosen.
	akrogyn, endständig bei foliosen Lebermoosen und Laubmoosen.

Tabelle 1 (Fortsetzung)

	Gametophyt
Moosblüte:	nur bei Laubmoosen; Gametangienstand, von Hüllblättern *(Perianth)* umgeben.
Anordnung der Moosblüten:	*akrokarp*, endständig (Gipfelfrüchtler)
	pleurokarp, seitenständig (Seitenfrüchtler)
Pseudopodium:	Stiel vom Gametophyten gebildet, der bei einigen Laubmoosen anstelle einer Seta den Sporophyt trägt.

	Sporophyt = Sporogon
Organe:	
Haustorium:	(Fuß) Verbindung mit dem Gametophyt.
Seta:	(Stiel) Träger des Sporangiums.
Sporangium:	(Sporenkapsel)
Umhüllung:	*Epigon=Embryotheka*, Hülle des Sporogons, entwickelt sich aus der Archegonienwand.
	Kalyptra (Haube) und *Vaginula* (Scheide), die nach Streckung des Sporogons das Sporangium (nur bei Laubmoosen) kurzzeitig bedeckt, bzw. den Fuß umhüllt.
Gewebe:	*Amphithezium* und *Endothezium*, äußere bzw. innere Gebewebeschichten im Sporangium der Laubmoose.
	Archespor, aus ihm entsteht das sporogene Gewebe. Mit Ausnahme der Laubmoose entstehen daraus auch sterile Zellen: *Elateren*.
	Columella, zentrale Säule aus sterilem Gewebe zunächst im Amphithezium vom Archespor und später von den Sporen glockenförmig überdeckt oder tonnenartig umgeben.
Öffnung:	*stegokarp*, durch Abwurf eines Deckels (Operculum).
	kleistokarp, durch Aufreißen der Sporangienwand.
	Peristom („zahnartiger Mundbesatz"), reguliert durch hygroskopische Bewegung das Ausstreuen der Sporen.

* Von manchen Autoren wird diese Einzelhülle auch Perianth genannt. Dies ist nicht korrekt, denn der Ausdruck „Perianth" wurde für die aus mehreren Blättern bestehende Blütenhülle der Samenpflanzen eingeführt und kann bei den Moosen nur sinngemäß für die Hüllblätter einer „Moosblüte" benutzt werden. Leider spielt dieser Begriff in den Bestimmungsbüchern eine entscheidende Rolle bei den Lebermoosen, wo Hüllblätter, wie sie bei den Laubmoosen vorhanden sind, fehlen. Der Begriff wurde wohl ursprünglich bei thallosen Lebermoosen geprägt. Knapp, E (1930) Untersuchungen über die Hüllorgane um Archegonien und Antheridien der akrogynen Jungermaniaceen. In: Goebel, K (ed) Botanische Abhandlungen. Heft 16:30. Fischer, Jena

II. Klassifizierung

Im Gegensatz zu den Algen und Pilzen gibt es bei der taxonomischen Unterteilung der Moose eine größere Übereinstimmung der Systematiker. Als Klassifizierungskriterien (Tab. 2) dienen neben der Anatomie und Morphologie (thallose, foliose Formen) auch die Entwicklung der Gametangien (anakrogyn bzw. akrogyn) des Sporophyten, die Differenzierung der Sporenkapsel bis zur Sporenreife (Abb. 1) und die Bildung von Brutkörpern bzw. Brutzellen. Die hier benutzte Unterteilung der je nach Schätzung etwa 24.000 bis 25.000 Arten in drei Klassen

Allgemeine Einführung

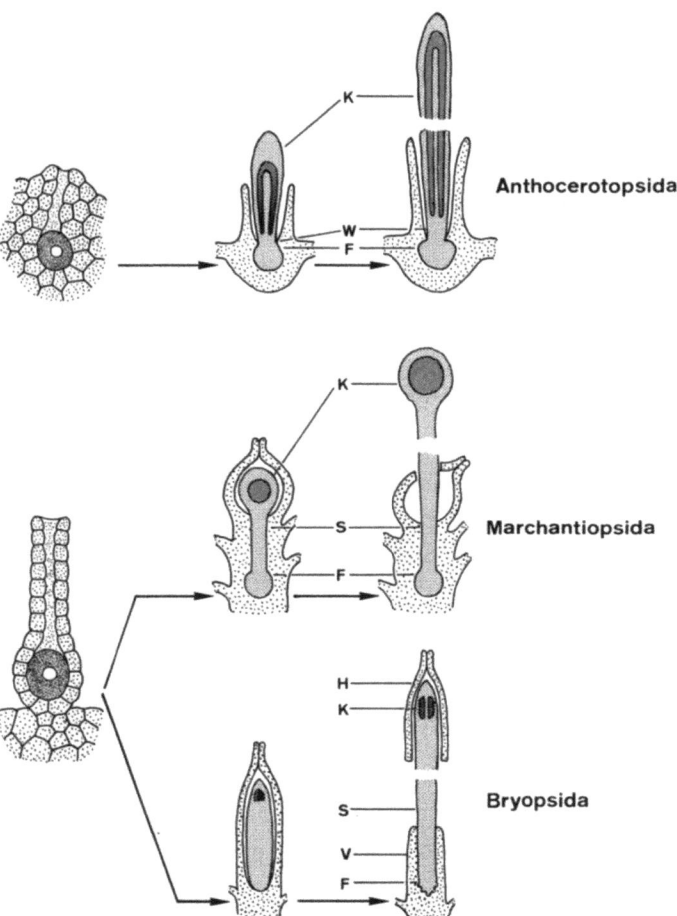

Abb. 1. Schema der Entwicklung des Sporogons bei den drei Klassen der *Bryophyta*. Bei den *Anthocerotopsida* wächst das junge Sporogon aus dem Hals des in den Thallus eingesenkten Archegoniums heraus. Der Fuß (F) des Sporogons bleibt eingesenkt in den Thallus. Durch Teilungsaktivitäten der über dem Fuß befindlichen interkalaren Wuchszone (W) entsteht die Sporenkapsel in der das sporogene Gewebe glockenartig eine zentrale Columella bedeckt.

Bei den *Marchantiopsida* und den *Bryopsida* bleibt der junge Embryo zunächst noch von der Wand des Archegoniums umschlossen. Im Verlauf seiner Entwicklung streckt sich der Sporophyt (*Seta, S*) und durchbricht bei den Lebermoosen (meist seitlich) die Wand des Archegoniums. Allerdings bleiben bei einigen Arten noch Reste der Archegoniumwand an der Sporenkapsel (K) haften. Mit seinem Fuß (F) dringt er in den Gametophyten ein und bleibt mit diesem verbunden. Bei Laubmoosen dagegen folgt die Archegoniumwand (vielfach infolge des basalen Wuchses) noch eine kurze Zeit dem sich entwickelnden Sporogon. Sie reißt dann in der Mitte auf. Der obere Teil der Wand des Archegoniums schützt als Haube (H) (Kalyptra) das junge Sporogon bis zur Sporenreife.

Der untere Teil der Archegoniumwand, der noch unter Beteiligung von Gametophytengewebe weiter gewachsen ist, umschließt als Vaginula (V) den Fuß (F) und den unteren Stielteil des Sporogons. (In Anlehnung an Goebel)

- *Anthocerotopsida* = Hornmoose   —   100 Arten
- *Marchantiopsida* = Lebermoose   —   10.000 Arten
- *Bryopsida*   = Laubmoose   —   15.500 Arten

erfolgt in Anlehnung an die 32. Auflage des „Strasburger". Wie aus Tab. 2 hervorgeht, unterscheiden sich die Hornmoose ganz wesentlich von den Leber- und Laubmoosen, obwohl sie früher zu den Lebermoosen gerechnet wurden. Die Vorstellung, daß die Moose polyphyletischen Ursprungs sein könnten, hat zu Bestrebungen geführt, die Klasse der Hornmoose von den beiden anderen Klassen abzutrennen und in eine höhere systematische Kategorie zu überführen. Dies hat sich jedoch nicht durchgesetzt. Alle Diskussionen über Phylogenie und Verwandtschaftsverhältnisse leiden natürlich unter der Tatsache, daß es bei den Moosen an Fossilien mangelt. Die wenigen Fossilien, die man fand, stammen aus dem Karbon (Lebermoose) bzw. aus der oberen Kreide (Laubmoose) und ähneln den rezenten Formen.

Im Gegensatz dazu ist dies bei den Farnen nicht der Fall, so daß man hier ein Schema der verwandtschaftlichen Beziehungen aufstellen konnte (Abb. 54).

Tabelle 2. Kriterien zur systematischen Unterteilung der *Bryophyta* (Moose). Der besseren Übersicht wegen ist die Zusammenstellung dieser Kriterien als exemplarisch anzusehen.

	Anthocerotopsida (Hornmoose)	Marchantiopsida (Lebermoose)	Bryopsida (Laubmoose)
Gametophyt	thallos, dorsiventral	thallos oder folios, dorsiventral	folios: Stämmchen, selten dorsiventral
Protonema	kurzer Schlauch	thallos: kurzer Schlauch folios: vielzellig	Chloronema Caulonema
Cauloid	fehlt	nur bei foliosen Formen (ohne Leitgewebe)	zum Teil mit primitiven Leitelementen: Leptom, Hadrom
Phylloide	fehlen	ohne Mittelrippe, Anisophyllie	meist mit Mittelrippe
Scheitelzelle	zweischneidig	thallos: zweischneidig folios: dreischneidig	Cauloid: dreischneidig Phylloid: zweischneidig
Spaltöffnungen	Gametophyt, Sporophyt	fehlen	Sporophyt
Rhizoide	einzellige Haare	einzellige Haare, teilweise mit „Zäpfchen"	mehrzellig, verzweigt, Querwände schräg
Ventralschuppen	keine	vorhanden	keine
Gametangienentwicklung	anakrogyn	thallos: anakrogyn folios: akrogyn	akrogyn (akrokarp, pleurokarp)
Sporophyt	basaler Wuchs	Seta oder Pseudopodium hebt Sporogon aus Archegonium	
	aus Archegoniumhals	Archegonwand durchbrochen	oberer Teil der Archegonwand als Kalyptra abgehoben
Sporenkapsel	mit Columella	ohne Columella	mit Columella, teilweise Peristom
Elateren	vorhanden	oft vorhanden	fehlen
Vegetative Fortpflanzung		Thallusbruchstücke regenerieren Spezielle Thallusauswüchse	

III. Praktische Bedeutung

Die wesentliche Bedeutung der Moose besteht darin, daß sie in der Lage sind, beträchtliche Wassermengen zu speichern und auf diese Weise den Wasserhaushalt in ihren Biotopen ausgleichen können. Dabei hilft ihnen die im Verlauf der Evolution entwickelte immense Anpassung an die verschiedenen Umweltbedingungen, wie z. B. Schattentoleranz (bis zu 0,1 % des normalen Tageslichtes), extreme Temperaturtoleranz (Antarktis, Hochgebirge), Besiedlung sonniger Standorte (mit Bodentemperaturen bis zu 70°C), Säuretoleranz (je nach Art von pH 3 bis 8), Wuchs als Epiphyten in tropischen Nebel- und Regenwäldern. Die schon oben erwähnte Aufgabe als Zweitbesiedler kommt vor allem auch den xerophytischen Arten zu (Trockentoleranz), die, wie die Cyanobakterien, eine lange Trockenheit überdauern können. Von ökonomischen Gesichtspunkten her betrachtet darf nicht übersehen werden, daß die Moose wesentlich zu der Entstehung von Torf in den Hochmooren beigetragen haben, der früher lokal als Heizmittel diente und auch heute noch vielfach als Bodenverbesserer im Gartenbau verwendet wird.

Wenn man bedenkt, daß schon 1917 von Allen* bei dem Lebermoos *Sphaerocarpus donellii* Geschlechtschromosomen entdeckt wurden und schon von Wettstein 1924** zeigen konnte, daß der Generationswechsel nicht vom Ploidiegrad abhängt (Gametophyten blieben auch nach einer durch Colchicin ausgelösten Genomverdoppelung Gametophyten), haben die Moose in der Folgezeit in der genetischen Grundlagenforschung nur eine begrenzte Rolle gespielt. Das mag, neben der längeren Zeitdauer für eine Generation, wohl daran liegen, daß die Möglichkeiten, Moose unter Laboratoriumsbedingungen in axenischen Kulturen zu halten, weitaus schwieriger sind als bei Pilzen.

Eine Ausnahme ist *Sphaerocarpus donelli*. Hier konnte schon 1937 Knapp*** zeigen, daß eine Postreduktion von Genmarken mit einem crossing over verbunden ist und ferner, daß eine Korrelation zwischen dem Absorptions-Maximum der DNA bei 260 nm und der Mutationsrate besteht. Die Beobachtung, daß DNA bei 260 nm ihr Absorptions-Maximum hat, fand erst viel später bei der heute gängigen Konzentrations-Bestimmung von DNA im Spektralphotometer Anwendung. Auch in der Folgezeit hat dieses Moos, bei dem man die Tetradenanalyse durchführen kann, mehrfach die Aufmerksamkeit der Genetiker erregt.

Bedingt durch die ebenfalls im Vergleich zu Pilzen und Algen geringen Zuwachsraten ist auch ihre biotechnologische Ausnutzung bisher nicht in Betracht gezogen worden. Neuerdings scheint sich hier eine Änderung anzubahnen, denn seit einigen Jahren weiß man, daß die Moose auch als Produzenten biologisch aktiver Substanzen verwendet werden können. Wegen ihrer Fähigkeiten, selektiv Metalle zu absorbieren, kommen sie als Indikatoren für die Suche nach Schwermetallen in Frage****.

---

* Allen CE (1917) Science N.S. 46
** Von Wettstein F (1924) Z Vererbungslehre 33:1
*** Knapp E (1937) Z Vererbungslehre 73:409 – 418; Knapp E (1937) Z Vererbungslehre 74:54 – 69
**** Literatur in Frahm JP (1987) Systematics of Bryophyts. In: Progress in Botany, Vol 49. Behnke HD et al (eds). Springer Verlag, Berlin pp 280 – 295

Es kommt noch hinzu, daß Moose, die wie *Marchantia* leicht in größeren Mengen beschafft werden können und sich auch in Gewächshäusern halten lassen, das Interesse von Molekulargenetikern geweckt haben, die sich mit der molekularen Analyse von Chloroplasten beschäftigen. Die DNA-Sequenz des Chloroplastengenoms von *Marchantia* wurde als eines der ersten Chloroplastengenome vollständig aufgeklärt *.

Die aufsteigende Tendenz in der „Wiederentdeckung" der Moose für die Grundlagenforschung kommt vor allem auch in den Arbeiten zum Ausdruck, die von mehreren Forschergruppen mit dem Laubmoos *Physcomitrella patens* (Funariaceae) durchgeführt wurden. Dieses Moos läßt sich nicht nur in axenischen Medien als Protonema-Massenkultur ziehen, sondern der gesamte Entwicklungs-Zyklus läuft unter Laboratoriumsbedingungen innerhalb von 6 Wochen ab. So ist zu verstehen, daß dieses Moos nicht nur als Objekt der klassischen Genetik verwendet wird, sondern auch das Interesse der Molekulargenetiker gefunden hat, um die Organellen-DNA zu studieren **.

1. Klasse: Anthocerotopsida (Hornmoose)

A. Allgemeine Einführung

I. Merkmale

Unter Hinweis auf die Synopsis der Tab. 2 sollen hier nur wenige Merkmale hervorgehoben werden: Die thallosen Vegetationskörper leben auf kalkarmen Böden. Im Gegensatz zu den anderen Moosen enthalten die Zellen des wenig differenzierten, mit Rhizoiden am Boden verankerten Thallus bei *Anthoceros* nur einen Chloroplasten mit Pyrenoid. Ein weiteres wesentliches Unterscheidungsmerkmal zu den Leber- und Laubmoosen ist das Vorhandensein von Spaltöffnungen auch am Gametophyten. Typisch ist die Vergesellschaftung mit dem Cyanobakterium *Nostoc*, das in Höhlungen an der Unterseite des Thallus, aber auch in den Atemhöhlen des Spaltöffnungsapparates wächst.

II. Fortpflanzung

Vegetative Fortpflanzung: Spezielle Organe beziehungsweise Zellen sind nicht bekannt. Allerdings muß man in Betracht ziehen, daß, wie bei allen Moosen, Thallusbruchstücke eine große Regenerationsfähigkeit besitzen.

Sexuelle Fortpflanzung: Die Hornmoose sind Haplo-Diplonten mit heteromorphem Generationswechsel, wobei der Gametophyt wie bei allen Moosen formbestimmend ist. Der Befruchtungs-Modus ist Oogamie. Als Fortpflanzungs-System gibt es, soweit bekannt, nur Monözie.

---

* OHYAMA K, et al (1986) Nature **22**:572–574
** Literatur bei Marienfeld R, et al (1989) Plant Science **61**:235–244

1. Klasse: Anthocerotopsida (Hornmoose)

III. Klassifizierung

Die Vertreter dieser taxonomisch sehr isolierten Klasse sind in der einzigen Ordnung, den Anthocerotales, zusammengefaßt, deren etwa 100 Arten einer Familie*, den Anthocerotaceae, zugeordnet werden.

B. Übungsanleitungen

Entsprechend dem quantitativ geringen Anteil, den die Anthocerotopsida innerhalb der Bryophyta haben, sollen nur die spezifischen Merkmale von Gametophyt und Sporophyt studiert werden. Auf die Darstellung eines gesonderten Entwicklungs-Zyklus wird verzichtet, da dieser sich — wie schon oben erwähnt — nicht wesentlich von den Zyklen der Vertreter der beiden anderen Klassen unterscheidet.

Material: Vertreter der insgesamt 5 Gattungen findet man in fast allen Vegetationsgebieten der Erde. Neben den beiden kosmopolitischen Arten *Anthoceros laevis* und *Anthoceros punctatus* gibt es andere Gattungen, die auf einzelne Regionen beschränkt sind, wie z.B. *Notothylas* auf Mitteleuropa und Nordamerika und *Dendroceros* auf die Tropen. Die diözische *Anthoceros laevis* kann man in unseren Regionen nur noch selten (z.B. im Kaiserstuhlgebiet und im Elsaß) an feuchten, schlammigen Standorten — wie z.B. Grabenrändern oder versäuerten Äckern — sammeln und zwar am besten in den Monaten August/September, damit sichergestellt ist, daß die Thalli Geschlechtsorgane und Sporogone besitzen. Um unabhängig von der Jahreszeit arbeiten zu können, ist es zweckmäßig, fixiertes Material bzw. Dauerpräparate zur Verfügung zu haben.

Präparation und Aufgabe: Thalli von anhaftenden Substratteilen säubern und folgende Hand- oder Mikrotomschnitte herstellen: Thallusspitzen quer und damit gleichzeitig Archegonium bzw. Antheridium längs; Thallus-Unterseite, um Aufsicht mit Spaltöffnungen zu erhalten; Übergangszone Gametophyt/Sporophyt längs; junges Sporogon längs und quer, älteres Sporogon vor Öffnung der Klappen längs und quer. Zunächst mit schwacher Vergrößerung sich jeweils eine Übersicht verschaffen. Dann bei mittlerer bzw. starker Vergrößerung einzelne Stadien entsprechend Abb. 2 zeichnen.

Notfalls kann man auch Herbarmaterial verwenden. Man läßt die Moospflänzchen etwa 12 Stunden in Wasser aufweichen, entfernt dann, falls vorhanden, mit einem Pinsel Erd- oder Sandverunreinigungen. Um für die Schnitte gehärtetes Material zu bekommen ist es notwendig, die Pflänzchen dann für eine Minute in absolutem Alkohol einzulegen.

Beobachtungen: Der Thallus (Gametophyt, Abb. 2a), der mit Rhizoiden am Substrat verankert ist, besteht aus einem weitgehend einheitlichen Parenchym (Abb. 2b), dessen Zellen nur einen großen Chloroplasten enthalten (Abb. 2c). Im

---

* Frahm und Frey (1983) fassen die Vertreter der Gattung *Notothylas* in einer separaten Familie, den Notothyladaceae, zusammen.

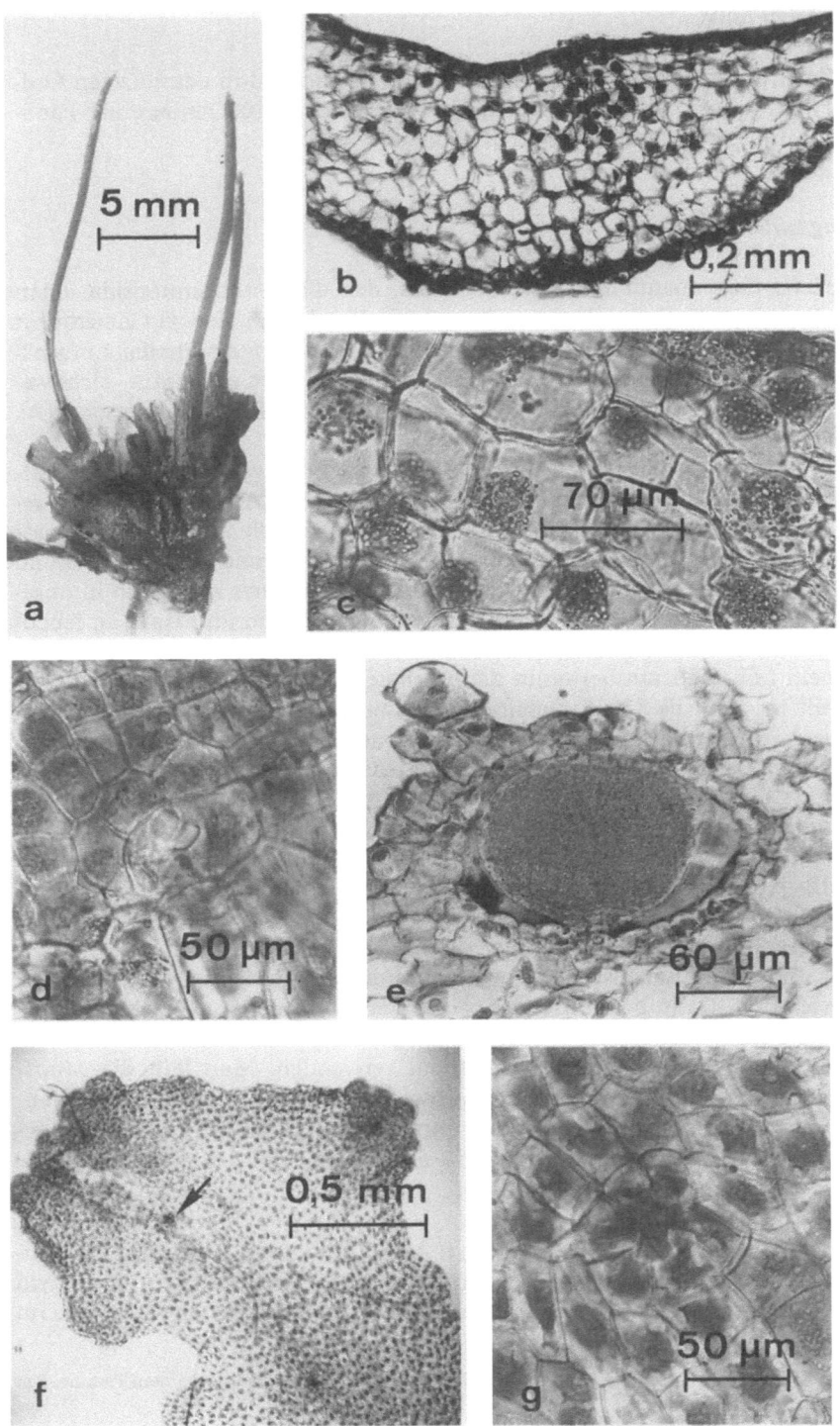

Abb. 2a–g

1. Klasse: Anthocerotopsida (Hornmoose)

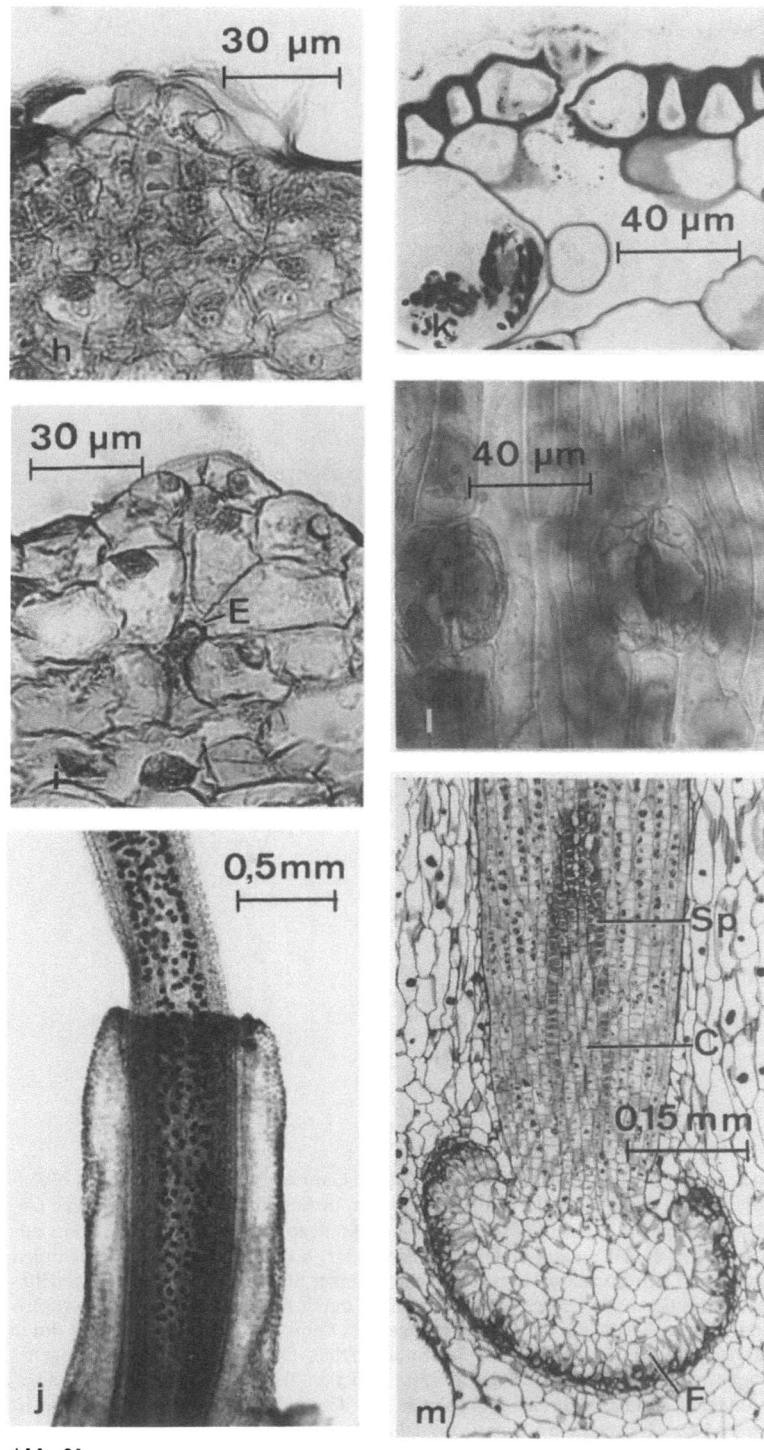

Abb. 2 h–m

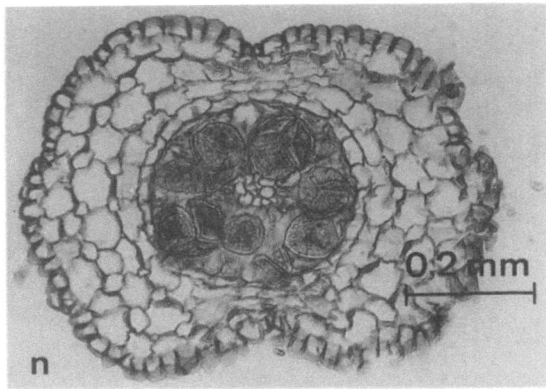

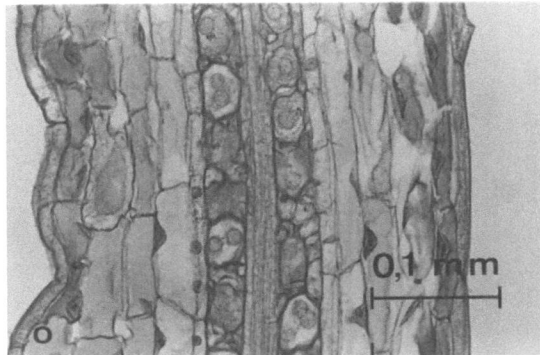

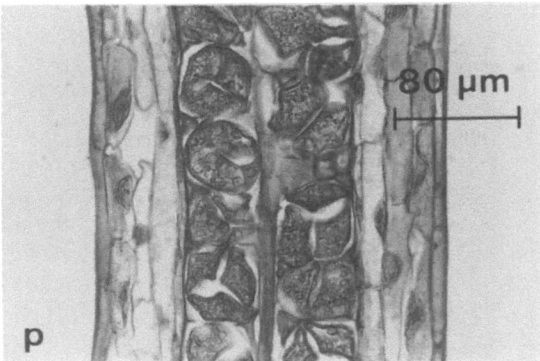

Abb. 2a–p. *Anthoceros laevis*. **a** Habitus; **b** Querschnitt durch Gametophyt; **c** Ausschnitt aus b, Zellen mit Einzel-Chloroplasten; **d** Spaltöffnung des Gametophyten in Aufsicht; **e** Querschnitt durch Gametophyt mit Antheridienlager; **f** Aufsicht Thallusspitze mit Archegonium (Pfeil); **g** Ausschnitt aus f, Archegonium in Aufsicht, die Öffnung des Halses ist erkennbar; **h** Querschnitt durch Gametophyt mit jungem Archegonium; **i** reifes Archegonium E=Eizelle; **j** junger Sporophyt, der aus dem gedehnten Hals des Archegoniums herausgewachsen ist; **k** Querschnitt durch Abschlußgewebe des Sporophyten mit Spaltöffnungsapparat; **l** Aufsicht auf Spaltöffnungen des Sporophyten; **m** Längsschnitt durch Übergangszone Gametophyt/Sporophyt, F=Fuß des Sporophyten, C=Columella, Sp=sporogenes Gewebe; **n, p** Quer- bzw. Längsschnitt durch den älteren, apikalen Teil des Sporophyten; **o** Längsschnitt durch den jüngeren, basalen Teil des Sporophyten vor der Sporenbildung; in n, o und p ist deutlich die vom sporogenen Gewebe umgebene Columella zu sehen

unteren Abschlußgewebe des Thallus erkennt man vor allem in der Scheitelregion Spaltöffnungen, deren Atemhöhlen vielfach durch Ansiedlung von *Nostoc* (Teil I, S. 61) verschleimt sind. In der Aufsicht sind die bohnenförmigen Schließzellen mit der stärksten Vergrößerung deutlich zu sehen (Abb. 2d).

Die Antheridien entstehen in der Mehrzahl in Höhlungen endogen unter der Thallusoberfläche. Sie sind von einer zweischichtigen Wand umgeben und werden erst bei der Reife frei (Abb. 2e).

Reife Antheridien findet man oft auch in älteren Regionen des Thallus, da nach Entlassung der Spermatozoiden ausgehend von den Stielzellen eine Neubildung von Antheridien erfolgen kann.

Die Archegonien, die ebenfalls im Thallus eingesenkt sind (Abb. 2f.), haben über der Eizelle und der Bauchkanalzelle, wie alle Moose, mehrere Halskanalzellen (Abb. 2h,i). Die Befruchtung kann erst nach Verschleimen von Hals- und Bauchkanalzellen erfolgen. In diesem Stadium kann man anhand dieser Öffnung die Archegonien in der Thallusaufsicht identifizieren (Abb. 2f.,g).

Nach der Befruchtung wächst das junge Sporogon (Sporophyt) aus dem Hals des Archegoniums heraus, bleibt aber noch mit seinem Fuß haustorienartig mit dem Gametophyten verbunden (Abb. 2j,m). Im Inneren ist eine Säule von sterilen Zellen (Columella) kappenartig vom sporogenen Gewebe überdeckt (Abb. 2m). In diesem Archespor entstehen durch inäquale Zellteilungen die diploiden Mutterzellen von Sporen und Elateren (Abb. 2 o). In den ersteren findet man nach der Meiose jeweils eine Sporentetrade, deren Sporen sich im unreifen Stadium noch tetraederartig an die kugelige Mutterzelle angepaßt haben (Abb. 2n,p). Aus den letzteren bilden sich nach zahlreichen Mitosen eine Vielzahl von diploiden Elateren, die nach Absterben im reifen Sporogon transversal angeordnet sind. Die das Archespor umgebende Gewebeschicht, die in ihrem Abschlußgewebe ebenfalls Spaltöffnungen aufweist, springt von apikal nach basal fortschreitend mit zwei Längsklappen auf. Bedingt durch die sukzedane Entwicklung der Sporen ist es möglich, durch entsprechende Schnitte an einem einzigen Sporogon alle Stadien der Entwicklung zu demonstrieren.

Infolge der Tätigkeit der interkalaren Wuchszone (Abb. 1) an der Basis des Sporogons ist dieses meist schon apikal geöffnet und entläßt Sporen, während basal noch sporogenes Gewebe gebildet wird. Die Verbreitung der Sporen erfolgt durch den Wind, und zwar wird dies bei Trockenheit in ähnlicher Weise, wie schon früher bei den Myxomyceten besprochen (Teil I, S. 235), durch die Elateren beeinflußt. Diese quellen bei Feuchtigkeit, halten die Sporen umschlossen und geben sie erst nach Einschrumpfen bei Trockenheit frei (s. auch S. 70 und Abb. 27j, k).

2. Klasse: Marchantiopsida [Hepaticae] (Lebermoose)

A. Allgemeine Einführung

I. Merkmale

Viele Lebermoose sind Ubiquisten, die bevorzugt auf sauren Böden wachsen. Ihr Vegetationskörper ist entweder thallos oder folios. Vor allem innerhalb der thallo-

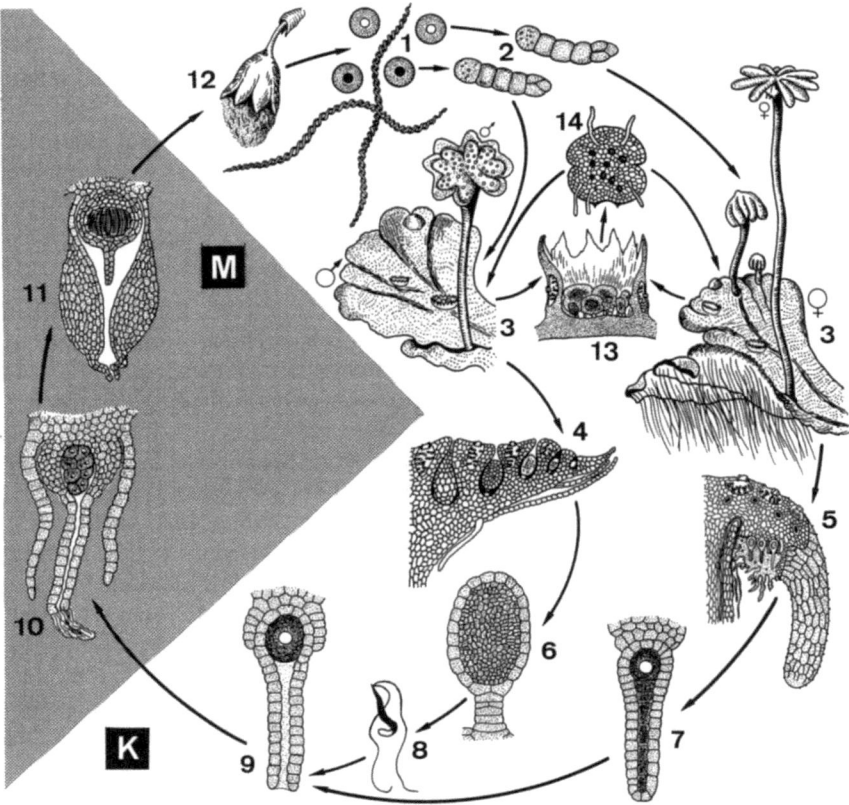

Abb. 3. Entwicklungs-Zyklus von *Marchantia polymorpha*, Haplo-Diplont mit heteromorphem Generationswechsel und vegetativer Fortpflanzung durch Brutkörper. Befruchtungsmodus: Oogamie; Fortpflanzungs-System: morphologische Diözie. (Nach Walter, verändert)

sen Formen kann man eine Progression von anatomisch und morphologisch sehr einfach gebauten Thalli bis zu Thalli mit auch funktionell differenziertem Gewebe verfolgen. Unter Hinweis auf die Synopsis der Tab. 2 sollen hier nur einige wesentliche Merkmale erwähnt werden: Die Protonemen sind klein und unbedeutend. Die dorsiventralen, gabelig verzweigten Thalli zeigen kriechenden Wuchs. Die Blättchen der foliosen Formen haben keine Mittelrippe. Spaltöffnungen sind nicht vorhanden. Im Speichergewebe findet man „Ölkörper".

II. Fortpflanzung

Eine *vegetative Fortpflanzung* kann, abgesehen von der bei allen Moosen gegebenen Regenerationsfähigkeit von Thallusstücken, durch „Adventivsprosse" und durch Zellkomplexe erfolgen, die von den Gametophyten auf unterschiedliche Weise (teilweise in spezifischen Organen) gebildet werden.

2. Klasse: Marchantiopsida [Hepaticae] (Lebermoose)

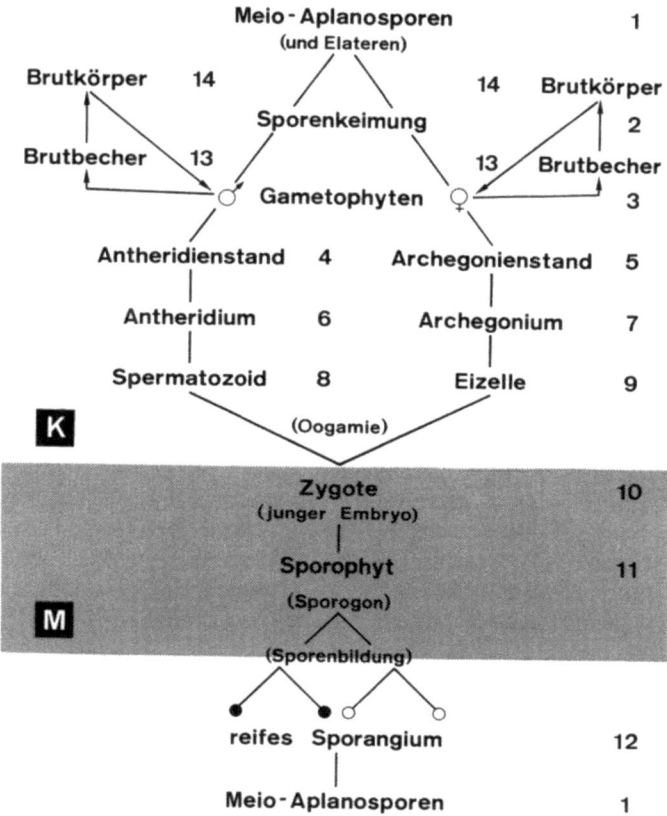

Die bekanntesten sind die *Brutkörper*, die in typischen Auswüchsen der Thallusoberseite entstehen. Hierbei handelt es sich um vielzellige Gebilde, die je nach Art ein oder zwei Scheitelzellen tragen, von denen unmittelbar nach Freiwerden die weitere Entwicklung ausgeht.

Ebenfalls weit verbreitet, sowohl bei thallosen als auch bei foliosen Lebermoosen, sind *Brutzellen* (in der älteren Literatur auch Keimkörner oder Gemmen genannt). Dies sind meist zweizellige Gebilde, die sich entweder endogen oder exogen an Sproß oder Blattspitzen bilden. *Brutäste*, d. h. gabelig verzweigte Triebe, die später abfallen, bilden sich im Herbst an den Thallusenden. Weitaus seltener sind die *Brutkelche*. Dies sind Einzelhüllen von Archegonien, die nicht zur Entwicklung gelangt sind. Bei den foliosen Jungermaniales können außerdem die leicht vom Cauloid abfallenden Blättchen regenerieren. Sie werden als *Brutblätter* bezeichnet.

Sexuelle Fortpflanzung: Wie alle anderen Moose sind auch die Lebermoose Haplo-Diplonten mit heteromorphem Generationswechsel, wobei der Gametophyt formbestimmend ist. Von dem Befruchtungs-Modus Oogamie gibt es keine Abweichungen. In bezug auf das Fortpflanzungs-System gibt es nur eine Alternative, Monözie oder morphologische Diözie. Eine Überlagerung der Monözie durch Incompatibilität ist nicht bekannt. Natürlich gibt es eine große Mannigfaltigkeit in Einzeldifferenzierungen, wie z. B. in der Anlage der Gametangien – ob einzeln oder in Gruppen – und der Entwicklung der Sporen in ihrem Verhältnis zu den Elateren. Bei den thallosen Formen entstehen die Gametangien anakrogyn und bei den foliosen Formen akrogyn.

Als Leitart für die Besprechung des Fortpflanzungsverhaltens der Lebermoose dient *Marchantia polymorpha* (Brunnenlebermoos). Ihr Entwicklungs-Zyklus ist in Abb. 3 dargestellt. Die Meiosporen (1) keimen mit einem kurzen Schlauch, der dem Protonema entspricht. Zugleich mit der Bildung einer Querwand entsteht an der Spitze des Protonemas eine zweischneidige Scheitelzelle (2), aus der sich nach zahlreichen Zellteilungen der stark gelappte und verzweigte dorsiventrale Gametophyt differenziert (3). An seiner Unterseite befinden sich zahlreiche Rhizoide. Da das Fortpflanzungssystem von *Marchantia polymorpha* durch morphologische Diözie charakterisiert ist, gibt es männliche und weibliche Gametophyten, die leicht anhand der typischen Antheridien- bzw. Archegonienstände zu unterscheiden sind (3). An schirmförmigen Thallusauswüchsen (4) befinden sich die gestielten Antheridien (6) in Einsenkungen an der Oberseite. Die Archegonien (7) dagegen sind entsprechend den Rippen des Schirmchens in Reihen an der Unterseite der Ständer zu erkennen (5). Die zweigeißeligen Spermatozoiden (8) benötigen zumindest einen dünnen Wasserfilm, um die Archegonien, deren Bauchkanal- und Halskanalzellen sich mittlerweile aufgelöst haben, zu erreichen (9).

Es wird angenommen, daß eine Übertragung der Spermatozoiden durch einen Spritzeffekt von auf die Oberfläche der Antheridienstände aufschlagenden Regentropfen hervorgerufen werden kann. Die chemotaktische Anlockung der Spermatozoiden erfolgt durch Pheromone, die von den Archegonien abgesondert werden. Ob es sich hierbei um Proteine handelt, ist noch nicht völlig abgeklärt.

In gleicher Weise wie für *Anthoceros* beschrieben (Abb. 4), entstehen nach Zweiteilung der Zygote aus der oberen Zelle die Sporenkapsel und aus der unteren Fuß bzw. Stiel. Im Verlauf der weiteren Differenzierung des Sporogons entwickelt sich im Inneren der Kapsel das Archespor (11), in dem sich außer den Meiosporen auch aus diploiden Zellen faserförmige, schraubige Elateren bilden. Die ersten Stadien der Sporogonentwicklung erfolgen noch im Archegonium, dessen Wand sich dabei erheblich ausdehnt. Mit zunehmender Streckung des Sporogonstiels wird jedoch die Archegonienwand vom Sporophyten seitlich durchbrochen (Abb. 1), der übrigens infolge der Anwesenheit zahlreicher Chloroplasten photosynthetisch aktiv ist. An der Basis des reifen Sporophyten sind die Reste der Archegoniumwand noch deutlich zu erkennen. Bei der Reife reißt die Sporogonwand an der Spitze auf und krümmt sich in Form von mehreren Klappen zurück (12). Die Freisetzung der Sporen erfolgt durch hygroskopische Bewegungen der Elateren. Die reifen Sporogone sind von einer Einzelhülle umgeben, die parallel bei ihrer Entwicklung sackartig aus der Archegoniumbasis herauswächst (10, 11).

Neben der sexuellen Fortpflanzung gibt es auch noch einen Nebenzyklus. Die Gametophyten beiderlei Geschlechts sind in der Lage, sich vegetativ durch vielzellige Brutkörper (14) fortzupflanzen. Diese entstehen in Vielzahl in körbchenartigen Auswüchsen der Thallusoberseite, den Brutbechern (13).

Auf Einzelzeiten des Entwicklungs-Zyklus von *Marchantia polymorpha*, vor allem auf Unterschiede gegenüber anderen Lebermoosen, wird im Teil „Übungsanleitungen" noch eingegangen.

2. Klasse: Marchantiopsida [Hepaticae] (Lebermoose)

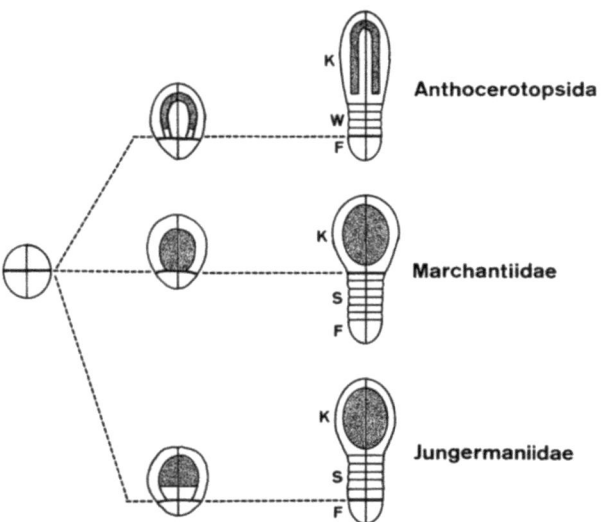

K-Kapsel, S-Stiel, F-Fuß, W-interkalare Wuchszone

Abb. 4. Schema der Embryobildung bei den Anthocerotopsida (Hornmoose) und den beiden Unterklassen (Marchantiidae bzw. Jungermaniidae) der Marchantiopsida (Lebermoose). Ausgehend von dem ersten Zellquadranten erfolgt eine unterschiedliche Differenzierung bei den oberen bzw. unteren Zellen, wie aus der stark hervorgehobenen Querwand zu ersehen ist. Während bei den Anthocerotopsida und Jungermaniidae aus den unteren Zellen nur der Fuß des Sporogons entsteht, wird bei den Marchantiidae aus diesen auch noch der Stiel gebildet. Der Stiel der Jungermaniidae dagegen entsteht aus den beiden oberen Quadranten, die auch für die Bildung der interkalaren Wuchszone der stiellosen Anthocerotopsida verantwortlich sind.(Nach Goebel verändert)

III. Klassifizierung

Die Klassifizierung der Marchantiopsida erfolgt nach der Morphologie und Anatomie des Thallus. Eines dieser Merkmale, durch das auch die früher in diese Klasse gehörenden Anthoceropsida abgegrenzt werden, ist die Embryobildung, wie aus dem Schema der Abb. 4 hervorgeht.

Weitere Kriterien sind: Zusammenfassung von Archegonien und/oder Antheridien in Ständen; beim Sporophyten Form und Farbe der Sporogone, Anatomie der Kapselwand, Öffnungsmechanismus der Kapsel, Morphologie der Sporen.

Die Marchantiopsida werden in zwei Unterklassen gegliedert:

Unterklasse: Marchantiidae

Thallose Lebermoose, z.T. submers lebend oder auf der Wasseroberfläche schwimmend. Gametophyt lappig verzweigt, mit unterschiedlicher Differenzierungshöhe; Rhizoide mit und ohne zäpfchenartige Wandverdickungen; Antheridien und Archegonien anakrogyn, meist exogen einzeln, in Gruppen oder auf typischen Trägern.

1. Ordnung: Sphaerocarpales. Thalli sehr einfach gebaut; die Gametangien stehen meist vereinzelt; Sporogon mit kurzem Stiel; Wand zerfällt bei Sporenreife; 2 Familien, mit jeweils einer Gattung.

2. Ordnung: Marchantiales. Teilweise hochdifferenzierte Thalli; Gametangien vielfach auf spezifischen Trägern; Sporogone mit Stiel, Öffnung durch Aufreißen der Kapsel; zum Teil vegetative Fortpflanzung durch Brutkörper und Brutzellen; 11 Familien; 33 Gattungen.

Unterklasse: Jungermaniidae
Thallose und foliose Lebermoose, durch Zwischenformen miteinander verbunden; nur glatte Rhizoide; Gametangien exogen; bei thallosen Formen anakrogyn, foliose akrogyn; Sporenkapsel mit relativ langem Stiel (Seta); öffnet sich mit vier Klappen.

1. Ordnung: Metzgeriales. Progression von thallosen Formen (gabelteilig verzweigt, teilweise mit Mittelrippe) zu foliosen Formen (zwei Reihen mehrschichtiger Blättchen); zum Teil Brutkörperbildung; 7 Familien; 20 Gattungen.

2. Ordnung: Calobryales. Foliose Stämmchen mit dreireihig angeordneten isophyllen Blättchen; Rhizoide nicht vorhanden; Haftung im Substrat mit „Rhizomen", die oft mit Pilzen vergesellschaftet sind (endotrophe Mykorrhiza); 1 Familie; 2 Gattungen.

3. Ordnung: Jungermaniales. Foliose, dorsiventrale, kriechende Thalli; meist dreizählig beblättert (Anisophyllie); vegetative Fortpflanzung kann durch Brutsprosse oder Brutknospen erfolgen; 25 Familien; ca. 180 Gattungen. Von den etwa 9.000 meist in den Tropen beheimateten Arten sind nur 250 in Mitteleuropa zu finden. Insgesamt stellen die Jungermaniales 90% der Lebermoose.

B. Übungsanleitungen

Innerhalb der Klasse der Marchantiopsida gibt es, wie schon oben aus der kurzgefaßten Beschreibung der einzelnen Taxa ersichtlich, eine Reihe von Progressionen, und zwar nicht nur in bezug auf Anatomie und Morphologie des Vegetationskörpers, sondern auch im Bereich der sexuellen Fortpflanzung. Um diese Besonderheiten kennenzulernen, werden diese Entwicklungen anhand von ausgewählten Beispielen erläutert. Bei dieser Darstellung gehen wir nicht, wie in anderen Kapiteln dieses Buches, strikt nach systematischen Gesichtspunkten vor, indem man die Unterklassen und Ordnungen sukzessiv abhandelt, sondern nur nach einigen übergeordneten Gesichtspunkten, wie aus den folgenden Abschnitten ersichtlich werden soll. Selbstverständlich wird bei der Behandlung der einzelnen Gattungen bzw. Arten die taxonomische Einordnung angegeben.

2. Klasse: Marchantiopsida [Hepaticae] (Lebermoose)

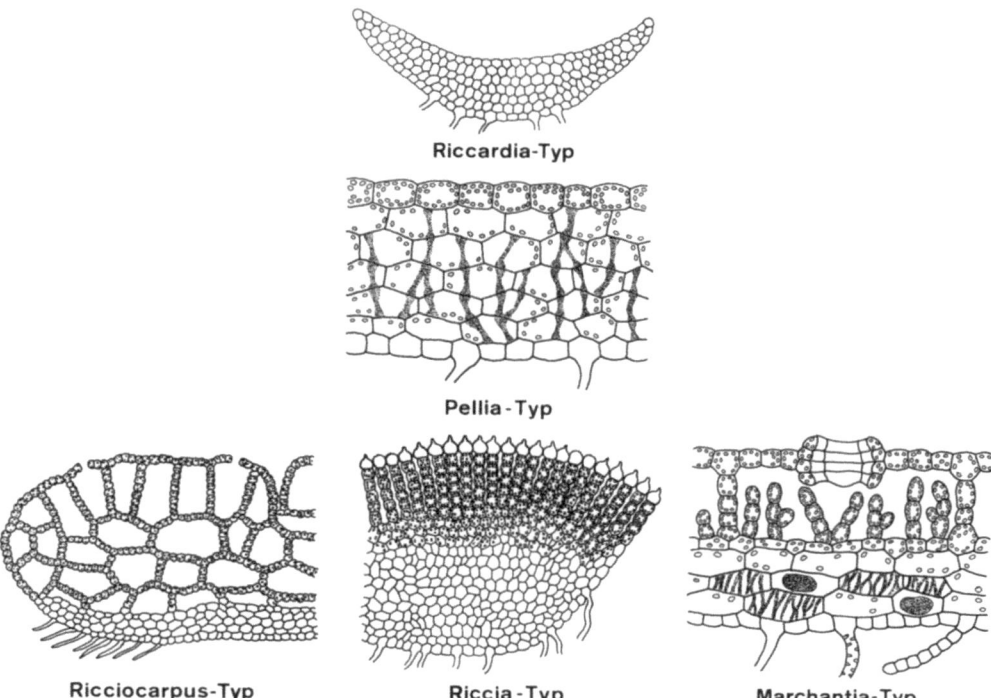

Abb. 5. Schematische Darstellung einer Progression der Gewebedifferenzierung innerhalb der Marchantiopsida, dargestellt an Thallusquerschnitten. Einzelheiten siehe Text. (Nach Rabenhorst bzw. Walter, verändert)

I. Bau des Vegetationskörpers

Bei den thallosen Lebermoosen kann man sehr deutlich eine Progression von sehr einfach organisierten Thalli – bestehend aus gleichartigen Zellen – zu hochorganisierten Thalli verfolgen, die eine ausgeprägte anatomische Differenzierung aufweisen, wie aus dem Schema der Abb. 5 hervorgeht. Alle wachsen mit zweischneidiger Scheitelzelle (Abb. 12e).

1. Undifferenzierter Thallus: Riccardia-Typ

Material: Die Gattung *Riccardia* (synonym *Aneura*, Aneuraceae, Jungermaniales) umfaßt etwa 150 Arten, von denen nur 6 in Europa vorkommen. Von diesen hat *Riccardia pinguis* (Fettes Riccardsmoos) die größte Verbreitung. Die diözischen, verzweigten dunkelgrünen Thalli findet man auf feuchten kalkhaltigen Böden, oft mit anderen Moosen vergesellschaftet. Die Thalli lassen sich relativ leicht auf Benecke-Agar oder auch im Gewächshaus kultivieren.

Präparation und Aufgabe: Querschnitt durch den Thallus, bei Frischmaterial möglichst Handschnitt anfertigen. Zur Orientierung Skizze bei Übersichtsvergrö-

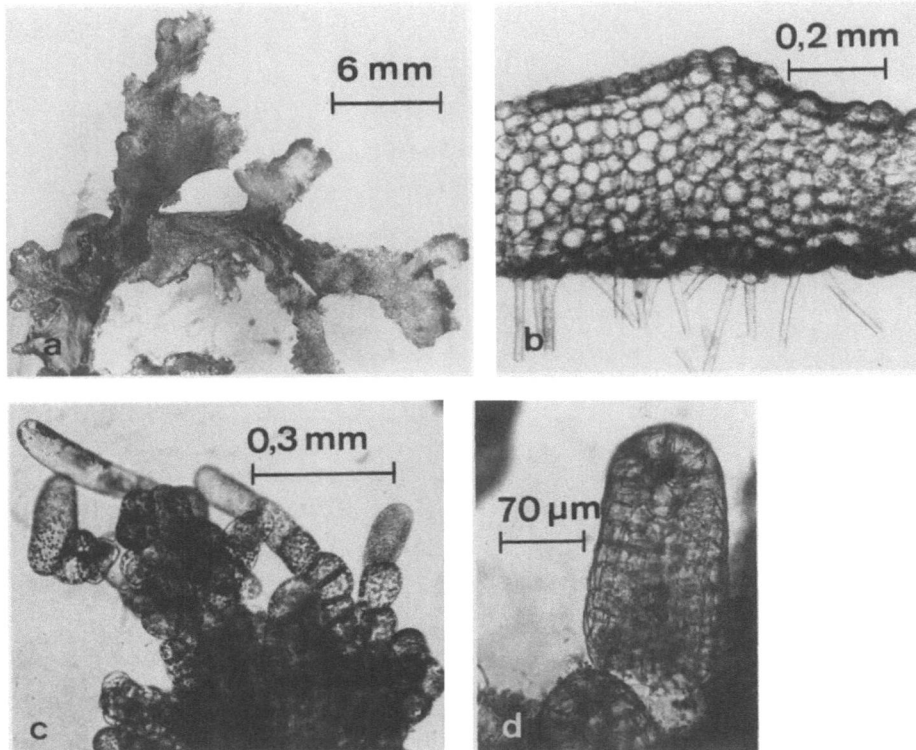

Abb. 6a–d. *Riccardia pinguis.* **a** Habitus; **b** Thallusquerschnitt; **c** Randzone eines weiblichen Thallus mit Paraphysen; **d** Archegonium

ßerung anfertigen, bei starker Vergrößerung Aufbau des Gewebes zeichnen. Obwohl der Zweck dieser Untersuchungen das Studium der Morphologie und Anatomie des Thallus ist, sollte man in den Randzonen älterer Thalli nach Archegonien und Antheridien suchen.

Beobachtungen: Der schalenartig gewölbte, unregelmäßig verzweigte Thallus (Abb. 6a) nimmt von marginal nach zentral an Dicke zu (Abb. 6b). Abgesehen davon, daß die Epidermiszellen ein wenig kleiner als die Innenzellen sind, gibt es keine weiteren Zelldifferenzierungen, wenn man von Rhizoiden absieht. Kugelige Ölkörper können in Mehrzahl vorhanden sein. Die Gametangien findet man am Thallusrand eingebettet in einreihige, teils verzweigte Paraphysen (Abb. 6c). Die Archegonien (Abb. 6d) sind relativ einfach zu finden.

2. Thallus mit Differenzierung in Abschluß- und Zentralgewebe: Pellia-Typ

Material: Von der Gattung *Pellia* (Pelliaceae, Metzgeriales) gibt es vier Arten, die alle in Europa vorkommen. Die monözische *Pellia epiphylla* (Gemeines Beckenmoos, Abb. 7c) findet man an ständig feuchten Standorten auf sauren, minerali-

2. Klasse: Marchantiopsida [Hepaticae] (Lebermoose)

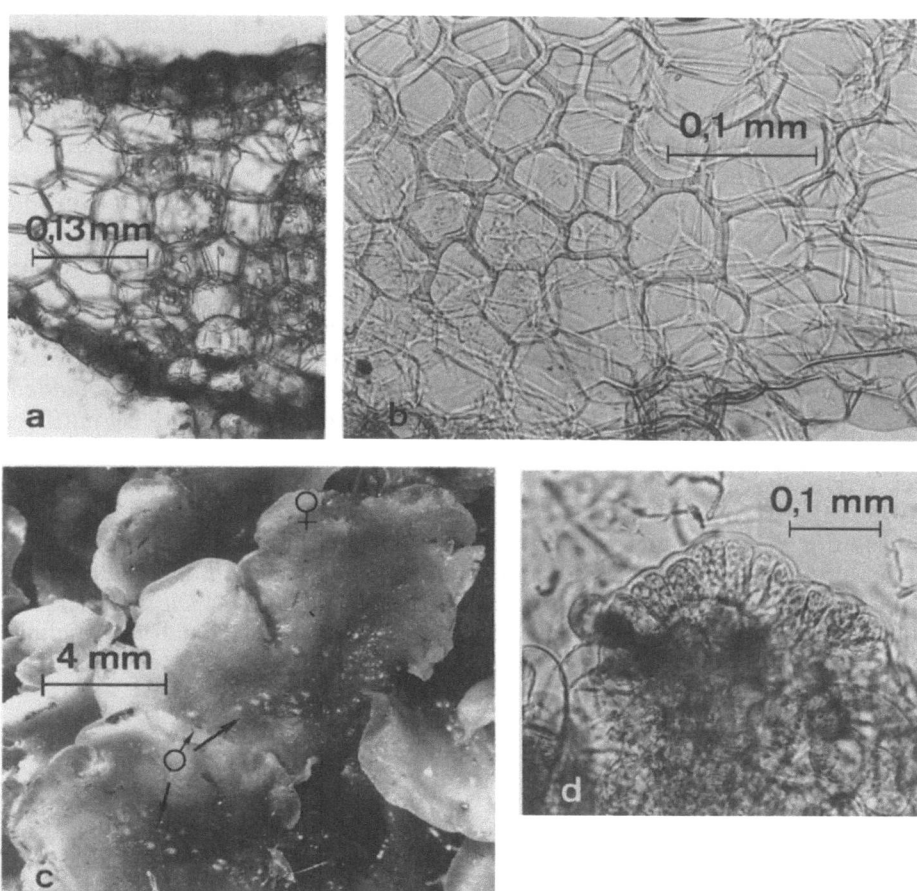

Abb. 7a–d. *Pellia epiphylla.* **a** Querschnitt durch den Thallus; **b** Ausschnitt aus a, zentrales Speichergewebe mit Wandverdickungen; **c** Thallusaufsicht, die sich unter pustelartigen Aufwölbungen bzw. unter schuppenartigen Auswüchsen des oberen Abschlußgewebes entwickelnden Antheridien und Archegonien sind mit Pfeilen gekennzeichnet; **d** Spitze eines Thalluslappens mit zweischneidiger Scheitelzelle

schen Böden und auf Torf. Die lappigen Thalli sind bis zu 1 cm breit. Sie unterscheiden sich jedoch von den ähnlich aussehenden Thalli von *Marchantia* (S. 36f.) durch das Fehlen von Brutbechern. Die diözische Art *Pellia fabbroniana* wächst auf basischen Böden, ihr Thallus ist lappig verzweigt und bildet an den Enden Brutäste (S. 53). *Pellia* kann man bei genügender Feuchte auf entsprechender Erde im Kalthaus kultivieren.

Präparation und Aufgabe: Querschnitt durch den Thallus. Bei mittlerer Vergrößerung zeichnen und bei starker Vergrößerung Einzelheiten der Zellstrukturen anschauen. In der Aufsicht nach Gametangien suchen und die am Rand des Thallus in Buchten befindlichen Scheitelzellen bei starker Vergrößerung betrachten. Um

Wandverdickungen im Speichergewebe deutlicher zu erkennen, Querschnitt mit Phloroglucin-Salzsäure färben.

Beobachtungen: Der Thallus ist dreischichtig und aus gleichartigen, in Wuchsrichtung etwas gestreckten Zellen aufgebaut (Abb. 7a). Das obere Abschlußgewebe enthält zahlreiche Plastiden, dagegen ist das untere Abschlußgewebe nahezu plastidenfrei. Aus einzelnen Zellen wachsen braun gefärbte Rhizoide heraus, die im Gegensatz zu *Marchantia* (Abb. 10g) keine zäpfchenartigen Verdickungen der Innenwand aufweisen. Rhizoide findet man in der Region einer im Querschnitt weniger deutlich erkennbaren Mittelrippe. Das zwischen den Epidermen liegende Parenchym ist arm an Chloroplasten und dient vorwiegend als Speichergewebe. Ein Teil der Zellen enthält Ölkörper. Die Stabilität des Thallus wird durch Wandverdickungen bewirkt, welche die Zellen des Speichergewebes netzartig verbinden. Diese Verdickungen sind nach Anfärben mit Phloroglucin-Salzsäure bei mittlerer Vergrößerung deutlich zu erkennen (Abb. 7b). In der Aufsicht kann man bei starker Vergrößerung an den Thallusspitzen die zweischneidigen Scheitelzellen sehen (Abb. 7d).

Häufig kann man auch die sich unter der oberen Epidermis bildenden Antheridien und die sich unter einem schuppenartigen Blättchen an der Thallusspitze in Mehrzahl entwickelnden Archegonien erkennen (Abb. 7c). Die Entwicklung dieser männlichen und weiblichen Gametangien wird jedoch später im Abschnitt „Sexuelle Fortpflanzung" (S. 63) besprochen.

3. Thallus mit Differenzierung in Assimilations- und Speichergewebe

a) Ricciocarpus-Typ

Material: Das monözische, schwimmende Wassersternlebermoos *Ricciocarpus natans* (Ricciaceae, Marchantiales) ist die einzige Art dieser Gattung. Man findet dieses Lebermoos in nährstoffreichen, stehenden Gewässern. Ähnlich wie die Wasserlinsen (z. B. *Lemna minor*) schwimmen die herzförmig verzweigten Thalli (Abb. 8a) dieses Mooses auf der Wasseroberfläche. Sie haben lange, bandförmige Ventralschuppen. *R. natans* kommt aber auch, in Rosetten wachsend, auf lehmigen, feuchten Böden vor, allerdings sind dann die Ventralschuppen wesentlich kleiner.

Präparation und Aufgabe: Habitus unter dem Präpariermikroskop betrachten. Querschnitt durch Thallus anfertigen und zeichnen. Dies ist eine sehr schwierige Aufgabe, da ein Handschnitt durch das sehr lockere Aerenchym faktisch für den gesamten Querschnitt nicht machbar ist. Auch bei der Herstellung von Dauerpräparaten aus Mikrotomschnitten ist es nicht leicht, ein zusammenhängendes Aerenchym zu bekommen. In Thallusaufsicht nach Atemöffnungen und in Thallusquerschnitten nach Gametangien bzw. Sporangien suchen.

Beobachtungen: Im Querschnitt (Abb. 8b) wird die anatomische Gliederung des Thallus in ein dorsales Assimilations- und ein ventrales Speichergewebe deutlich. Das Assimilationsgewebe besteht aus zahlreichen übereinanderliegenden Kam-

2. Klasse: Marchantiopsida [Hepaticae] (Lebermoose)

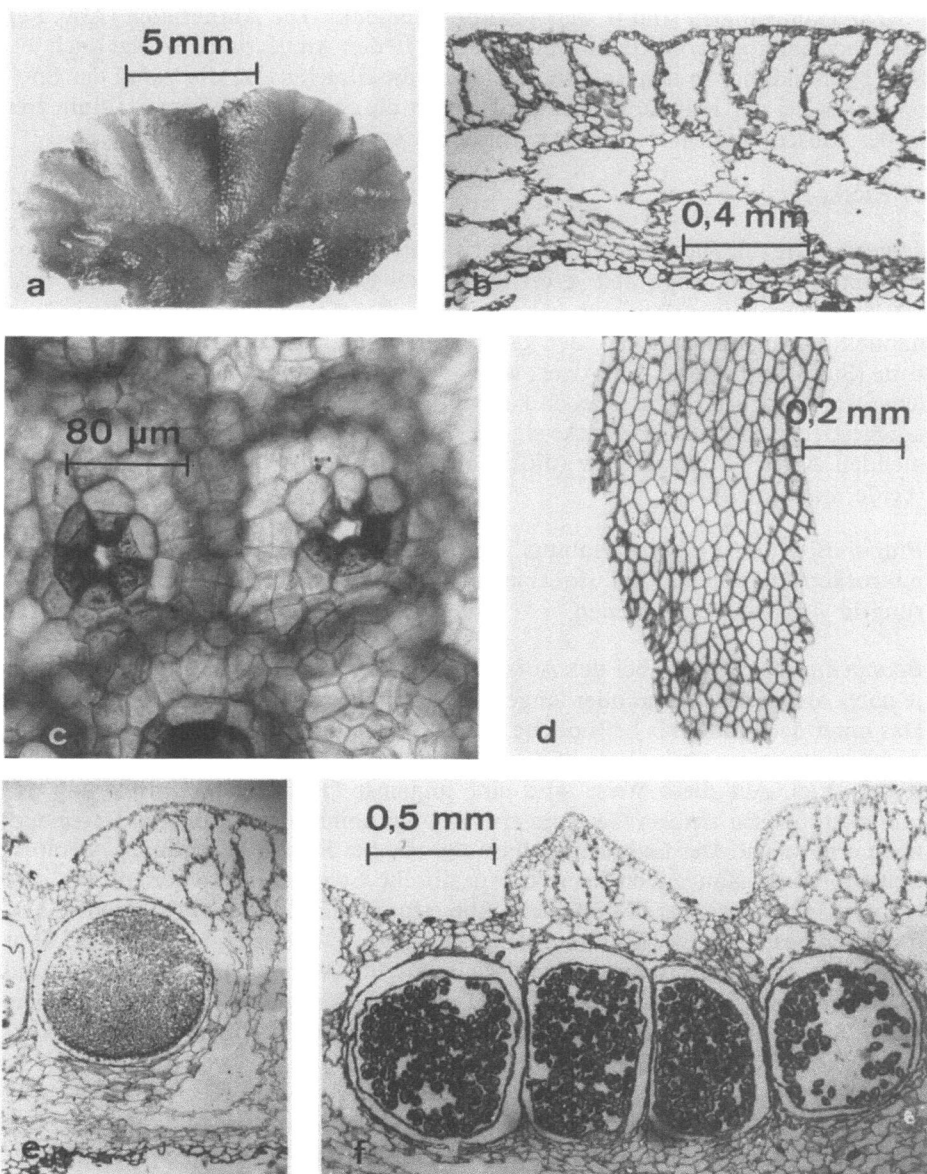

Abb. 8a–f. *Ricciocarpus natans.* **a** Habitus; **b** Thallusquerschnitt; **c** Thallusaufsicht von dorsal mit Atemöffnungen; **d** Ventralschuppe; Thallusquerschnitte: mit Antheridium (**e**) bzw. Sporangien (**f**)

mern. Diese haben an der Oberseite Atemöffnungen, die von 5–6 dünnwandigen Zellen umgeben sind (Abb. 8c). Das Speicher- oder Grundgewebe besteht nur aus wenigen Zellschichten, die vereinzelt Ölkörper enthalten. Rhizoide sind vorhanden. Wie schon oben erwähnt, sind die Ventralschuppen, je nach Standort, mehr oder minder stark ausgeprägt (Abb. 8d).

Die Gametangien sind in den Thallus eingesenkt. Die Antheridien (Abb. 8e) entstehen entlang der Mittellinie des Thallus. In den Archegonien erfolgt auch die Sporogonbildung. In den Sporangien fehlen die Elateren. Da die Wand der Sporenkapsel bei der Reife abgebaut wird, liegen die Sporen in diesem Stadium frei in der Einsenkung, in der das Archegonium entstand (Abb. 8f).

b) Riccia-Typ

Material: Die mit *Ricciocarpus* nahe verwandte Gattung *Riccia* (Ricciaceae, Marchantiales) ist in Europa weit verbreitet. Für die 30 europäischen Arten sind etwa 100 Artennamen veröffentlicht, bei denen es sich sicherlich vielfach um Varietäten handelt. Die meisten Arten bilden gabelig verzweigte Thallusrosetten auf feuchter Erde (Sternlebermoose). Bei Arten, die wie *Riccia fluitans* (Schwimmendes Sternlebermoos) auch im Wasser leben können, sind die dichotom verzweigten Thalli langgestreckt. Für unsere Zwecke eignen sich bestens die in Mitteleuropa vorkommenden Arten *Riccia ciliifera* (diözisch), *Riccia glauca* und *Riccia warnstorfii* (beide monözisch).

Präparation und Aufgabe: Habitus von dorsal und ventral unter dem Präpariermikroskop betrachten. Thallusquerschnitt in der Übersicht bei mittlerer Vergrößerung in Ausschnitten zeichnen.

Beobachtungen: Schon bei der Aufsicht erkennt man, daß die Epidermiszellen, je nach Art, mehr oder minder lange haarartige Ausstülpungen tragen (Abb. 9a). Das unter der Epidermis befindliche Assimilationsparenchym besteht aus voneinander getrennten Zellreihen, die pfeiler- oder lamellenartig angeordnet sind (Abb. 9b, c). Auf diese Weise wird eine immense Oberflächenvergrößerung des photosynthetisch aktiven Gewebes erreicht, das somit einen größeren Energiegewinn ermöglicht. Der Gasaustausch erfolgt wie bei *Ricciocarpus* durch Atemöffnungen, deren Randzellen keinerlei spezifische Strukturen aufweisen, wie dies z. B. bei *Marchantia* der Fall ist (siehe Abb. 10). Im Grundgewebe fehlen die Chloroplasten; es wird Stärke und Fett gespeichert; Ölkörper sind nicht bekannt (Abb. 9d). Die Ventralschuppen sind klein und unscheinbar. Glatte Rhizoide und Zäpfchenrhizoide sind vorhanden (siehe dazu auch *Marchantia*, Abb. 10g). Die Gametangien findet man relativ selten. Sie sind, wie bei *Ricciocarpus* in das Assimilationsgewebe eingesenkt (Abb. 8).

Durch das Studium von *Ricciocarpus* und *Riccia* wird deutlich die Progression erkennbar, die von den kompakten Thalli von *Riccardia* und *Pellia* ausgeht und nach einer horizontalen Trennung in Assimilations- und Speichergewebe mit einer auf unterschiedliche Weise bei *Ricciocarpus* und *Riccia* erreichten Oberflächenvergrößerung des Assimilationsgewebes zu den kompliziert aufgebauten Atemkammern der hochdifferenzierten Lebermoose vom *Marchantia*-Typ führt (Abb. 5).

c) Marchantia-Typ

Material: Marchantia polymorpha (Marchantiaceae, Marchantiales), diözisch, ist mit seinen zahlreichen Varietäten ein Ubiquist. Es unterscheidet sich nur unwesentlich (z. B. Form der weiblichen Gametangienständer) von *Marchantia palea-*

2. Klasse: Marchantiopsida [Hepaticae] (Lebermoose)

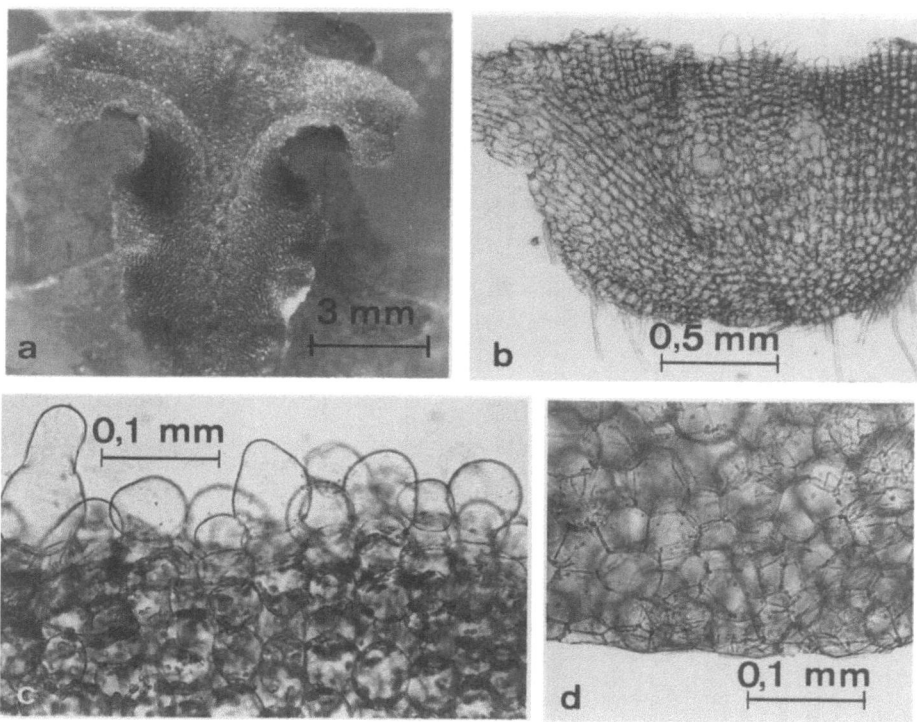

Abb. 9a–d. *Riccia ciliifera.* **a** Habitus von dorsal; **b** Thallusquerschnitt in der Übersicht; Ausschnitte aus **b**: Dorsalregion (**c**), Ventralregion (**d**)

cea, der auf Tropen und Subtropen beschränkten zweiten Art dieser Gattung. *Marchantia polymorpha*, das Brunnenlebermoos, wächst plagiotrop an feuchten, schattigen Standorten. Die 1 bis 2 cm breiten männlichen und weiblichen Thalli (mit deutlich ausgeprägter Mittelrippe) sind leicht an den typischen Gametangienträgern und den schüsselförmigen Brutbechern zu erkennen (Abb. 3).

Präparation und Aufgabe: Querschnitt durch den Thallus so anlegen, daß die Öffnung einer Luftkammer getroffen wird. Bei mittlerer Vergrößerung ringförmige Zellen der Atemöffnung, Rhizoide und Ventralschuppe zeichnen. In der Thallusaufsicht Ringzellen der Atemöffnung zeichnen.

Beobachtungen: In der Übersicht des Thallusquerschnittes erkennt man deutlich die Schichtung in Assimilations- und Speichergewebe (Abb. 10a). In konsequenter Fortführung der schon bei *Riccia fluitans* vorhandenen Kammerung ist das Assimilationsgewebe beim Brunnenlebermoos in einzelne Luftkammern gegliedert. Diese sind untereinander durch Wände getrennt und enthalten an der Basis meist verzweigte, stark plastidenhaltige Zellreihen, die Assimilatoren genannt werden (Abb. 10b, c). Die Kammerung ist auch bei der Betrachtung der Oberseite als ein regelmäßiges Muster zu erkennen. Hier sieht man vor allem, daß jede der Luftkammern mit der Außenwelt durch eine Öffnung in Verbindung steht. Die

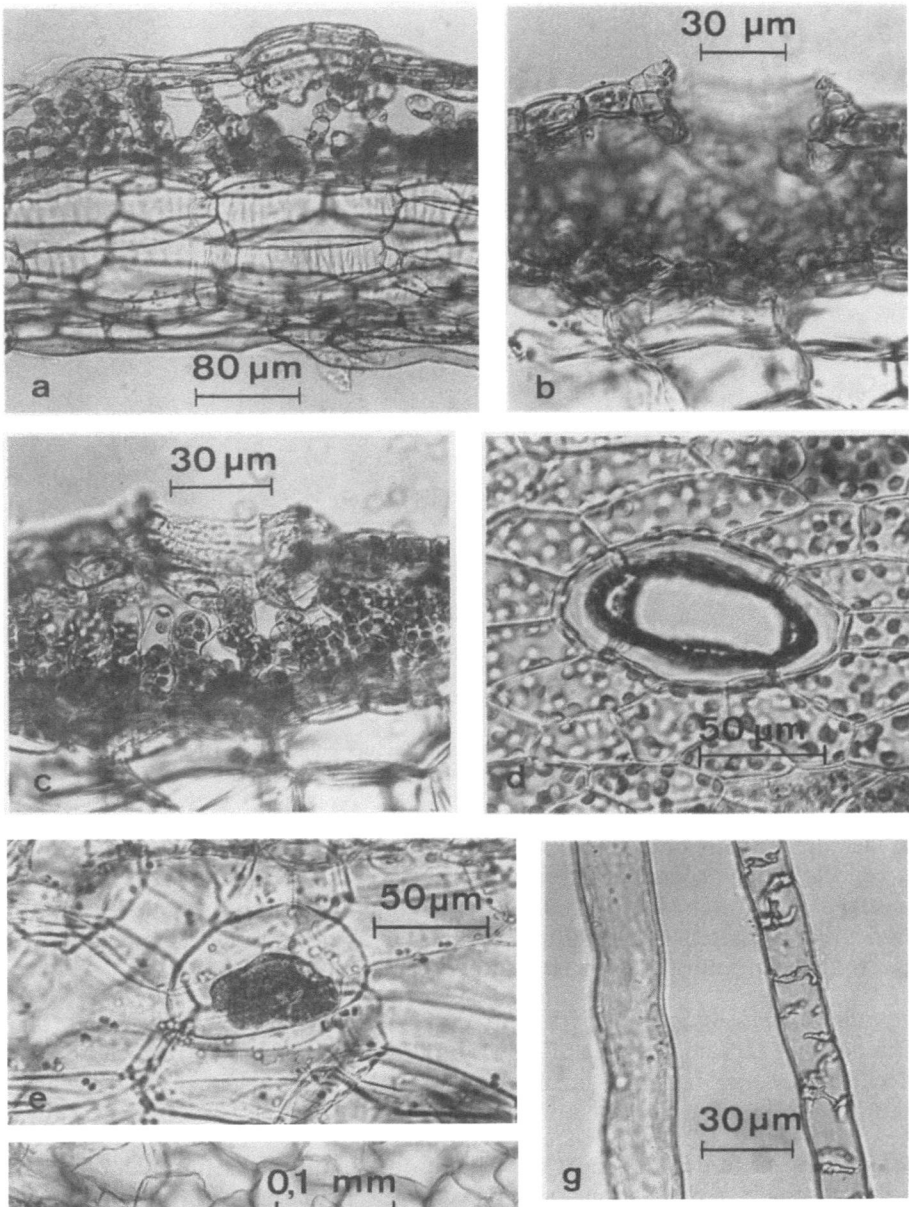

Abb. 10 a–g. *Marchantia polymorpha*.
a Thallusquerschnitt; Ausschnitte aus a: Luftkammer mit Atemöffnung in verschiedener Fokussierung (b, c); d Atemöffnung in der Aufsicht; e Speichergewebe mit Ölkörper; f Ventralschuppe an der Thallusunterseite; g glatte und Zäpfchenrhizoide

Atemöffnungen sind umgeben von 16 Zellen, die in vier Etagen zu je vier Zellen angeordnet sind und die Form einer Tonne haben (Abb. 10c, d).

Im chloroplastenfreien Speichergewebe erkennt man die Verdickungen der Wände und die Ölkörper, welche die ganze Zelle ausfüllen (Abb. 10a). Von der unteren Epidermis wachsen die vielzelligen Ventralschuppen aus, die vor allem der Wasserbevorratung dienen, indem sie an der Thallusunterseite Hohlräume schaffen (Abb. 10f). Die einzelligen Rhizoide sind entweder glatt oder weisen an den Innenwänden zäpfchenartige Wandverdickungen auf (Zäpfchenrhizoide) (Abb. 10g).

II. Progression vom thallosen zum foliosen Vegetationskörper

Diese Entwicklung kann man an Vertretern der Unterklasse der Jungermaniidae verfolgen. Wie aus Abb. 11 hervorgeht, zeichnet sich diese Progression schon innerhalb der ersten Ordnung der Metzgeriales ab. Die Sporogonentwicklung erfolgt allerdings auch bei den foliosen Formen zunächst noch anakrogyn. Bei den foliosen Calobryales entstehen die Archegonien noch lateral an den orthotropen dreizählig beblätterten Stämmchen. Dagegen wachsen die Jungermaniales, obwohl mit akrogyn gebildeten Sporogonen ausgestattet, plagiotrop. Dies ist mit einer Dorsiventralität der meist dreizeilig anisophyll beblätterten Stämmchen verbunden. Diese unterschiedlichen Thallusformen, zwischen denen es natürlich Übergänge gibt, sollen anhand von Leitarten erläutert werden.

Den Organen der vegetativen und sexuellen Fortpflanzung wird in diesem Kapitel nur insoweit Aufmerksamkeit geschenkt, wie sie bei dem Studium dieser Progressionsreihe anfallen. Auf beide Vermehrungsarten wird in den nächsten Abschnitten genauer eingegangen (S. 49 bzw. 55).

1. Thallose Form mit Differenzierung in Abschluß- und Zentralgewebe: Pellia-Typ

An den Anfang dieser Reihe kann man *Pellia* stellen, die an ihren flachen, verzweigten Thalli keine Differenzierungen erkennen läßt. Da *Pellia epiphylla* schon auf S. 32 bei der Besprechung der Thallusanatomie ausführlich behandelt wurde, erübrigt sich hier eine weitere Bearbeitung.

2. Thallose Form mit ausgeprägter Mittelrippe: Metzgeria-Typ

Material: Die sehr kleinen, nur 1 bis 3 cm langen und wenige mm breiten dichotom verzweigten Thalli des Igelhaubenmooses *Metzgeria* (Metzgeriaceae, Metzgeriales) findet man an feuchten Stellen auf der Borke alter Bäume und auch auf Gestein. In beiden Fällen sind sie mit Algen, Flechten und anderen Moosen vergesellschaftet. Von den 120 Arten dieser Gattung, die vorwiegend in den Tropen und Subtropen verbreitet sind, kommen nur 7 in Europa vor. Die bei uns am weitesten verbreitete Art ist die diözische *Metzgeria furcata*, die auf Humusböden und Baumstümpfen wächst. Seltener findet man in den gleichen Regionen die ebenfalls diözische *Metzgeria pubescens*, vorwiegend auf Kalkfelsen oder kalkhaltigen Böden und die monözische *Metzgeria conjugata* auf Sandstein.

In diesem Zusammenhang erscheint der Hinweis angebracht, daß die diözische, auf Baumrinden in atlantischen Regionen lebende *Metzgeria fructiculosa* nach längerer Aufbewahrung im Herbar eine bläuliche Farbe annimmt.

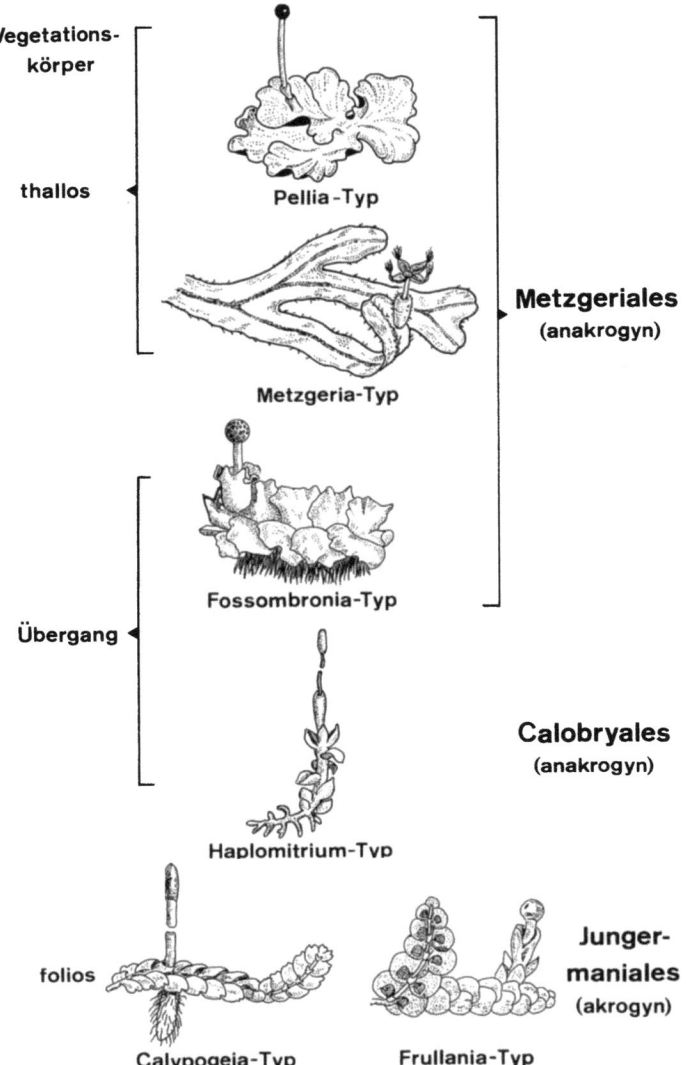

Abb. 11. Schematische Darstellung der Progression vom thallosen Vegetationskörper mit anakrogyner Sporogonentwicklung zum foliosen Thallus mit akrogyner Sporogonentwicklung innerhalb der Jungermaniidae. Einzelheiten siehe Text. (Nach Braune et al. bzw. Janzen, verändert)

Präparation und Aufgabe: Von Thallusstücken Deckglaspräparate anfertigen und bei schwacher Vergrößerung Habitus skizzieren. Bei starker Vergrößerung die an den Thallusspitzen deutlich erkennbaren Scheitelzellen zeichnen. Entwicklungsstadien von Gametangien, Sporogonen und die der vegetativen Fortpflanzung dienenden Adventivsprosse zeichnen. Zum Verständnis der Thallusanatomie Querschnitte (möglichst Mikrotom) anfertigen und auch in diesen nach den Organen der sexuellen und vegetativen Fortpflanzung suchen.

2. Klasse: Marchantiopsida [Hepaticae] (Lebermoose)

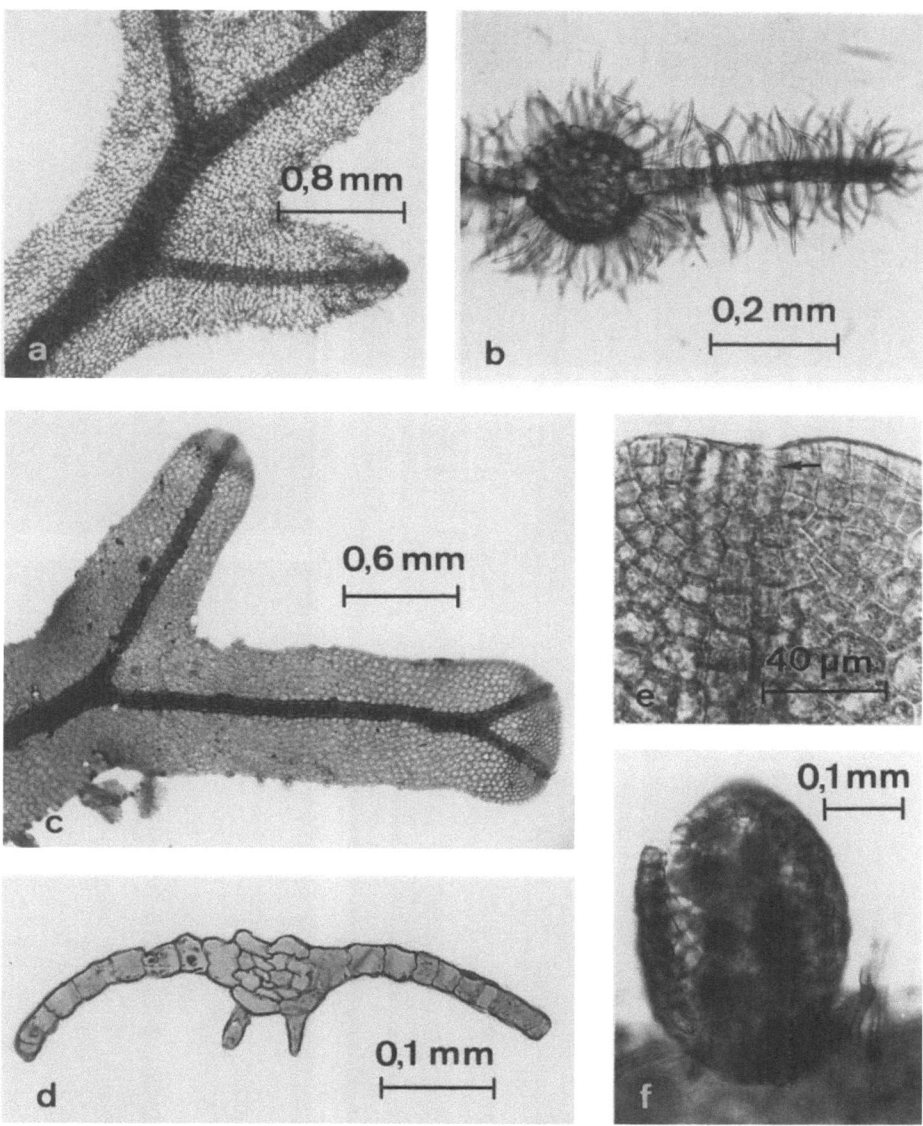

Abb. 12a–f. *Metzgeria pubescens.* **a** Thallusaufsicht; **b** Thallusquerschnitt
Metzgeria furcata. **c** Thallusaufsicht; **d** Thallusquerschnitt; **e** Thallusspitze mit zweischneidiger Scheitelzelle (Pfeil); **f** männlicher Geschlechtsast (Antheridienstand)

Beobachtungen: In der Aufsicht (Abb. 12a, c) erkennt man schon, daß der Thallus mit Ausnahme der vielschichtigen Mittelrippe einschichtig ist. Dies wird im Querschnitt noch deutlicher sichtbar. Hier sieht man auch, daß sich bei *M.pubescens* nicht nur auf der Unterseite, sondern auch auf der Oberseite einzellige Haare befinden (Abb. 12b). Diese fehlen bei *M.furcata* (Abb. 12d). Die Thalli wachsen mit einer zweischneidigen Scheitelzelle (Abb. 12e).

Abb. 12 g–k. *Metzgeria conjugata.* **g** Thallusunterseite mit Antheridienstand (links) und Archegonien (rechts); **h** Ausschnitt aus g, Archegonienstand; **i** Thallusunterseite mit jungem Sporogon (rechts), darunter unbefruchtete Archegonien, links im Bild Antheridienstand; **j** junges Sporogon nach Durchbrechen der Hülle; **k** Sporangium nach Öffnung, die vierte Klappe ist im Bild nicht zu sehen, links oben im Bild Elaterenbüschel

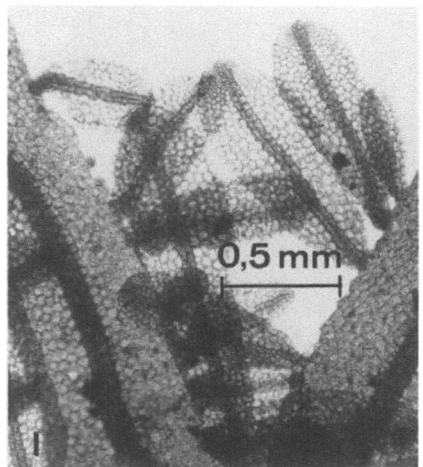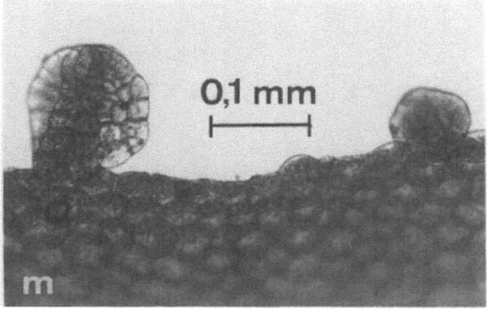

Abb. 12 l, m. *Metzgeria furcata.* l Randzone des Thallus mit Adventivsprossen; m Ausschnitt aus l, Differenzierungsstadien der Adventivsprosse

Antheridien und Archegonien entstehen anakrogyn als ventrale Auswüchse (Geschlechtsäste) der Mittelrippe, und zwar die ersteren in Mehrzahl in leicht eingerollten Thalluslappen (Abb. 12 f, g). Schon nach kurzer Zeit wachsen die Sporogone aus den Hüllen heraus (Abb. 12 i, j). Die Kapsel des kurzgestielten Sporogons öffnet sich mit mehreren Klappen, die an den Spitzen pinselartige Elaterenbüschel tragen (Abb. 12 k).

Die der vegetativen Fortpflanzung dienenden Adventivsprosse wachsen zungenartig aus den Randzellen des Thallus heraus (Abb. 12 l, m).

3. Übergang von thalloser zu folioser Form: Fossombronia-Typ

Material: Von den 30 Arten der Gattung des Zipfelmooses *Fossombronia* (Codoniaceae, Metzgeriales) findet man 9 Arten in Europa, die allerdings nur anhand ihrer Sporen identifiziert werden können. In Mitteleuropa weit verbreitet ist die monözische *Fossombronia dumortieri*, die auf Moorböden und am Rande von Seen vorkommt.

Präparation und Aufgabe: Unter dem Präpariermikroskop Thallus von dorsal und ventral beobachten, wenn vorhanden, Anordnung und Habitus der Antheridien, Archegonien und Sporogone skizzieren.

Beobachtungen: Das nach unten halbkreisförmig gebogene Cauloid des dichotom verzweigten und plagiotrop wachsenden Thallus besitzt blättchenartige Auswüchse. Diese quadratischen Thalluslappen haben gewellte Ränder und sind in zwei Zeilen unterschlächtig inseriert (Abb. 13 a, b). Da jedoch die Gametangien anakrogyn angelegt werden, nimmt *Fossombronia* eine Mittelstellung zwischen dem thallosen und foliosen Typ ein. Die gestielten, gelblich gefärbten Antheridien bil-

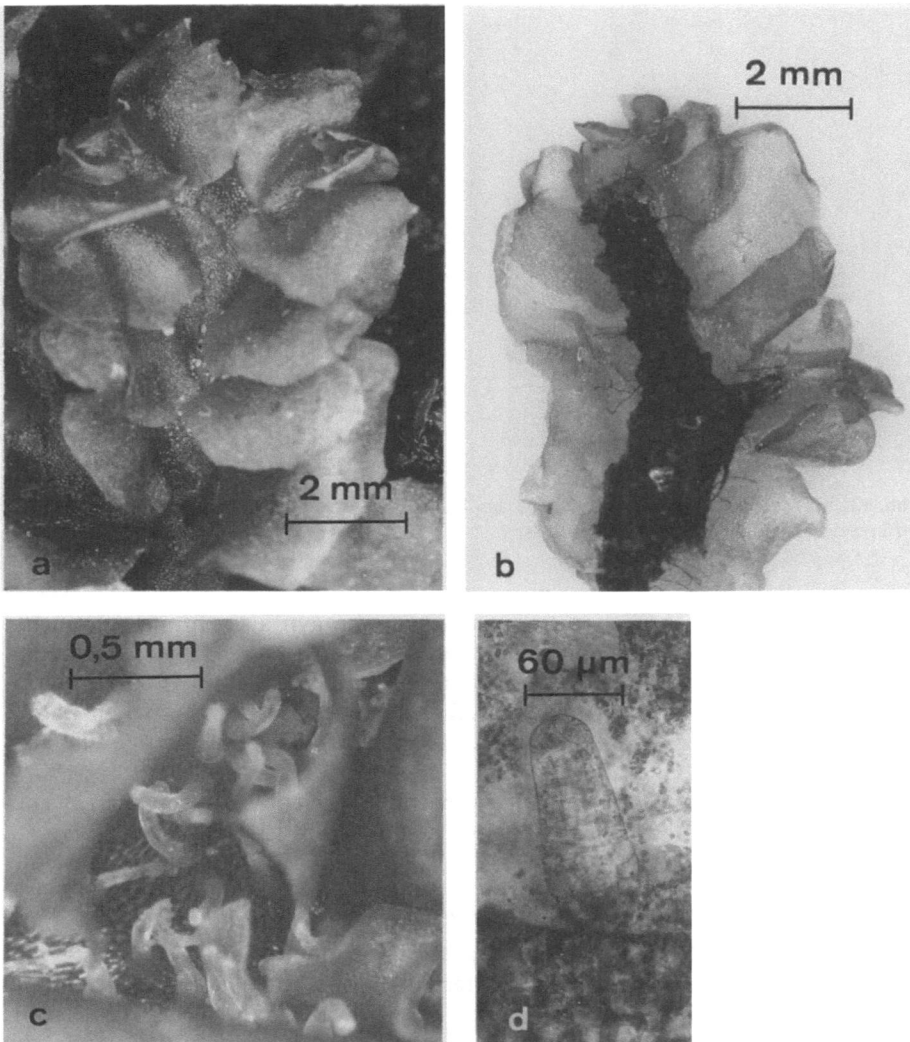

Abb. 13a–d. *Fossombronia spec.* **a** Habitus von dorsal; **b** Habitus von ventral; **c** Archegonien vom Perichaetium umhüllt; **d** junges Archegonium

den sich auf der Oberseite des Stengels und haben keine Hülle. Die Archegonien (Abb. 13d) entstehen am Sproßscheitel, werden aber dann, da der Thallus weiterwächst, von einem glockenförmigen Perichaetium eingehüllt (Abb. 13c), so daß sie letztlich ebenfalls als anakrogyn zu betrachten sind. Die kugeligen, mit leistenartigen Wandverdickungen versehenen Sporen werden nach Zerfall der Sporogonwand frei.

4. Orthotrope foliose Form: Haplomitrium-Typ

Material: *Haplomitrium hookeri* (Haplomitriaceae, Calobryales) ist die einzige der 7 Arten dieser Gattung, die in unseren Regionen vorkommt, und zwar an feuchten, moorigen oder sandigen Standorten, meist vergesellschaftet mit anderen Lebermoosen (z. B. *Fossombronia*) oder Laubmoosen. Die sehr kleinen diözischen Thalli (bis 1 cm lang) dieses Einmützenmooses werden sehr leicht übersehen. Allerdings ist die Materialbeschaffung sehr schwierig, da es faktisch ausgestorben ist. Es sind nur noch wenige Standorte bekannt, z. B. Borkum. Man ist daher bei der Bearbeitung des Einmützenmooses weitgehend auf Herbarmaterial oder Dauerpräparate angewiesen.

Trotz dieser Materialschwierigkeiten soll aber nicht auf die Untersuchung dieses, für die in Abb. 11 dargestellte Progression wichtigen Mooses verzichtet werden.

Präparation und Aufgabe: Betrachtung der männlichen und weiblichen Pflanzen unter dem Präpariermikroskop. Falls Material vorhanden, Gametangien und Sporangien skizzieren.

Beobachtungen: Die unverzweigten fleischigen Thalli sind mit rhizoidfreien „Rhizomen" im Boden verankert und dreizeilig beblättert. Die Blättchen, am Grund oft mehrschichtig, sind ungeteilt und unregelmäßig (also nicht wirtelig) inseriert. Die männlichen Thalli sind meist etwas dünner als die weiblichen. Die orange gefärbten Antheridien findet man in den Blattachseln. Die Archegonien entstehen in Vielzahl entlang der gesamten Stengellänge in Gruppen. Da meist aber pro Thallus nur aus einem der apikal (keine Beteiligung der Scheitelzelle) angelegten Archegonien ein Sporogon entsteht, wird eine akrogyne Entwicklung vorgetäuscht. Die langgestielten Kapseln (Abb. 14a) der langgestreckten Sporogone (Abb. 14b) öffnen sich mit vier Klappen.

5. Plagiotrope foliose Form: Jungermaniales-Typ

Material: Als Beispiele für diesen Typ mögen 3 Arten dienen, die man in Mitteleuropa finden kann. Von den 7 in Europa beschriebenen Arten des Bartkelchmooses bildet die monözische *Calypogeia fissa* (Calypogeiaceae) hellgrüne, flache Rasen auf lehmigen Böden. Die mehrere cm langen verzweigten Thalli sind nur etwa 6 mm breit.

In unseren Regionen findet man von *Calypogeia* Pflanzen mit Stadien der sexuellen Fortpflanzung, d. h. Gametangien und Sporangien, nicht sehr häufig.

Von den Sackmoosen *Frullania* (Frullaniaceae) dagegen gibt es etwa 800 Arten, von denen 10 in Europa vorkommen. In unseren Breiten bildet die diözische *Frullania dilatata* runde, handgroße, grünschwarze Rasen auf der Borke von Bäumen (vielfach Buche) oder wächst vergesellschaftet mit Erstbesiedlern auf Felsen an feuchten und schattigen Plätzen.

Falls von *Frullania* kein Material mit Stadien der sexuellen Fortpflanzung zur Verfügung steht, kann man auch auf das Kammkelchmoos *Lophocolea* (Lophocoleaceae) zurückgreifen. Von den 300 Arten dieser Gattung findet man 6 in Eu-

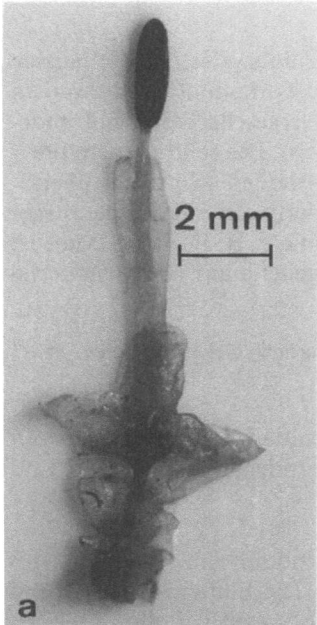 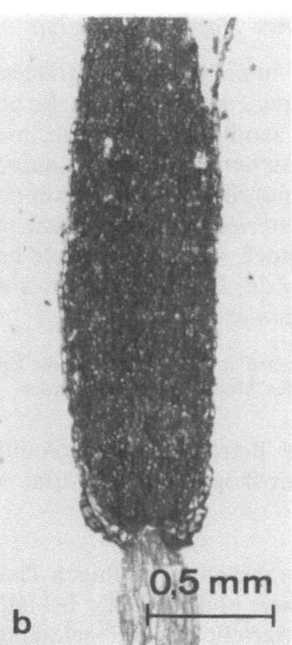

Abb. 14a, b. *Haplomitrium hookeri.* **a** Habitus mit Sporogon; **b** Sporenkapsel, längs, man erkennt die fädigen Elateren

ropa. Die weit verbreitete monözische Art *Lophocolea heterophylla* wächst sowohl in der Ebene als auch in Mittelgebirgen fast ausschließlich auf faulendem Holz. Sie ist relativ leicht zu identifizieren, denn wie schon der Artname sagt, weist dieses Moos zusätzlich zur Anisophyllie noch Heterophyllie auf, d. h. die Phylloide sind vor allem in den unteren Regionen des Cauloids durch eine Einbuchtung in zwei dreieckige Lappen geteilt.

Präparation und Aufgabe: Unter dem Präpariermikroskop, bzw. anhand von Deckglaspräparaten, bei starker Vergrößerung Habitus bzw. Organisation der Thalli und Stadien der sexuellen Fortpflanzung beobachten und zeichnen.

Beobachtungen: Bei den 3 Arten handelt es sich um typische Vertreter der Jungermaniales. Sie wachsen plagiotrop mit einer dreischneidigen Scheitelzelle. Es entstehen in Wirteln angeordnet drei Zeilen von einschichtigen Blättchen, von denen aber nur die beiden dorsalen deutlich ausgebildet und in Ober- und Unterlappen gegliedert sind. Die Ventralblättchen dagegen sind sehr klein und nicht wesentlich breiter als der Stengel, sie werden Amphigastrien genannt.

Bei *Calypogeia fissa* ist eine Gliederung der Dorsalblättchen in Ober- und Unterblatt nicht vorhanden (Abb. 15a). Bei *Frullania dilatata* dagegen sind die Unterlappen der Dorsalblättchen helmförmig in sogenannte Wassersäckchen umgebildet und nur an der Basis mit den Oberlappen verbunden (Abb. 15e). An der Verwachsungsstelle der beiden Blattlappen erkennt man ein kleines zapfenförmi-

2. Klasse: Marchantiopsida [Hepaticae] (Lebermoose)

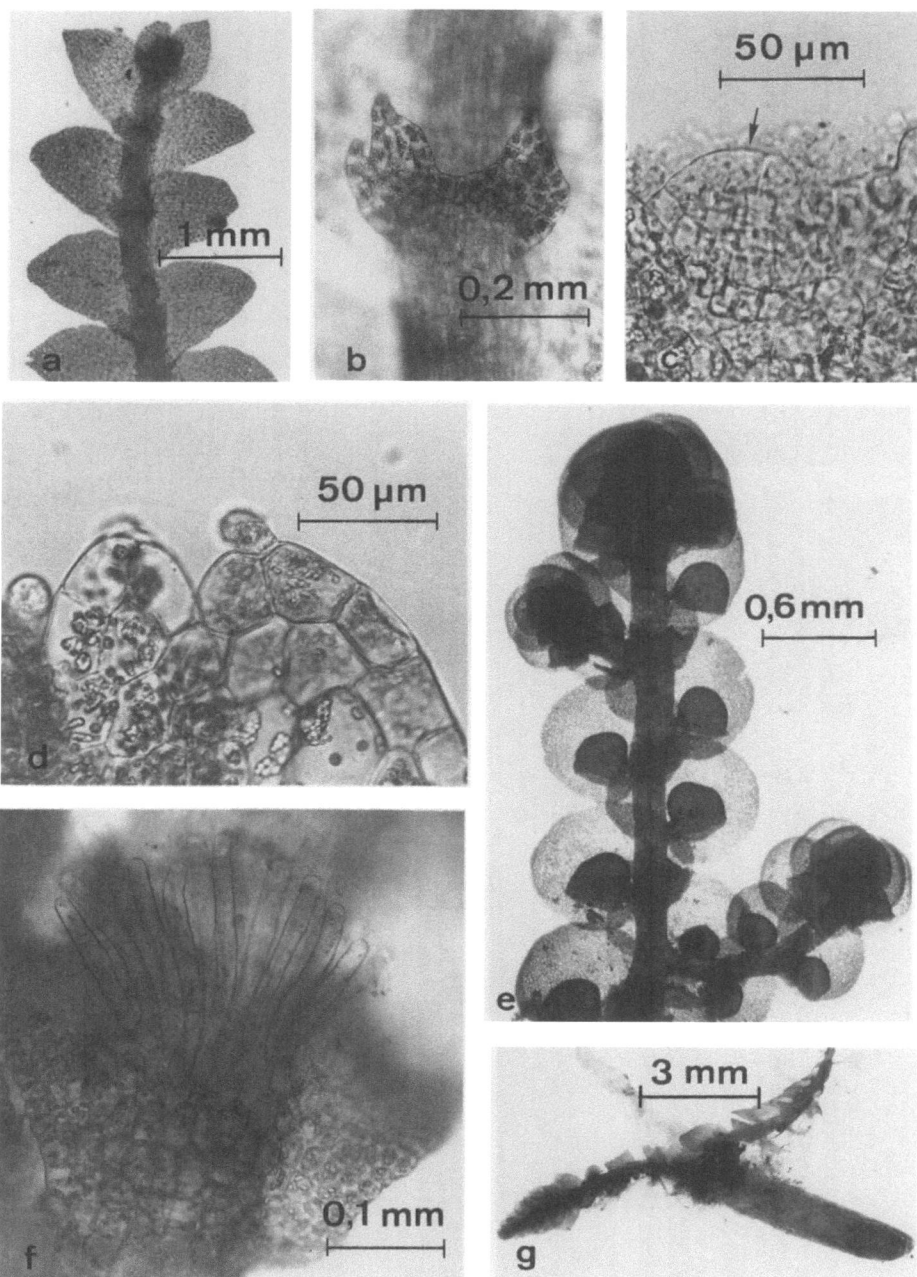

Abb. 15a–f. *Calypogeia fissa.* **a** Thallus in Ventralsicht; **b** Ausschnitt aus a, Cauloid mit Amphigastrien; **c** Vegetationspunkt des Cauloids mit dreischneidiger Scheitelzelle (Pfeil); **d** Blättchen mit zweischneidiger Scheitelzelle; **g** Thallus mit Marsupium. *Frullania dilatata.* **e** Habitus von ventral, mit seitlicher Verzweigung; **f** Amphigastrium mit Rhizoidbüschel

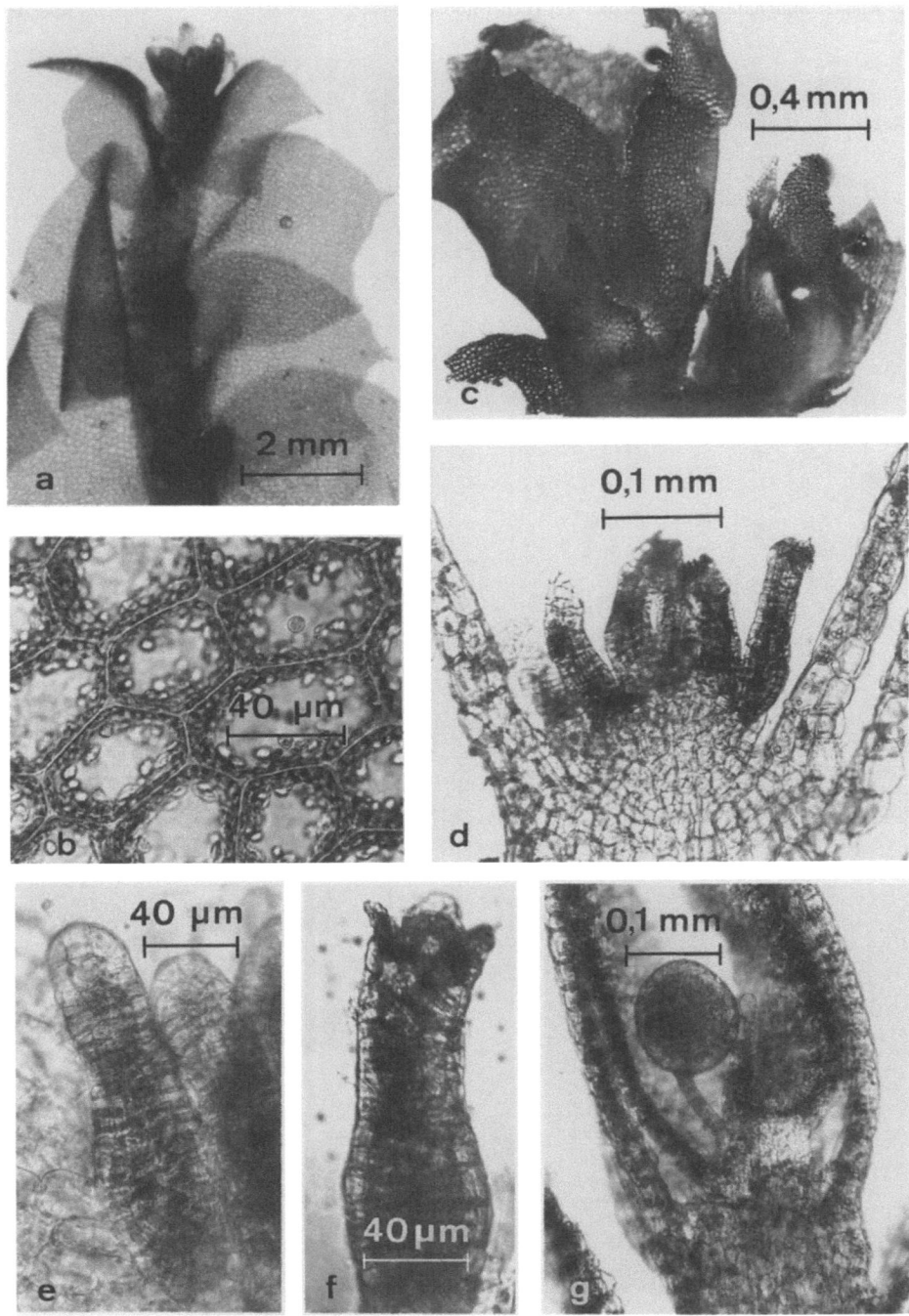

Abb. 16a–g. *Lophocolea heterophylla.* **a** Habitus der Thallusspitze, an den beiden Phylloiden rechts unten erkennt man die Heterophyllie; **b** Aufsicht auf Zellen des Phylloids mit Ölkörpern; **c** Seitenäste, an denen sich von Hüllblättern (Perianth) umgeben Archegonien (links) bzw. Antheridien (rechts) gebildet haben; **d** Längsschnitt durch Archegonienstand; **e** junges Archegonium; **f** befruchtetes Archegonium, man erkennt die apikale Öffnung des Halses und die angeschwollene Basis; **g** Längsschnitt durch Antheridienstand

2. Klasse: Marchantiopsida [Hepaticae] (Lebermoose)

ges Gebilde – den Stylus –, dessen Funktion unbekannt ist. In ihnen findet man häufig als Kommensalisten Cyanobakterien (z. B. *Nostoc*). Bei beiden Arten sind die ebenfalls einschichtigen Amphigastrien infolge eines medianen Einschnittes in zwei dreieckige Zipfel gegliedert. An der Basis umfassen sie den dorsalen Teil des Cauloids (Abb. 15 b). In den älteren Thallusteilen bilden sie Rhizoidbüschel aus (Abb. 15 f). Die Verzweigungen des Thallus entstehen ventral aus der Achsel der Amphigastrien (Abb. 15 e). Bei starker Vergrößerung kann man am Vegetationspunkt sowohl die dreischneidige Scheitelzelle des Cauloids (Abb. 15 c) als auch die blasenförmigen, zweischneidigen Scheitelzellen der Blättchen erkennen (Abb. 15 d).

Wie aus Abb. 11 hervorgeht, entstehen die Gametangien akrogyn an Seitensprossen. Bei *Calypogeia* werden die Gametangien an kurzen Ästen gebildet, die aus der Achsel der Unterblätter wachsen. Infolge einer erhöhten Teilungsaktivität der Zellen unterhalb des befruchteten Archegoniums entsteht ein Fruchtsack, das Marsupium (Abb. 15 g), welches das heranwachsende Sporogon schützt, da dieses nicht von einem Perianth bedeckt wird. Das Sporogon ist im reifen Zustand walzenförmig und öffnet sich mit meist vier Klappen, die sich schraubig verdrehen.

Die bei *Lophocolea heterophylla* ausgeprägte Heterophyllie, nämlich zweispitzige Phylloide in den unteren Regionen des Cauloids, ist in der Übergangszone auf Abb. 16 a zu erkennen. Die Zellen der Phylloide enthalten zahlreiche Ölkörper (Abb. 16 b).

Bei *Frullania* und *Lophocolea* bilden sich die Gametangien akrogyn an Seitenästen, oder am Cauloid, das dann im Verlauf der weiteren Entwicklung zur Seite gedrängt wird. Sowohl die Archegonien- als auch die Antheridienstände sind bei *Lophocolea*, ähnlich wie dies auch bei manchen Laubmoosen der Fall ist (Abb. 42, 43), von grob gezähnten Hüllblättern (Perianth) umgeben (Abb. 16 c, d). Die Archegonien (Abb. 16 e) öffnen sich apikal klappenartig (Abb. 16 f). Die Antheridien sind gestielt (Abb. 16 g). Nach Durchbrechen der Archegonienwand strecken sich die Sporogone (Abb. 17 a – d). Bei der Reife öffnen sie sich von der Spitze aus mit vier Klappen, die sich bei Trockenheit nach unten umbiegen (Abb. 17 b, e). Nach Austrocknen der Elateren werden die Sporen freigesetzt (Abb. 17 f).

III. Vegetative Fortpflanzung

1. Brutkörper

Unterrichtsfilm Nr. 47: *Marchantia polymorpha*, Vegetative Entwicklung aus Brutkörpern.

Material: *Marchantia polymorpha* wie auf S. 36 angegeben. *Lunularia cruciata* (Marchantiaceae, Marchantiales) ist frostempfindlich und hat seine Hauptverbreitung in den Ländern um das Mittelmeer, und zwar an schattigen feuchten Stellen auf der Erde, an Mauern und in Gräben. Man findet diese Art auch in unseren Regionen, da sie oft mit Gartenpflanzen eingeschleppt wird. *Lunularia cruciata*, das Mondbechermoos, ist diözisch und unterscheidet sich nicht nur durch den Habitus der Gametangienstände, sondern vor allem durch die halbmondförmigen

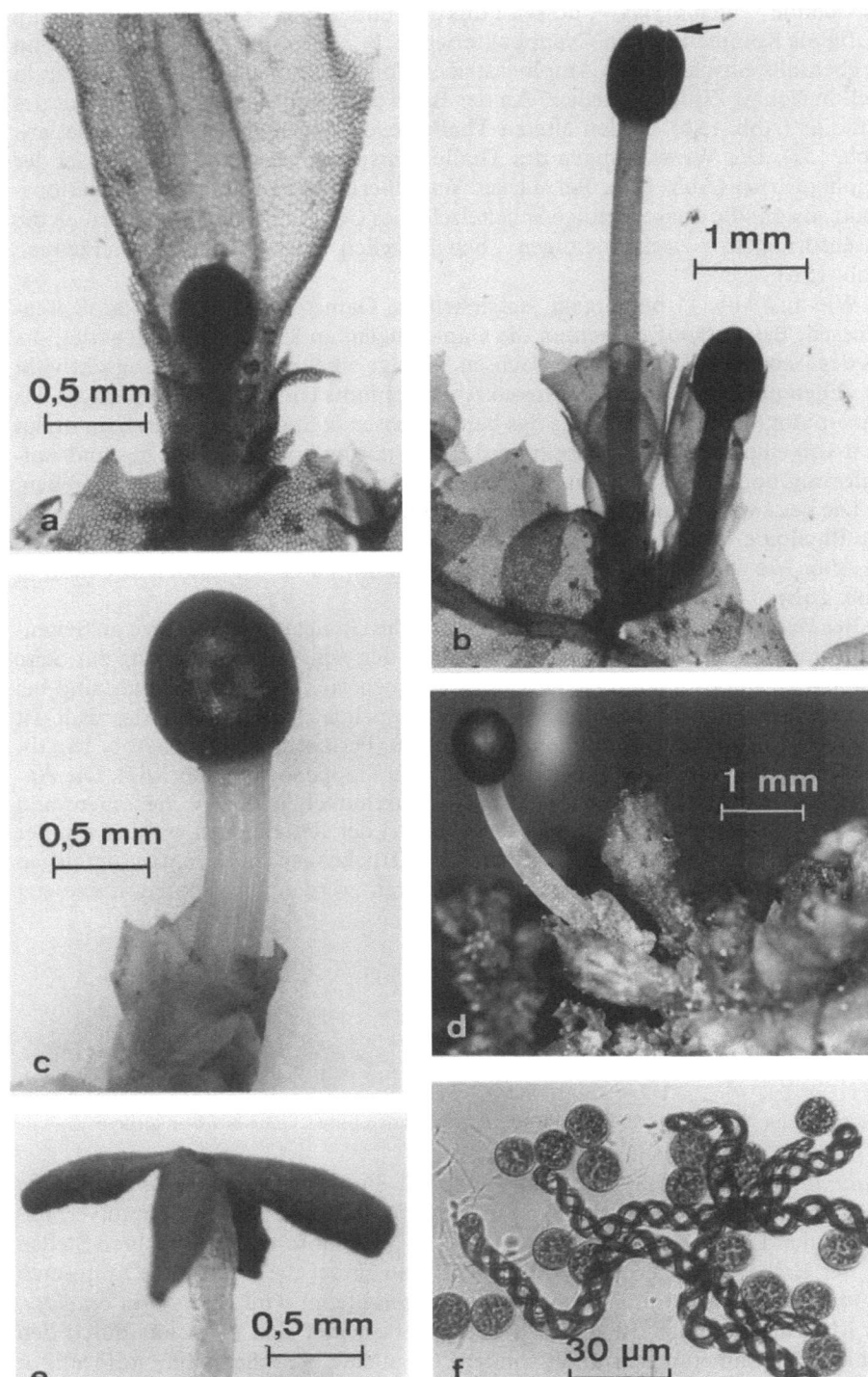

2. Klasse: Marchantiopsida [Hepaticae] (Lebermoose)

Brutbecher (Gattungsname!) von *Marchantia*, deren Brutbecher rund sind. Allerdings sind in unseren Regionen sehr selten beide Geschlechter zu finden.

Präparation und Aufgabe: Querschnitt durch Thallus von *Marchantia polymorpha* so anfertigen, daß einer der makroskopisch erkennbaren Brutbecher getroffen wird. Übersicht zeichnen und bei großer bis mittlerer Vergrößerung einzelne Entwicklungsstadien der Brutkörper zeichnen. Brutkörper in Aufsicht und Querschnitt sowie Habitus der Brutbecher von *Lunularia cruciata* zeichnen. Brutkörper zum Auswachsen in Petrischalen ($\varnothing$ 4 cm) bringen, die in einer Schichtdicke von etwa 0,5 cm mit Benecke-Agar gefüllt sind. Mindestens 5 Schalen von unten dem Dauerlicht einer Neonlampe (Lichtkasten) aussetzen und von oben abdecken. Nach 3, 6, 9 und 16 h jeweils eine Schale aus dem Lichtkasten entnehmen und von oben beleuchten. Die fünfte Schale bleibt als Referenz der Lichteinwirkung in ihrer ursprünglichen Lage, nämlich von unten, ausgesetzt.

Beobachtungen: Bei *Marchantia polymorpha* erkennt man deutlich im Übersichtsbild (Abb. 2, Abb. 18a), daß die Brutbecher, die sich auf den Mittelrippen der Thalli befinden, Aufwölbungen des Thallus sind, denn in den Randzonen der gezähnten Brutbecher sieht man Luftkammern mit Atemöffnungen (Abb. 18b). Die Brutkörper entstehen auf dem Grunde der Becher aus jeweils einer sich aufwölbenden Oberflächenzelle. Nach der ersten Querteilung dieser Zelle wird die basale Zelle zur Stielzelle und die apikale zu einer zweischneidigen Scheitelzelle, aus der sich der Brutkörper entwickelt (Abb. 18c). Die ausdifferenzierten, linsenförmigen Brutkörper, die sich von der Stielzelle ablösen, besitzen lateral je eine Einbuchtung an deren Basis sich eine Scheitelzelle befindet, von der die Bildung eines neuen Thallus ausgeht (Abb. 18d, e). In der Aufsicht, vor allem aber im Querschnitt, erkennt man in den Brutkörpern schon eine Differenzierung in chlorophyllreiche Parenchymzellen, aus denen sich photosynthetisch aktive Gewebe entwickeln und farblose Zellen, aus denen Speicherzellen mit Ölkörpern und die Rhizoide entstehen (Abb. 18d). Eine vergleichbare Entwicklung zeigen die Brutkörper von *Lunularia cruciata*, die sich in halbmondförmigen Brutbechern befinden (Abb. 18h).

Die Differenzierung des dorsiventral gebauten Lebermoosthallus ist vom Licht abhängig. Dies läßt sich im Wuchsversuch an Brutkörpern demonstrieren, denn die beidseitig angelegten Rhizoidzellen keimen nur an der dem Licht abgewandten Seite aus, die dann bei der weiteren Entwicklung zur Ventralseite wird (Abb. 18f, g). An der Dorsalseite entstehen im Verlauf der weiteren Differenzierung die photosynthetisch aktiven Gewebe mit Luftkammern und Atemhöhlen. In den ersten Stunden der Entwicklung ist dieser Differenzierungsprozeß noch umkehrbar. Aber nach ca. 16 h ist die Morphogenese irreversibel festgelegt und eine Beleuchtung der Ventralseite verhindert nicht das Weiterwachsen der Rhizoide.

Abb. 17a–f. *Lophocolea heterophylla.* **a** junges Sporogon, das aus dem Archegonium herausgewachsen ist, die Perianthblätter an der Vorderseite sind wegpräpariert; **b** verschiedene Entwicklungsstadien von Sporogonen, das linke beginnt sich zu öffnen (Pfeil); **c** Sporogon, das aus den Hüllblättern herauswächst; **d** Habitus eines Sporogons in Thallusaufsicht; **e** geöffnetes Sporogon, die vier Klappen haben sich nach unten umgebogen; **f** Sporen mit Elateren

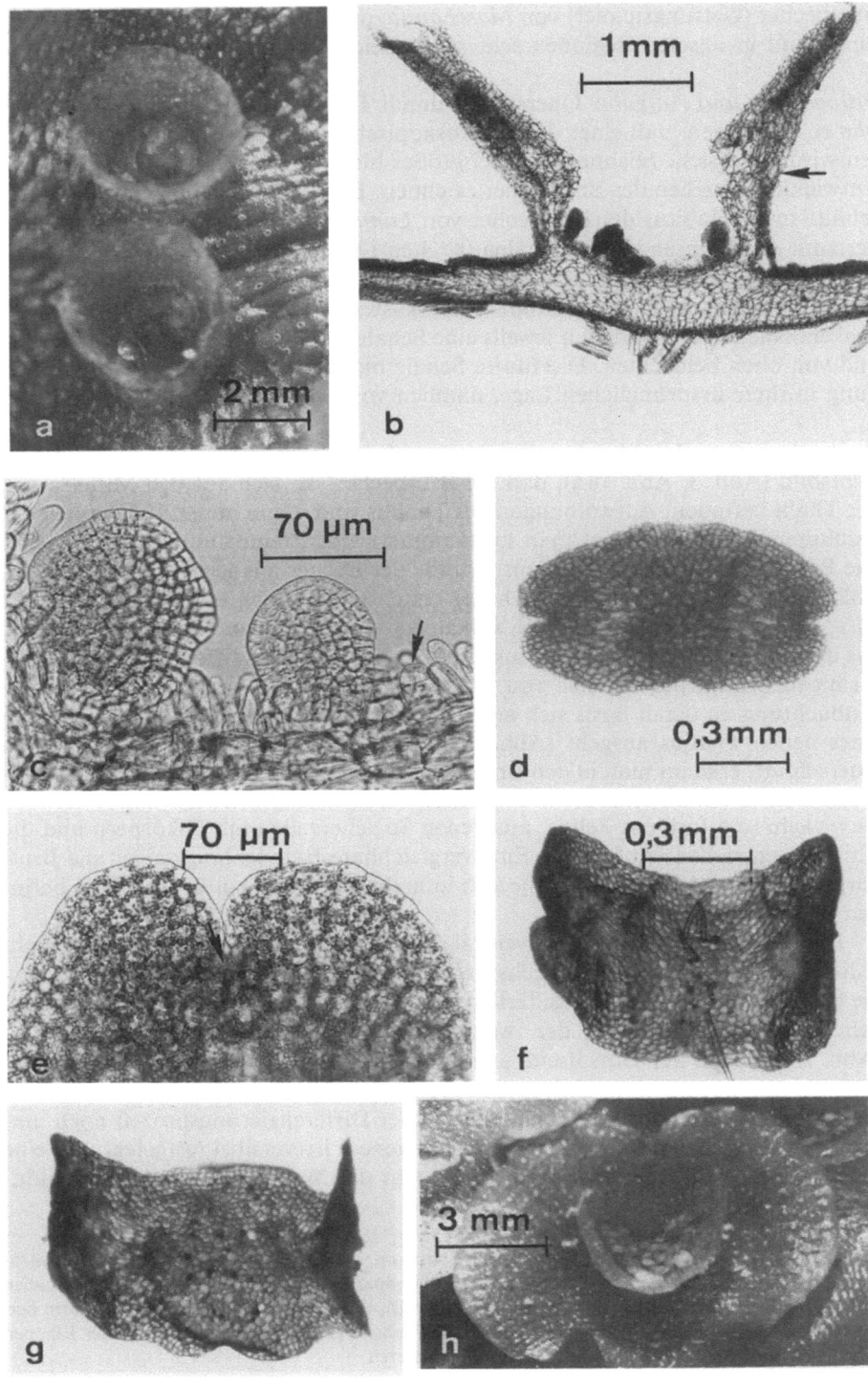

2. Klasse: Marchantiopsida [Hepaticae] (Lebermoose)

2. Brutzellen

Material: Endogene Brutzellen findet man bei *Riccardia*. Exogene Brutzellen werden unter anderem von *Calypogeia* gebildet. Materialbeschaffung S. 31 bzw. 45.

Präparation und Aufgabe: In den Randzonen der Thallusspitzen von *Riccardia* in Aufsicht bei mittlerer Vergrößerung nach endogen gebildeten Brutzellen suchen. Bei *Calypogeia* zunächst unter dem Präpariermikroskop nach jungen, flachliegenden oder aufgerichteten Spitzen von Cauloiden suchen, deren Blättchen noch nicht ausdifferenziert sind. Diese Triebe sind deutlich von den normalbeblätterten zu unterscheiden. Danach zunächst bei mittlerer, und dann bei starker Vergrößerung die Blättchen bzw. die sich an ihnen bildenden Brutzellen identifizieren und zeichnen.

Beobachtungen: Bei *Riccardia* können in der Aufsicht leicht die zweizelligen Brutzellen erkannt werden, die sich in den Oberflächenzellen des Thallus bilden (Abb. 19a). Diese entstehen durch eine Zellteilung innerhalb einer „Mutterzelle". Infolge von Aufquellung der Mittellamelle zwischen den beiden Zellen, werden die beiden Brutzellen aus der Mutterzelle herausgepreßt. Wie aus Abb. 19b hervorgeht, sind bei *Calypogeia* die Thallusenden, an deren Blättchen sich Brutzellen bilden, leicht zu identifizieren. Auch die zunächst als blasenförmige Ausstülpungen angelegten Brutzellen, die dann noch vor der Ablösung zu Zellkomplexen auswachsen, kann man gut erkennen (Abb. 19c).

3. Brutäste

Material: Pellia fabbroniana (S. 33).

Präparation und Aufgabe: Unter dem Präpariermikroskop die Thallusspitzen von Material, das im Herbst gesammelt wurde, nach atypischen Auswüchsen absuchen und diese skizzieren.

Beobachtungen: Wie aus Abb. 19e zu ersehen, haben die Brutäste einen typischen Habitus, der sie leicht von den übrigen Teilen des Thallus unterscheiden läßt. An Randzonen werden Brutzellen gebildet (Abb. 19f).

Abb. 18a–h. *Marchantia polymorpha.* **a** Thallusaufsicht mit Brutbechern; **b** Querschnitt durch Brutbecher (Pfeil: Luftkammer); **c** Ausschnitt aus b, Entwicklungsstadien der Brutkörper, Pfeil weist auf Zweizellstadium hin; **d** reifer Brutkörper, der nach Ablösung von der Stielzelle schon mit der weiteren Differenzierung begonnen hat; **e** Ausschnitt aus d, Pfeil weist auf den eingesunkenen Vegetationspunkt hin; **f** Aufsicht auf wachsenden Brutkörper, der von unten beleuchtet wurde. An der Oberseite bilden sich Rhizoide; **g** Aufsicht auf Brutkörper, der von oben beleuchtet wurde. Die als schwarze Punkte sichtbaren Rhizoidzellen zeigen keine Differenzierung.
Lunularia cruciata. **h** Aufsicht auf Thallus mit halbmondförmigen Brutbechern

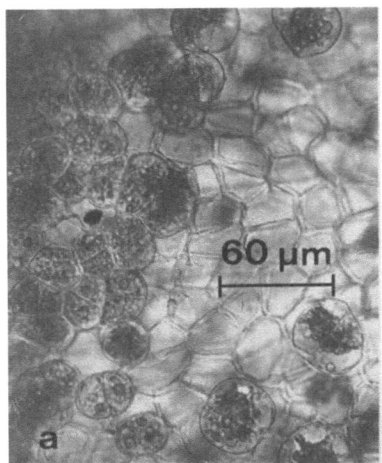

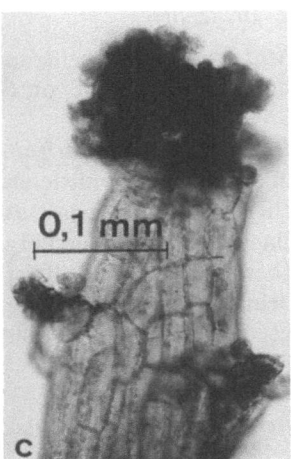
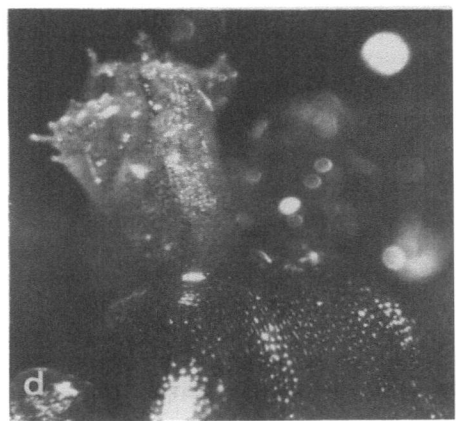
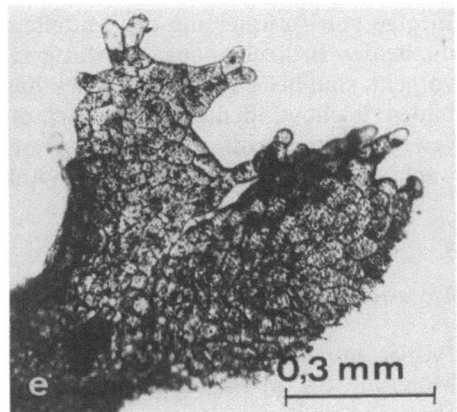
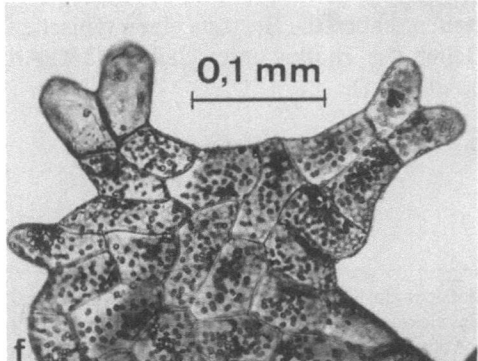

Abb. 19 a–f. *Riccardia incurvata.* **a** Thallusaufsicht mit Brutzellen.
Calypogeia fissa. **b** Thallusspitze mit Brutzellenbildung; **c** Ausschnitt aus b, Beginn der Bildung von Brutzellen durch blasenartige Ausstülpungen.
Pellia fabbroniana. **d** Thallusenden mit Brutästen (Habitus); **e** bei stärkerer Vergrößerung; **f** Ausschnitt aus e

IV. Sexuelle Fortpflanzung

Die für das Studium der sexuellen Fortpflanzung der Marchantiidae ausgewählten Beispiele verdeutlichen die Progression von einzeln stehenden Gametangien (*Sphaerocarpus donellii*) über solche, bei denen die Gametangien gruppenweise angeordnet sind (*Riella affinis, Pellia epiphylla*) bis zu *Marchantia polymorpha*, bei der die Gametangien in Vielzahl auf spezifischen Trägern (Gametangienstände) stehen. Ein weiterer Gesichtspunkt für die Auswahl dieser Arten ist, daß es sich bei *Sphaerocarpus* um ein für genetische Untersuchungen geeignetes Objekt (Tetradenanalyse!) und bei *Riella* um eines der wenigen völlig submers lebenden Lebermoose handelt. Beide lassen sich gut in axenischen Kulturen halten.

Allerdings bildet die Materialbeschaffung bei diesen beiden Moosen ein Problem, wenn man nicht auf axenische Kulturen zurückgreifen kann. *Sphaerocarpus* findet man zwar noch vereinzelt in den Weinbergen längs des Rheins, *Riella* dagegen hat seine Hauptverbreitung in Nordafrika und im übrigen Mittelmeerraum. Diese Problematik ist in keiner Weise bei der in Mitteleuropa ubiquitären *Pellia* gegeben.

Da bei den ersten drei Arten im Hinblick auf die Gametangienbildung, trotz unterschiedlicher taxonomischer Einordnung (*Sphaerocarpus* und *Riella*, beide Sphaerocarpales; und *Pellia*, Jungermaniales), kein so großer Unterschied besteht wie gegenüber Marchantia, kann man notfalls auch auf *Sphaerocarpus* und *Riella* verzichten.

Marchantia wird nicht nur wegen des sehr hohen Differenzierungsgrades seines Vegetationskörpers besprochen, sondern auch weil es wegen seiner ubiquitären Verbreitung allgemein als Leitart der Lebermoose gilt (Abb. 3). Die Entwicklung der Gametangien und des Sporogons verläuft von geringfügigen Unterschieden abgesehen bei den Lebermoosen einheitlich, wie aus dem Schema der Abb. 20 zu entnehmen ist.

1. Sphaerocarpus donellii

Material: Die diözische Gattung *Sphaerocarpus* (syn. *Sphaerocarpos*, einzige Gattung der Sphaerocarpaceae, Sphaerocarpales) ist im atlantischen und mediterranen Raum weit verbreitet. Die rosettenförmigen Thalli der beiden in Europa vorkommenden Arten (*S. michellii* und *S. texanus*, von beiden gibt es mehrere synonyme Bezeichnungen) findet man in der Ebene und in den unteren Bergregionen auf leichten Böden in Weinbergen, auf Klee- und Kartoffeläckern. Falls möglich, sollte man sich von der amerikanischen Art *Sphaerocarpus donellii* Laborstämme besorgen und diese selbst weiter kultivieren (Bezugsquelle: Prof. Dr. W. O. Abel, Institut für Allgemeine Botanik, Universität Hamburg).

Präparation und Aufgabe: Von den männlichen und weiblichen Thalli mit einer Präpariernadel die Antheridien bzw. Archegonien mit ihren Einzelhüllen nehmen und Deckglaspräparate anfertigen. Bei guter Beleuchtung und entsprechender Vergrößerung können die zellulären Strukturen der Gametangien auch durch die Hülle erkannt werden. Man beachte, daß die keulenförmige Einzelhülle der Antheridien ein Archegonium vortäuschen kann. Die tonnenförmigen Hüllen der Archegonien sind wesentlich größer. Reife Antheridien in einem Wassertropfen auf dem Objektträger zerdrücken. Die ausschlüpfenden Spermatozoiden mit

4. Abteilung: Bryophyta (Moose)

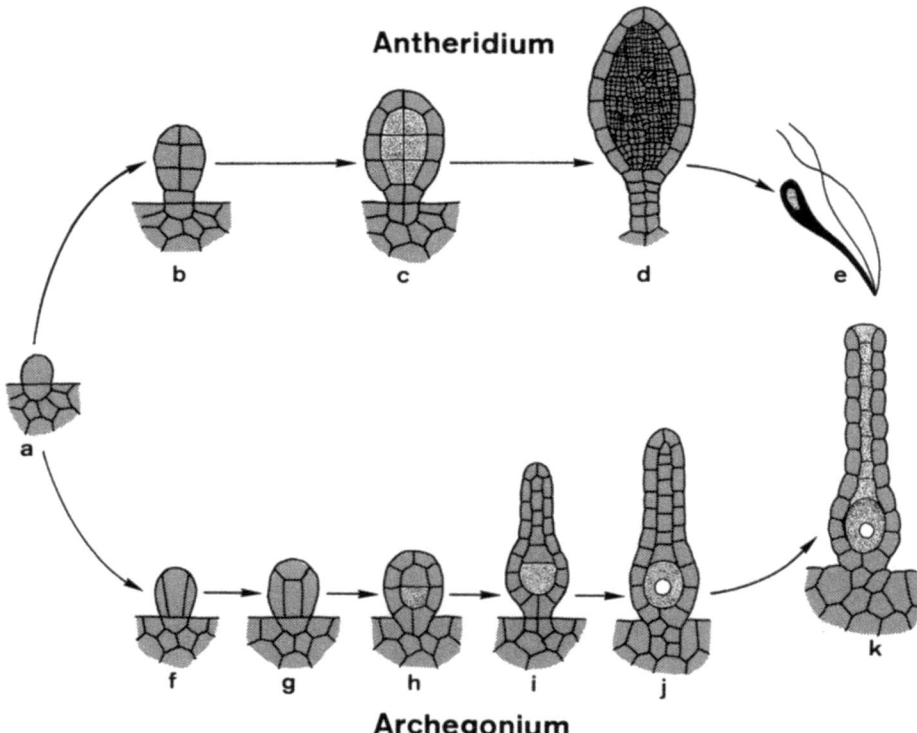

Abb. 20a–k. Schema der Entwicklung der Gametangien der Lebermoose. Die Differenzierung von Antheridien und Archegonien beginnt mit der Ausstülpung einer Oberflächenzelle des Thallus (a). Die ersten Zellteilungen dagegen verlaufen unterschiedlich (b, f). Schon nach sehr kurzer Zeit zeichnet sich bei beiden Gametangientypen die spätere Differenzierung in sterile Wandzellen und generative Zellen ab (c, h). Diese Wand umschließt beim Antheridium die infolge zahlreicher Mitosen entstandenen spermatogenen Zellen (d). Nach Zweiteilung entsteht in jeder Tochterzelle ein zweigeißeliger isokontes Spermatozoid, das neben einem Zellkern (schwarz) auch einen Chloroplast (punktiert) enthält (e). Die Zentralzelle des Archegonium (g) macht nur wenige Mitosen durch. Dann bildet sich die basal gelegene Eizelle, darüber eine Bauchkanalzelle und 4 bis 8 Halskanalzellen (f–j). Bei der Reife des Archegoniums lösen sich Bauch- und Halskanalzellen auf, so daß die Spermatozoiden Zutritt zur Eizelle haben (k). (Nach Braune et al. verändert)

Lugolscher Lösung, Hämalaun oder Karminessigsäure zur Darstellung der Zellkerne anfärben.

Befruchtete Archegonien und Sporogone auf Hartagar (5% Wasseragar) aus den Hüllen präparieren, Deckglaspräparate herstellen und mit Chloralhydrat/Hämalaun aufhellen, um die verschiedenen Stadien der Sporenentwicklung zu beobachten.

Falls eine Möglichkeit zum keimfreien Arbeiten gegeben ist und beleuchtbare Kulturräume zur Verfügung stehen, aus dem reifen Sporogon mit der Präparierfeder auf Hartagar Sporentetraden entnehmen, einzeln auf Benecke- oder Knop-Agar bringen. Die Sporen keimen nach einer Ruhephase von 6 Wochen. Nach Ausdifferenzierung der Thalli den Geschlechtstyp feststellen.

Beobachtungen: Schon mit Hilfe einer Lupe kann man aufgrund der Form der einschichtigen Einzelhüllen deutlich zwischen männlichem und weiblichem Gametophyt unterscheiden [Abb. 21(3); Abb. 22a, b]. Dieser Unterschied wird bei stärkerer Vergrößerung noch deutlicher [Abb. 21(4,5); Abb. 22c, d, e]. Bei den jüngeren Gametangien erkennt man in den Deckglaspräparaten, daß sich diese, wie auch für Brutkörper von *Marchantia* beschrieben, aus einer Zelle entwickeln und durch Stielzellen mit dem Thallus verbunden bleiben, der übrigens keine Ölkörper enthält. Die Bildung der Einzelhülle des Archegoniums erfolgt erst, wenn dieses schon deutlich seine typische Morphologie erkennen läßt, und zwar ausgehend von einem Kranz relativ großer Zellen von der Basis des Archegoniums (Abb. 22f). Im reifen Archegonium sind oberhalb der Eizelle eine große Zelle (Bauchkanalzelle) und mehrere kleinere Zellen (Halskanalzellen) zu sehen (Abb. 22g), die sich vor dem Eintritt des männlichen Gameten auflösen [Abb. 21(6,7)]. Nach Ausdrücken der reifen Antheridien sieht man die sich lebhaft bewegenden zweigeißeligen chlorophyllfreien Spermatozoiden. Kurz nach der Befruchtung teilt sich die Zygote [Abb. 21(8)]. Aus der oberen Zelle entwickelt sich, entsprechend dem Schema der Abb. 4, die Sporenkapsel und aus der unteren der Fuß und der kurze Stiel [Abb. 21(9); Abb. 22h]. Nach Aufbrechen des reifen Sporogons, das aus der Hülle des Archegoniums herauswächst, erkennt man, daß die gefelderten und mit kurzen Stacheln versehenen Sporen [Abb. 21(1); Abb. 22j] sich noch im Tetradenverband befinden. Elateren (S. 16) sind nicht vorhanden. Dagegen findet man in den Sporenkapseln vor der Sporenreife kleinere, rundliche bis eiförmige, ein- aber meist mehrkernige sogenannte Nährzellen. Diese sind jedoch nicht, wie die Elateren, Schwesterzellen der Sporenmutterzellen [Abb. 21(10); 22i].

Nach Auskeimen der Sporen kann man schon nach 21 Tagen, wenn die Thalli Geschlechtsorgane gebildet haben, für jede Tetrade eine 2:2 Aufspaltung für männlich und weiblich erkennen [Abb. 21(2)]. Die Geschlechtsdifferenz innerhalb der haploiden Genome (n = 8) ist durch Geschlechtschromosomen bestimmt. Damit ist, soweit bekannt, *Sphaerocarpus* das einzige Moos, bei dem man eine Tetradenanalyse durchführen kann, die sonst nur bei wenigen Algen (Teil I, S. 121, 186), vor allem aber bei Pilzen möglich ist (Teil I, S. 363f.).

2. Riella affinis

Material: Von *Riella*, der einzigen Gattung der Riellaceae (Sphaerocarpales), sind mindestens 12 Arten bekannt, die mit einer Ausnahme im mediterranen Raum vorkommen. Die monözischen oder teilweise auch diözischen Gametophyten wachsen mit aufrechter Achse submers in seichtem Süßwasser oder in Salzwasser und können eine Höhe bis zu 10 cm erreichen. Die einzige für unsere Breiten beschriebene Art *R.notarisii* (Rhonetal, Schweiz) kann auch plagiotrop (ähnlich wie *Sphaerocarpus*) auf schlammigen Böden wachsen und ist wesentlich kleiner (1 bis 2 cm). Für unsere Zwecke eignet sich *Riella affinis*, eine Art, die seit vielen Jahren als Forschungsobjekt für entwicklungsphysiologische Experimente dient und von der Laborkulturen existieren (Prof. Dr. L. Stange, Fachbereich Pflanzenphysiologie, Universität Kassel).

Präparation und Aufgabe: Unter dem Präpariermikroskop Thallusaufbau betrachten, Gametangien und Sporogone suchen. Wie aus der Abb. 23 hervorgeht,

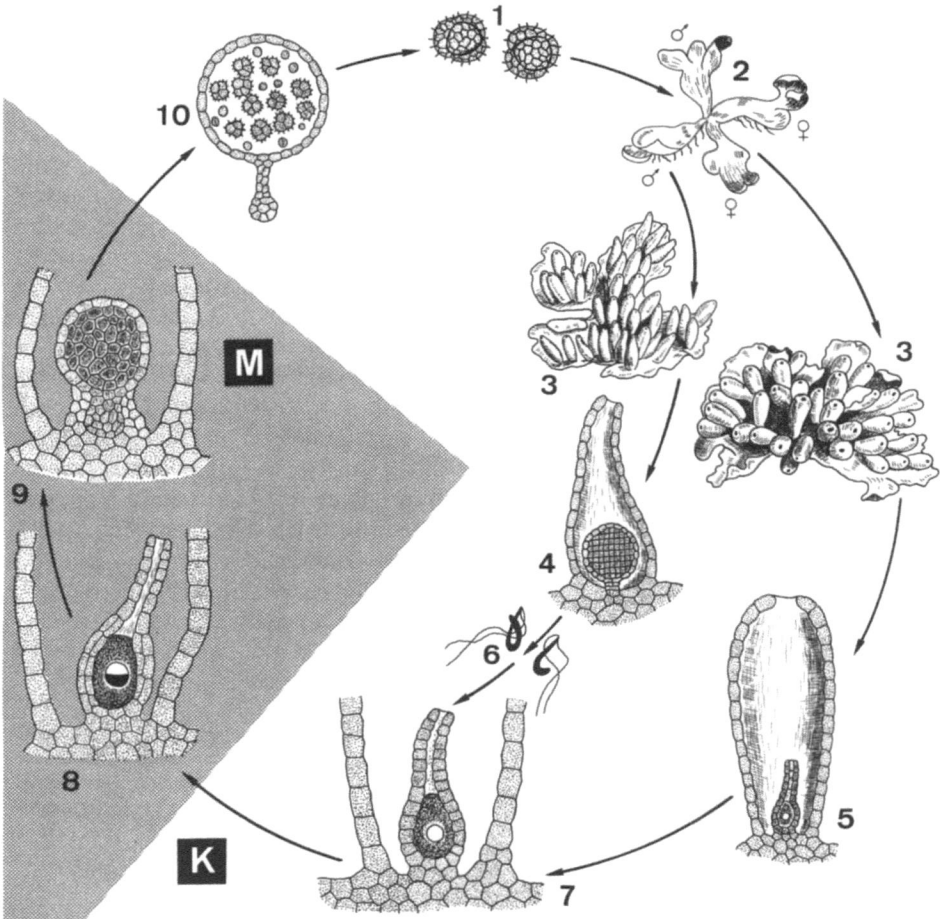

Abb. 21. Entwicklungs-Zyklus von *Sphaerocarpus donellii*. Haplo-Diplont mit heteromorphem Generationswechsel. Befruchtungsmodus: Oogamie; Fortpflanzungs-System: morphologische Diözie

findet man bei der monözischen *Riella affinis* die Antheridien eingesenkt in die Randzonen der blattartigen „Thallusflügel" und die Archegonien am „Thallusstiel". Mit der Präparierfeder oder dem Skalpell kleine Thallusstücke entnehmen, Deckglaspräparate herstellen und verschiedene Stadien der Gametangienbildung und der sich aus den Archegonien entwickelnden Sporogone im Bild festhalten.

Beobachtungen: Schon bei der geringen Vergrößerung des Präpariermikroskopes ist zu sehen, daß der Thallus, ungeachtet der Tatsache, daß er im Wasser aufrecht wächst, dorsiventral aufgebaut ist. Die Ventralseite ist durch die Rhizoide gekennzeichnet, die bei Berührung mit dem Substrat (Thallusbasis) ausdifferenziert sind und die Verankerung im Boden gewährleisten. In den oberen Regionen sind die Rhizoide dagegen nicht ausdifferenziert, sondern nur als kurze Ausstülpungen zu

2. Klasse: Marchantiopsida [Hepaticae] (Lebermoose)

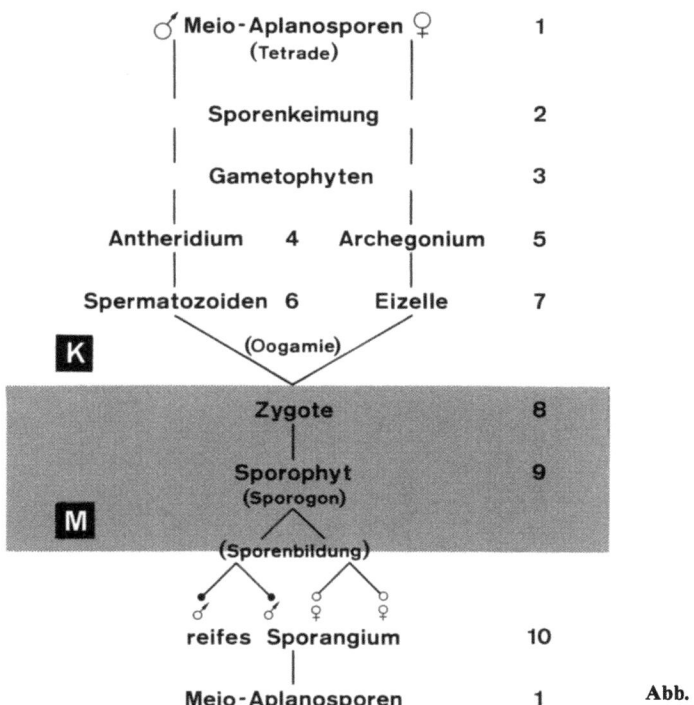

Abb. 21 (Fortsetzung)

sehen. Ausgehend von einer dorsalen, mehrschichtigen „Achse" hat sich ein aus einer Zellschicht bestehender flügelartiger Thalluslappen gebildet, der infolge einer leichten Drehung der Thallusachse diese wendeltreppenartig umgeben kann (Abb. 23 a, b). In diesem Dorsallappen erkennt man Zellen mit Ölkörpern und in den Randzonen, vor allem in der Apikalregion, in Einsenkungen die Antheridien (Abb. 24 a). In diesen Regionen ist auch stellenweise der Thalluslappen mehrschichtig. Die Antheridien sind nicht durch Hüllen geschützt. Diese Funktion wird durch die Einsenkung in den Thallus kompensiert. Die Archegonien entwickeln sich einzeln an der Thallusachse in Einzelhüllen (Abb. 24 b) die so groß sind, daß sie noch die reifen, stiellosen Sporogone umschließen (Abb. 24 c). Die zahlreichen Sporen (Abb. 24 d) haben ein stacheliges Exospor (Abb. 24 e).

3. *Pellia epiphylla*

Material: Wie schon auf S. 32 ausführlich beschrieben. Allerdings muß man bei der Materialbeschaffung bestimmte Zeitperioden beachten: Archegonien entstehen im Frühsommer, die sich daraus entwickelnden Sporogone erst im darauffolgenden Jahr (Februar/März). Notfalls muß man auf fixiertes Material zurückgreifen.

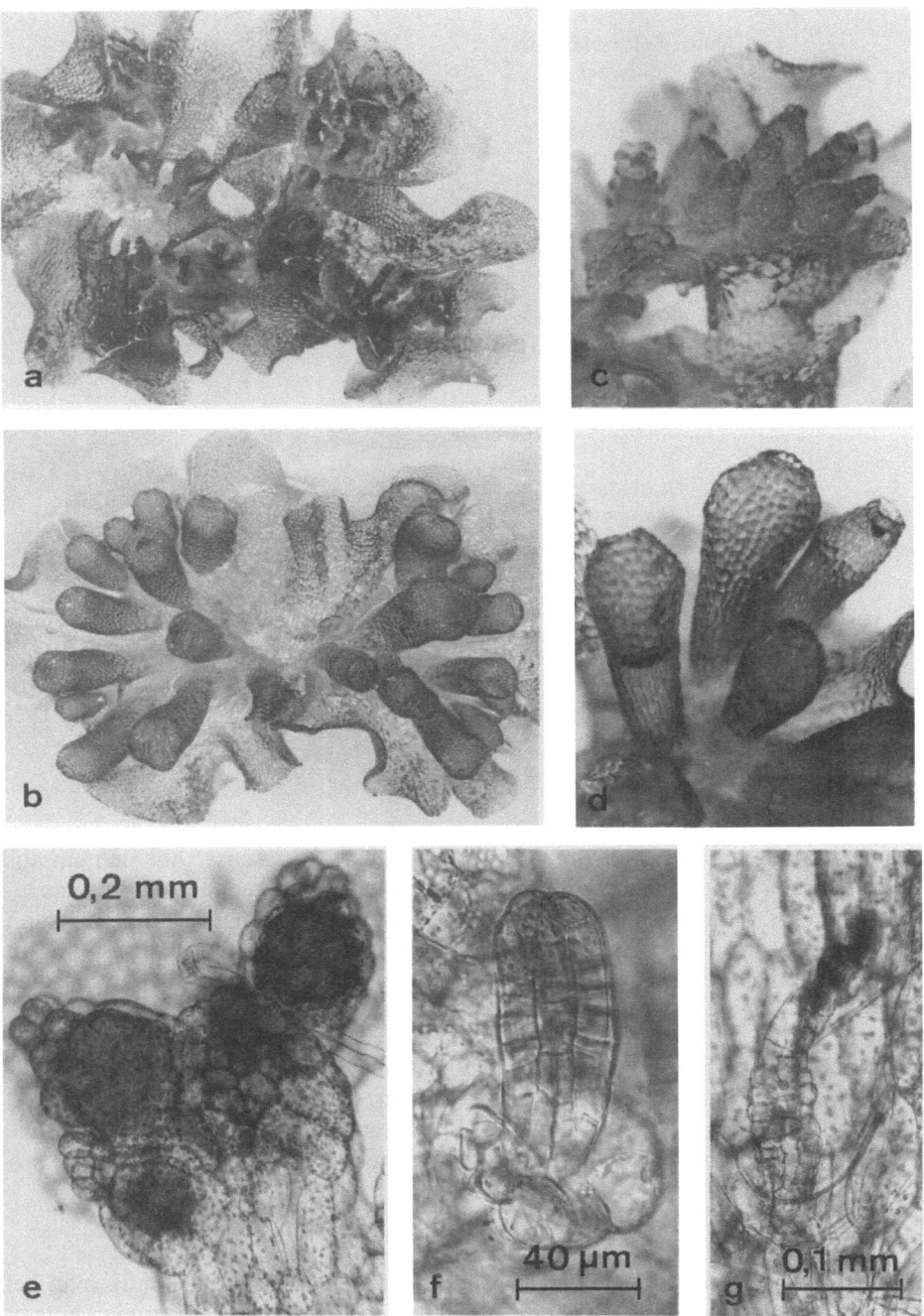

Abb. 22a–g

2. Klasse: Marchantiopsida [Hepaticae] (Lebermoose)

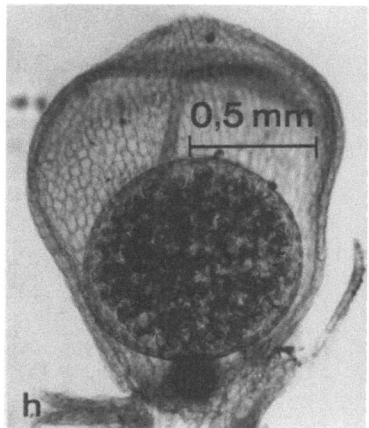
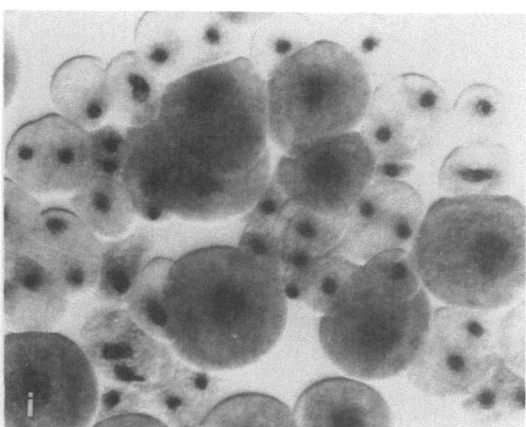
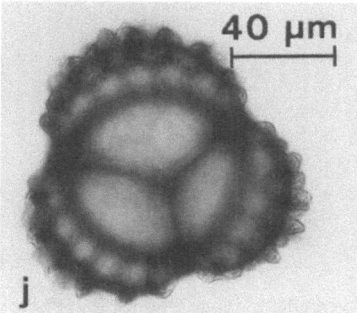

Abb. 22a−j. *Sphaerocarpus donellii.* **a, b** Habitus des männlichen bzw. weiblichen Gametophyten, die Gametangien sind in beiden Fällen von einer Einzelhülle umgeben; **c, d, e** Ausschnitte aus **a** bzw. **b**, der Größenunterschied kommt dadurch zustande, daß die Hülle der Archegonien stark „aufgebläht" ist (**d**), während sie sich an die Antheridien dicht anlegt (**c** bzw. **e**); **f** junges Archegonium, die großen Zellen an der Basis sind noch nicht zur Einzelhülle ausgewachsen; **g** reifes Archegonium, bei starkem Durchlicht innerhalb der Hülle zu erkennen; **h** Sporogon (Sporophyt) innerhalb der Archegonienhülle; **i** nach Zerquetschen einer jungen Sporenkapsel erkennt man nach Anfärbung mit Karminessigsäure die sehr plasmareichen einkernigen (2 n) Sporenmutterzellen, umgeben von den kleineren mehrkernigen „Nährzellen"; **j** Sporentetrade aus reifer Sporenkapsel (Photos **a, b, i** und **j**: W. O. Abel)

Präparation und Aufgabe: Thallusquerschnitte durch die pustelartigen Aufwölbungen legen, die mit dem Präpariermikroskop an der Thallusoberfläche als rötliche Aufwölbungen gesehen werden können (siehe auch Hinweis auf S. 34 und Abb. 7c). Die einzelnen Entwicklungsstadien der Antheridien bei starker Vergrößerung zeichnen (Deckglaspräparate). Die Archegonien findet man an den Thallusspitzen auf der Oberfläche, in Mehrzahl unter einem schuppenförmigen Blättchen, das die Funktion eines Perichaetiums (Gruppenhülle) hat. Nach entsprechenden Thallusquerschnitten, die verschiedenen Stadien der Archegonienentwicklung zeichnen. Die Stadien der Sporogonentwicklung unter dem Präpariermikroskop verfolgen und skizzieren.

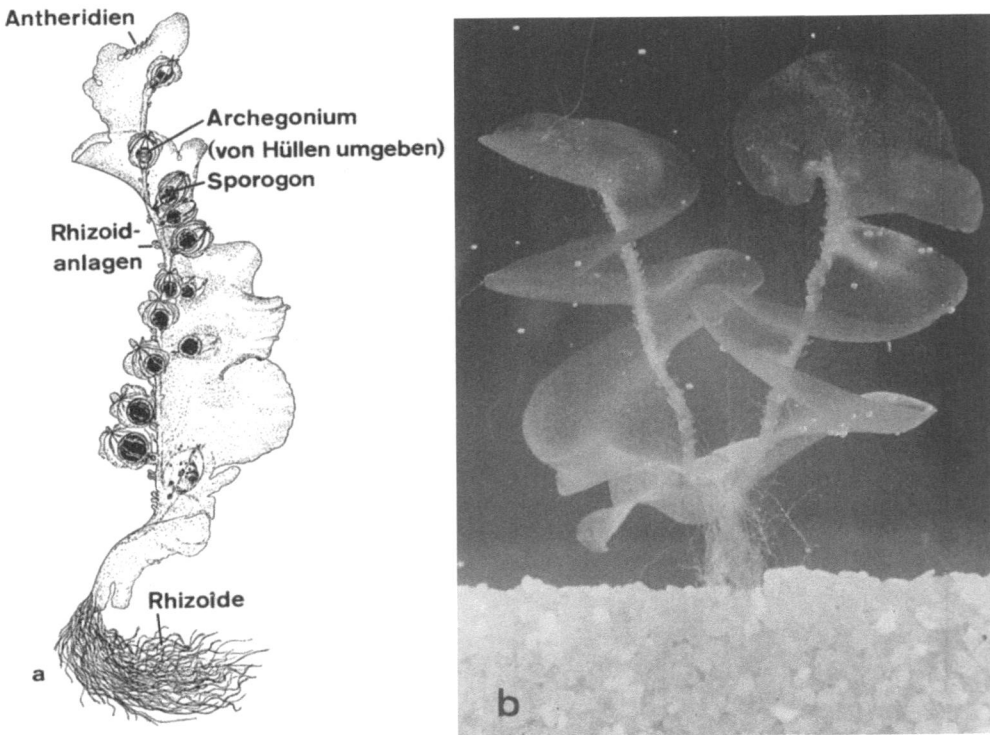

Abb. 23 a, b. *Riella affinis.* Habitus: Schema (a) (nach Straub verändert), junge Pflanze (b) (Photo: L. Stange)

Beobachtungen: Die Entwicklung der Antheridien erfolgt in der gleichen Weise, wie für *Sphaerocarpus* beschrieben (S. 57). Während der Antheridienentstehung bildet das umgebende Thallusgewebe eine Aufwölbung, die hüllenartig das Antheridium umschließt. Im Unterschied zu *Sphaerocarpus* ist der Raum zwischen dieser Einzelhülle und dem Antheridium weitaus kleiner (Abb. 25 a, b). Er läßt allerdings noch Platz für zweizellige Drüsenhaare. Im reifen Zustand sitzen die Antheridien als kugelige Gebilde auf der Thallusoberfläche. Die Spermatozoiden werden durch die enge Öffnung der Hülle entlassen. Die Archegonien findet man in Mehrzahl (4 bis 12) in den taschenförmigen Perichaetien (Abb. 25 c). Zwischen ihnen kann man zweizellige Drüsenhaare sehen, die denen in den Antheridialhüllen vergleichbar sind.

Nach der Befruchtung teilt sich der Embryo horizontal. Aus der oberen Zelle bildet sich der gesamte Sporophyt (Fuß, Seta, Kapsel). Die untere Zelle dagegen bildet sich nach wenigen Teilungen zum Suspensor um, welcher den Zusammenhang Sporophyt/Gametophyt sicherstellt.

Das zunächst noch von der Archegonienwand umgebene Sporogon (Abb. 25 d) durchbricht diese im Verlauf der Differenzierung des Stiels und wächst aus dem Perichaetium heraus (Abb. 25 e). Die zweischichtige Kapselwand (Abb. 25 f) der langgestielten reifen Sporogone platzt, an der Spitze beginnend, mit 4 Klappen auf. Die Elateren sind büschelförmig an der Sporogonbasis inseriert (Abb. 25 g) und brechen zum Teil beim Freiwerden der Sporen ab (Abb. 25 h).

2. Klasse: Marchantiopsida [Hepaticae] (Lebermoose)

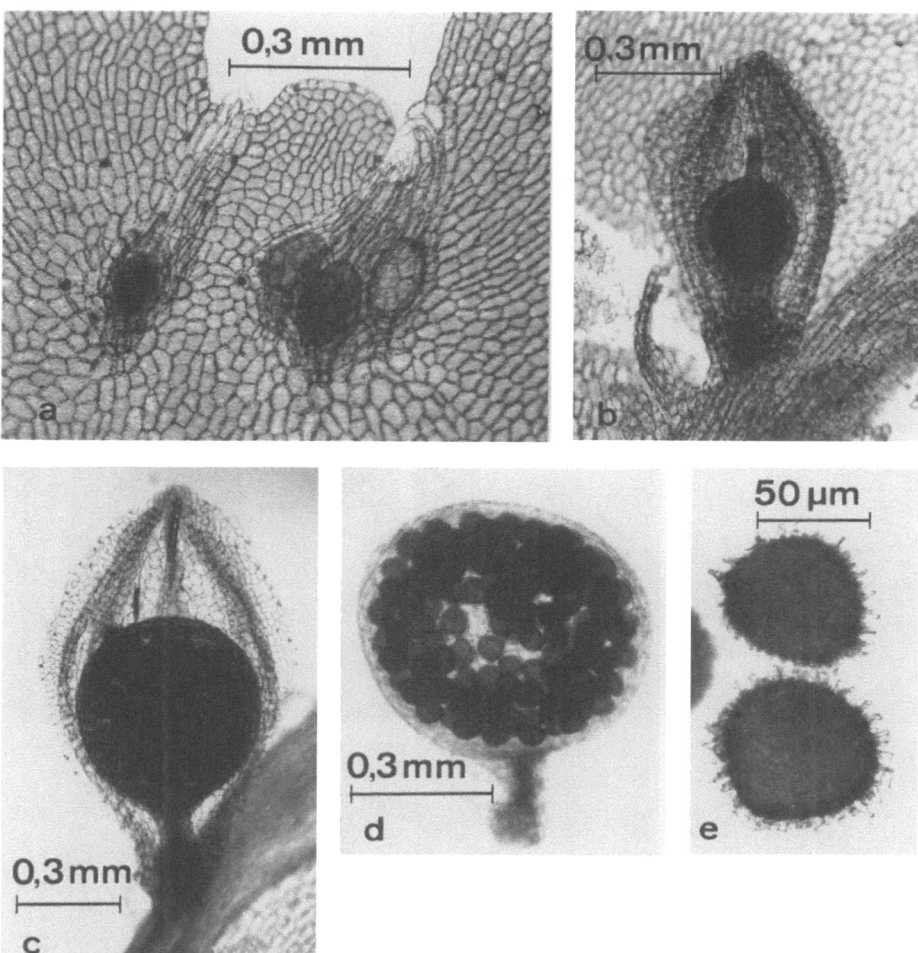

Abb. 24a–e. *Riella affinis.* **a** Antheridien, eingesenkt in die Randzone des Thalluslappens, schwarze Punkte sind Ölkörper; **b** Thallusachse mit Archegonium, das von einer Einzelhülle umgeben und schon befruchtet ist; **c** Sporogon kurz vor der Reife; **d** reifes Sporogon nach Entfernen der Hülle; **e** reife Sporen

4. Marchantia polymorpha

Material: Marchantia polymorpha (Marchantiaceae), wie auf S. 36 beschrieben, männliche Gametangienträger findet man von April bis Mai und weibliche von Mai bis Juni.

Präparation: Querschnitte durch untere und obere Region des Gametangienstiels. Radiale Längsschnitte durch Schirme der Gametangienstände und zwar beim Antheridienstand [Abb. 3 (3 ♂)] median durch einen der acht Zipfel der Rosette, beim Archegonienstand [Abb. 3 (3 ♀)] zwischen den sternförmigen Zipfeln. Von Deckglaspräparaten bei schwacher bzw. starker Vergrößerung Übersichtsskizzen

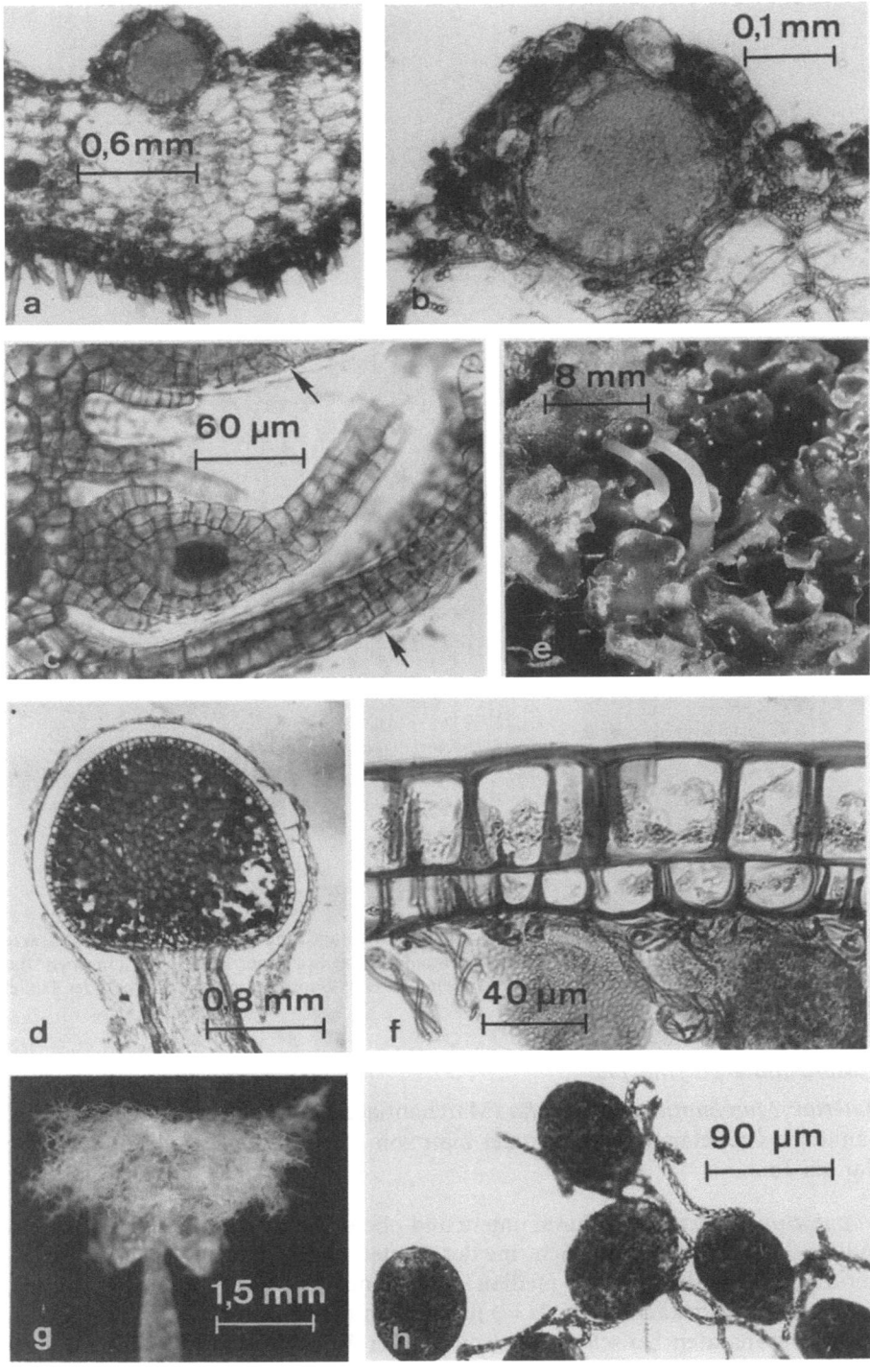

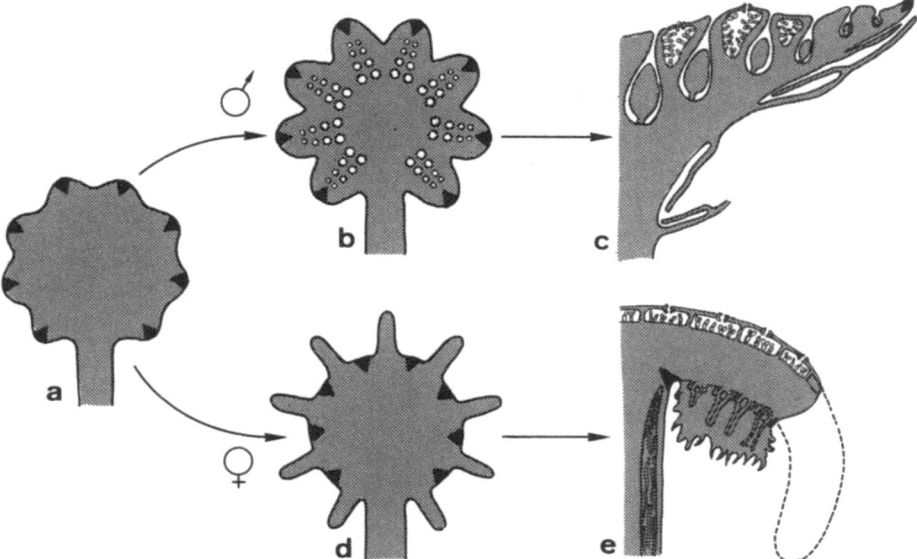

Abb. 26a–e. *Marchantia polymorpha.* Schema zur Verdeutlichung der Morphogenese der schirmförmigen Antheridien- und Archegonienstände (♂ bzw. ♀). An einem orthotrop wachsenden Thalluslappen hat sich als Folge von dreimaliger dichotomer Gabelung eine kleine Scheibe gebildet, an deren 8 Zipfeln sich jeweils eine Scheitelzelle (schwarze Dreiecke) befindet (**a**). Nach Erreichen dieses Stadiums verläuft die Entwicklung für den Antheridien- und den Archegonienstand unterschiedlich. Im ersten Falle entsteht ein rosettenförmiger Schirm, bei dem von den Scheitelzellen im Verlauf der Größenzunahme sukzessiv in radialer Richtung die Antheridien in Einsenkungen der Schirmoberfläche angelegt werden. Dies hat zur Folge, daß die jüngsten Antheridien marginal und die ältesten zentral inseriert sind (**b**). Während der gesamten Entwicklung des Antheridienstandes bleiben die Scheitelzellen in den Spitzen der Rosettenlappen und zeigen nach beiden Seiten eine gleichmäßige Teilungsaktivität, die auch von den Folgezellen eingehalten wird; (**c**) Längsschnitt durch Schirm.
Für die Entwicklung des Archegonienstandes dagegen sind zwei unabhängig voneinander verlaufende Differenzerungsprozesse verantwortlich: 1) Die zwischen den Scheitelzellen gelegenen Gewebeteile zeigen eine erhöhte Teilungsaktivität und übergipfeln diese schon nach kurzer Zeit. Dies führt zur Bildung der Thalluslappen, die dem Schirmchen des Archegonienstandes den sternförmigen Habitus geben. Erwartungsgemäß hätten 8 Thalluslappen entstehen müssen, aber an der Einmündung des Stiels bilden sich zwischen den beiden benachbarten Scheitelzellen (schwarze Dreiecke) zwei Übergipfelungen, jeweils eine zu beiden Seiten des Stiels, so daß die Zahl 9 erreicht wird (**d**). 2) Gleichzeitig mit dieser Entwicklung kommt es auch zu einer erhöhten Teilungsaktivität der Zellen der Schirmoberseite, so daß die Scheitelzelle (schwarzes Dreieck) von ihrer marginalen Position am Schirmrand in die Nähe des Stiels rückt (**e**, Längsschnitt). Durch Strichelung ist der sternförmige Auswuchs angedeutet, der sich mittlerweile jeweils zwischen zwei Scheitelzellen gebildet hat. Hinter ihr entstehen auf der zur Unterseite gewordenen morphologischen Oberseite genau wie beim Antheridienstand sukzessiv und in radialer Anordnung die Archegonien. Infolge dieser komplizierten Morphogenese sind die älteren, obwohl früher angelegt, außen und die jüngeren innen zu finden. (Nach Walter verändert)

Abb. 25a–h. *Pellia epiphylla.* **a** Thallusquerschnitt mit Antheridium; **b** Ausschnitt aus a, Antheridium; **c** Archegonienstand, umgeben vom Perichaetium (Pfeile); **d** Längsschnitt durch junges Sporogon, das noch von der Archegoniumwand umgeben ist; **e** Thallusaufsicht mit Sporogonen, die aus dem Perichaetium herausgewachsen sind; **f** Schnitt durch die zweischichtige Wand der reifen Sporenkapsel; **g** Habitus des reifen Sporogons mit nach unten abgeklappter Kapselwand, welche die Elaterenbüschel freigibt; **h** Sporen und Elateren

und Detailzeichnungen anfertigen. Aus einem Archegonienstand Sporogone bei unterschiedlichen Vergrößerungen in Deckglaspräparaten beobachten und skizzieren. Aus reifem Sporogon bei mittlerer Vergrößerung Sporen mit Elateren zeichnen. Sporen auf Benecke- oder Knop-Agar unter natürlichem Licht zur Keimung bringen, dann nach 3d bei starker Vergrößerung bei den sehr kurzen Protonemen nach Scheitelzellen suchen und entsprechende Zeichnungen anfertigen.

Aufgabe: Bei *Marchantia polymorpha* soll vor allem der komplexe Aufbau der Gametangienstände (in Abb. 26 in vereinfachter Form erläutert) und die Entwicklung der Sporogone studiert werden. Die Ontogenese der Antheridien und Archegonien wurde bereits bei *Sphaerocarpus* ausführlich besprochen, da sich dieses Moos infolge der einzeln stehenden Gametangien dazu besser eignet. Bei der Auswertung der mikroskopischen Präparate ist die Beschreibung des Entwicklungs-Zyklus (Abb. 3) zu beachten.

Beobachtungen: Sowohl beim männlichen als auch beim weiblichen Gametophyt (Abb. 27a) sind die Gametangienstände aus orthotropen Thalluslappen entstanden. Diese sind an der Basis eingerollt, denn sie tragen innen Rhizoide und zum Teil noch Ventralschuppen. Dagegen sind an der Außenseite die für die Dorsalseite der *Marchantia*-Thalli typischen Luftkammern zu sehen (Abb. 27b). Allerdings teilt sich schon kurz nach dem Übergang zum orthotropen Wuchs der Stiel in zwei Gabeläste, die jedoch miteinander verbunden bleiben. Das führt dazu, daß in den oberen Regionen des Stiels an der Ventralseite zwei mit Rhizoiden ausgefüllte Höhlungen vorhanden sind (Abb. 27b). Die Rhizoide in diesen Höhlungen ermöglichen infolge einer Kapillarwirkung eine Wasserversorgung der Gametangienstände. An der Spitze verzweigen sich die beiden Gabeläste noch je zweimal. Die so gebildeten scheibenförmigen Stände besitzen zweischneidige Scheitelzellen. Wie in Abb. 26 schematisch dargestellt, erfolgt die Differenzierung der Antheridien und Archegonienstände auf unterschiedliche Weise. In die Oberfläche der 8-lappigen rosettenförmigen „Antheridienschirmchen" sind ausgehend von den 8 Scheitelzellen die Antheridien radial in flaschenförmige Hohlräume eingesenkt, die nach außen geöffnet sind. Da die Entwicklung der Antheridien sukzedan erfolgt, liegen die ältesten innen und die jüngsten außen. Es ist daher möglich, in einem guten Schnitt verschiedene Altersstadien der Antheridien zu erfassen (Abb. 27c, d, f). In Abb. 27d sind an der Unterseite des Antheridienträgers die Ventralschuppen zu sehen, was klar auf die oben bereits beschriebene Entwicklung des Trägers aus einem Thalluslappen hinweist. Bei der Reife verschleimen die Wandzellen, die Spermatozoiden gelangen auf die Oberseite der Stände und werden durch den Regen verbreitet. Schon makroskopisch sieht man bei dem 9-lappigen sternförmigen Archegonienstand, daß die beiden der Ventralseite des Stiels benachbarten Schirmlappen weiter voneinander entfernt sind als die übrigen. Dies ist, wie im Schema der Abb. 26 erläutert, dadurch bedingt, daß die Schirmlappen durch einen stärkeren Wuchs der zwischen den Scheitelzellen liegenden Regionen entstanden sind.

Wie ebenfalls aus Abb. 26 zu entnehmen ist, sind die Archegonien, obwohl Bestandteil der morphologischen Oberseite des Schirmchens, infolge einer erhöhten Teilungsaktivität der Zellen von der Oberseite auf die Unterseite gerückt. Die

2. Klasse: Marchantiopsida [Hepaticae] (Lebermoose)

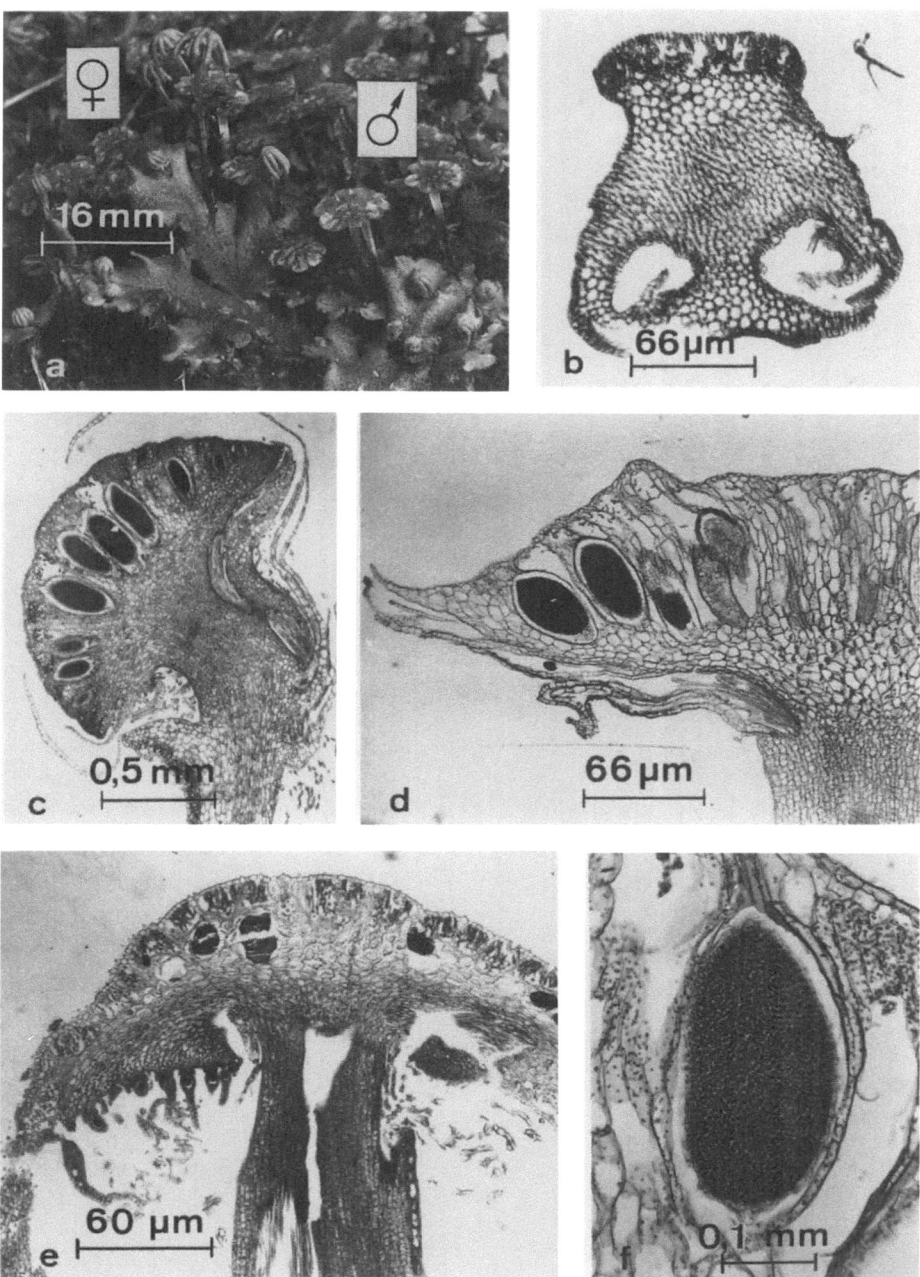

Abb. 27a–f (Legende siehe Seite 69)

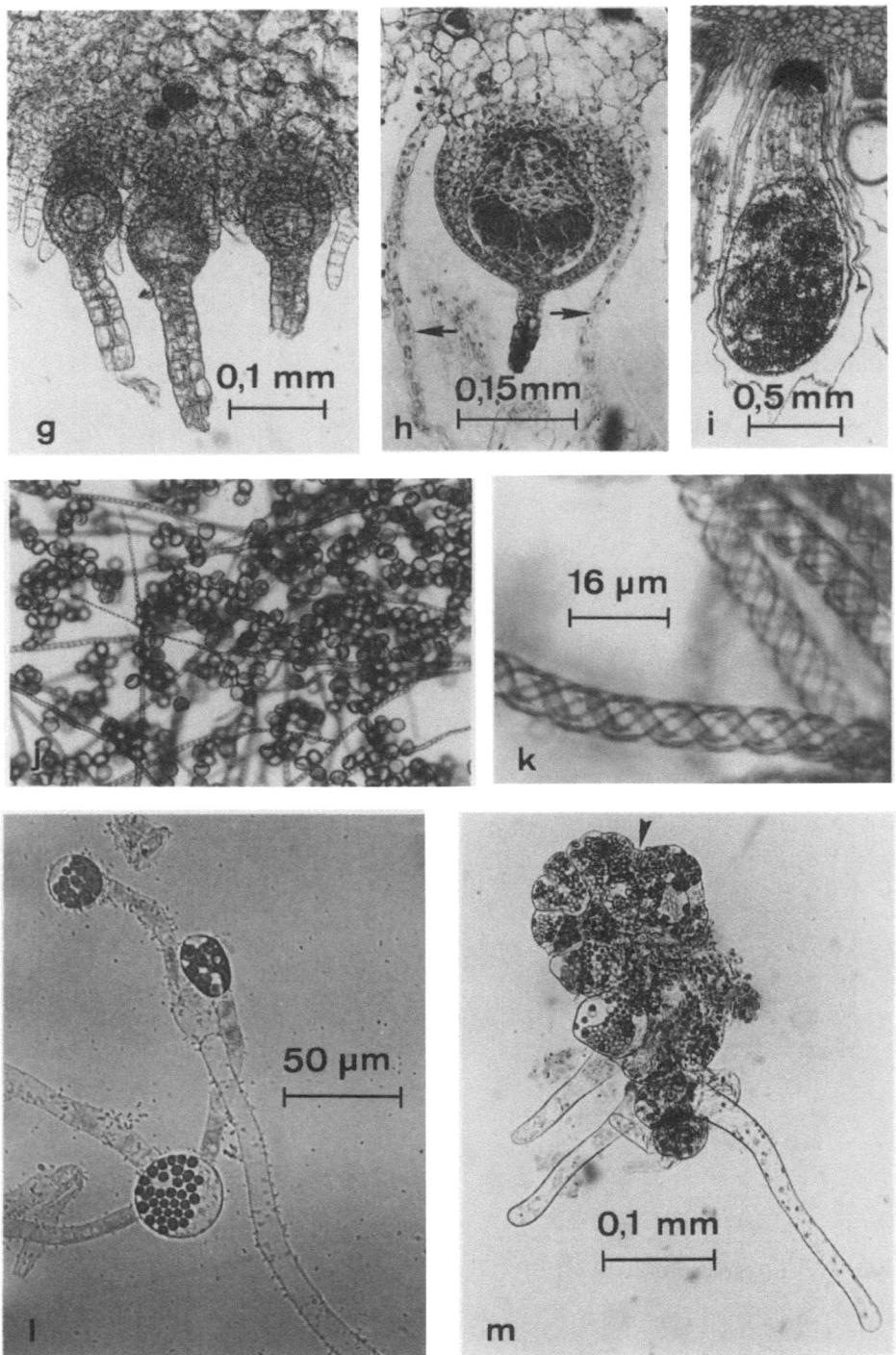

Abb. 27g–m (Legende siehe Seite 69)

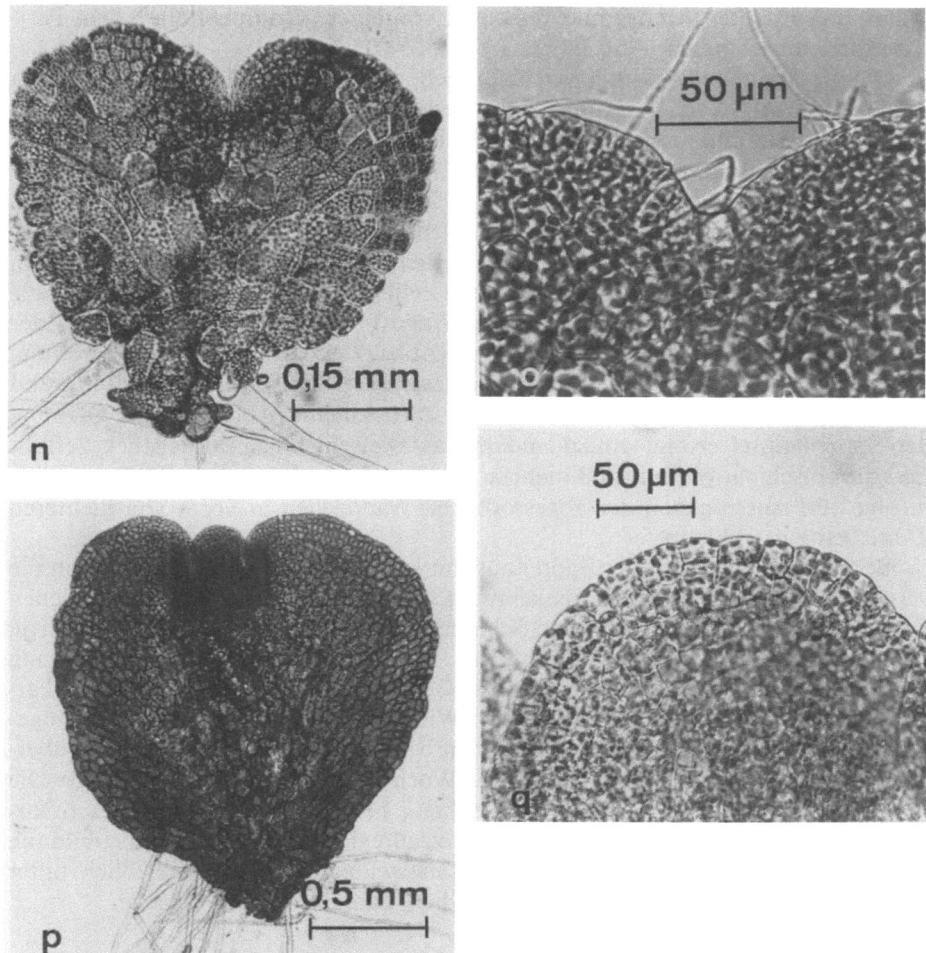

Abb. 27a–q. *Marchantia polymorpha.* **a** Thallusaufsicht von männlichen (♂) und weiblichen (♀) Pflanzen mit Gametangienständen; **b** apikaler Querschnitt durch den Stiel eines Gametangienstandes; **c, d** Längsschnitte durch Schirm eines Antheridien- bzw. **e** Archegonienstandes; **f, g** Ausschnitte aus **d** bzw. **e**; **h** junges Sporogon, umgeben vom Perichaetium (Pfeile); **i** reifes Sporogon; **j** Sporen mit Elateren; **k** Elateren; **l** keimende Sporen; **m** Beginn der Thallusbildung, Scheitelzelle (Pfeil); **n** Gametophyt nach 14d; **o** Ausschnitt aus **n** mit eingesenktem Vegetationspunkt; **p** Gametophyt nach 21d; **q** Ausschnitt aus **p**, Region des Vegetationspunktes, der nicht mehr eingesenkt ist

Scheitelzelle befindet sich nicht wie beim Antheridienstand am Rande, sondern nahe der Stielbasis. Dies hat dazu geführt, daß die jüngsten der in 8 Reihen radial angeordneten Archegonien innen (nahe der Scheitelzelle!) liegen und die älteren außen. In gleicher Weise wie beim Antheridienstand kann man im Längsschnitt auch unterschiedliche Entwicklungsstadien der Archegonien beobachten (Abb. 27 e, g). Die Archegonien sind nur in der ersten Phase ihrer Entwicklung von einer Einzelhülle umgeben, aus der sie kurz vor der Reife herauswachsen. Jede der radial angeordneten Archegonienreihen ist von einer „Gruppenhülle", dem Perichaetium, umschlossen (Abb. 27 h).

Die Sporogonentwicklung verläuft nach dem üblichen Lebermoos-Schema [siehe Abb. 3 (4)]. Nach periklinen Teilungen entsteht die einschichtige Sporogonwand, die das Archespor umhüllt. Im weiteren Verlauf der Entwicklung wird sie apikal zweischichtig, wie deutlich in Abb. 27 h zu sehen ist. Die Zellen des Archespors teilen sich inäqual. Aus der größeren Zelle entstehen nach mehreren mitotischen Teilungen die Meiosporenmutterzellen. In diesen befinden sich nach der Meiose vier Meiosporen, die aber bei der Reife nicht wie bei *Sphaerocarpus* im Tetradenverband bleiben. Aus der kleineren Zelle bilden sich die Elateren, schmale faserförmige Schläuche mit schraubigen Wandverdickungen (Abb. 27 j). Bei der Sporenreife sind die Elateren abgestorben (Abb. 27 k). Parallel zur Sporenreifung hat das Sporogon infolge einer Streckung des kurzen Stiels die Archegoniumwand durchbrochen, die an der Basis als Scheide zurückbleibt (Abb. 27 i). Die Öffnung der Sporenkapsel erfolgt apikal, indem das zweischichtige Deckelstück zerfällt und die einschichtige Zellwand mehrfach von oben nach unten aufreißt und sich infolge von Austrocknen der abgestorbenen Wandzellen in Form von mehreren Zähnchen zurückklappt.

Schon drei Tage nach der Sporenaussaat kann man auf den Agarkulturen die verschiedenen Stadien der Sporenkeimung finden. Die sehr chloroplastenreichen Sporen keimen zunächst mit einem Schlauch (Abb. 27 l), der sich dann myzelartig zum Protonema differenziert (Abb. 27 m). Im Verlauf der weiteren Entwicklung nimmt der Gametophyt eine herzförmige Gestalt an, die den Prothallien der Farne ähnelt (vgl. Abb. 27 n mit Abb. 75 g). Wie bei diesen wird nämlich die eingesenkte Scheitelzelle zunächst noch von den beiden seitlichen Thalluslappen übergipfelt (Abb. 27 o). Schließlich nimmt die Wuchsintensität der Randzonen ab. Die Scheitelzellregion wächst aus der Einsenkung heraus (Abb. 27 p, q). Dieser Vorgang, zunächst Übergipfelung der Scheitelzellregion durch Randlappenbildung und anschließendes Auswachsen der Scheitelzellregion, führt schließlich unter Einschluß von Verzweigungen zum typischen Thallus von *Marchantia*.

3. Klasse Bryopsida [Musci] (Laubmoose)

A. *Allgemeine Einführung*

I. Merkmale

Die Laubmoose haben ihre Hauptverbreitung in den Tropen, viele sind allerdings auch Ubiquisten. Es gibt eine große Mannigfaltigkeit im Aufbau des Vegetationskörpers, der zum Teil auf eine Anpassung an die unterschiedlichen Umweltbedingungen zurückzuführen ist. Mit Hinweis auf die Synopsis der Tab. 2 sollen hier nur einige wesentliche Merkmale erwähnt werden: Die an Pilzmyzelien erinnernden Protonemen wachsen oft noch weiter, auch wenn die jungen foliosen Moospflanzen schon entstanden sind. Die vorwiegend dreizeilig beblätterten Stämm-

3. Klasse: Bryopsida [Musci] (Laubmoose)

chen können primitives Leitgewebe enthalten. Spaltöffnungen sind vorhanden. Die schraubig angeordneten Blättchen haben meist eine Mittelrippe; Ölkörper sind nicht vorhanden. Das junge Sporogon hebt den oberen Teil der Archegoniumwand als Kalyptra mit empor (Abb. 1). Das reife Sporogon enthält eine Columella, aber keine Elateren; es öffnet sich mit einem Deckel.

II. Fortpflanzung

Unterrichtsfilm Nr. 48: Entwicklung des Laubmooses *Funaria hygrometrica*.

Vegetative Fortpflanzung: In gleicher Weise wie die Horn- und Lebermoose, zeigen auch die Laubmoose eine große Regenerationsfähigkeit von Teilen des Thallus. Sowohl aus Phylloiden als auch aus Stücken von Cauloiden können wieder Gametophyten entstehen. Im ersten Fall wird dies auf dem Umweg über ein Protonema und im zweiten Fall direkt durch Weiterwachsen bereits vorhandener bzw. neu entstehender Scheitelzellen erreicht. Manchmal erfolgt eine vegetative Fortpflanzung dadurch, daß in den dichten Moospolstern die Cauloide von der Basis her absterben und daß auf diese Weise die einzelnen Zweige sich verselbständigen. Dies wird ermöglicht, indem an den voneinander getrennten Stücken der Cauloide sich sehr rasch Rhizoide bilden. Bei vielen Laubmoosen ist ebenso wie bei Lebermoosen (S. 15 ff.) eine vegetative Fortpflanzung durch mehrzellige Brutkörper, Brutäste oder Brutblätter möglich.

Sexuelle Fortpflanzung: Das sexuelle Fortpflanzungsverhalten zeigt im Prinzip keinen Unterschied zu dem der Lebermoose (S. 27 f.): Entwicklungs-Zyklus: Haplo-Diplont mit heteromorphem Generationswechsel und Formbestimmung durch Gametophyt; Befruchtungs-Modus: Oogamie; Fortpflanzungs-System: Monözie oder morphologische Diözie; sexuelle Incompatibilität bisher nicht beschrieben. Selbstverständlich gibt es bei einzelnen Arten dieser Klasse große morphologische Unterschiede in der Anlage der Gametangien, vor allem aber in der Ausbildung des Sporophyten, insbesondere der Sporenkapsel. Die Gametangien werden immer akrogyn, d. h. an Cauloid-Enden angelegt. Dabei kann es sich aber um Haupt- oder Seitentriebe handeln. Im ersten Falle spricht man dann von akrokarpen und im zweiten Falle von pleurokarpen Sporogonen.

Als Leitart dient das Haarmützenmoos *Polytrichum commune*, dessen Entwicklungs-Zyklus in Abb. 28 dargestellt ist. Die Meiosporen (1) dieses morphologisch diözischen Laubmooses keimen mit einem Keimschlauch (2), aus dem sich das Protonema entwickelt. Im Gegensatz zu den Lebermoosen wächst dieses Protonema mit zahlreichen Verzweigungen zu einem myzelartigen Vorkeim aus. Die Gametophyten entstehen aus orthotropen Ausstülpungen des Protonemas, und zwar wachsen die Cauloide mit einer dreischneidigen Scheitelzelle (3). Die Phylloide (Moosblättchen, zweischneidige Scheitelzelle) sind schraubig angeordnet. Die Gametangien entstehen akrogyn, vergesellschaftet mit einreihigen Paraphysen (Safthaaren) an den meist unverzweigten Cauloiden in Lagern. Da diese von Hüllblättchen umgeben sind (Perianthblättchen) (5, 6), werden die Gametangienstände auch Moosknospen oder Moosblüten genannt. Nach Auflösung der zahlrei-

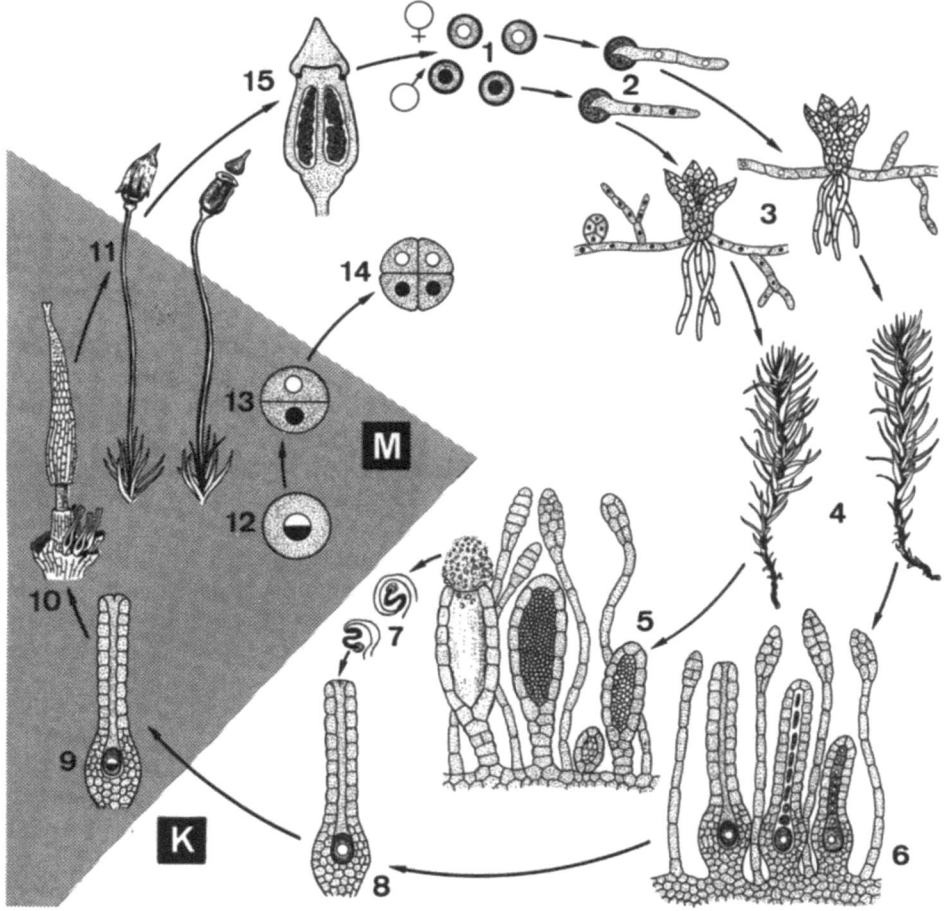

Abb. 28. Entwicklungs-Zyklus von *Polytrichum commune*. Haplo- Diplont mit heteromorphem Generationswechsel. Befruchtungs-Modus: Oogamie; Fortpflanzungs-System: morphologische Diözie. (Z. T. nach Walter)

chen Halskanalzellen und der Bauchkanalzelle kann die Befruchtung durch die chemotaktisch angelockten zweigeißeligen Spermatozoiden erfolgen (7, 8, 9). Im Verlauf seiner Entwicklung streckt sich der junge Sporophyt. Die Archegoniumwand, die sich eine Zeitlang mitgestreckt hat, reißt auf (10) und der obere Teil bedeckt als Kalyptra (Haube) zunächst die Sporenkapsel bis zur Sporenreife (11). Nachdem aus den Sporenmutterzellen nach der Meiose Sporentetraden entstanden sind (12–14), dazu parallel die Kapsel ihre Differenzierung abgeschlossen und sich abgesenkt hat, fällt die mittlerweile vertrocknete Kalyptra (15) und kurz danach auch der Deckel der Kapsel ab. Die einzelnen Sporen, die die in der Kapsel zentral stehende Columella wie ein Zylindermantel umgeben, werden frei. Elateren sind nicht vorhanden.

3. Klasse: Bryopsida [Musci] (Laubmoose)

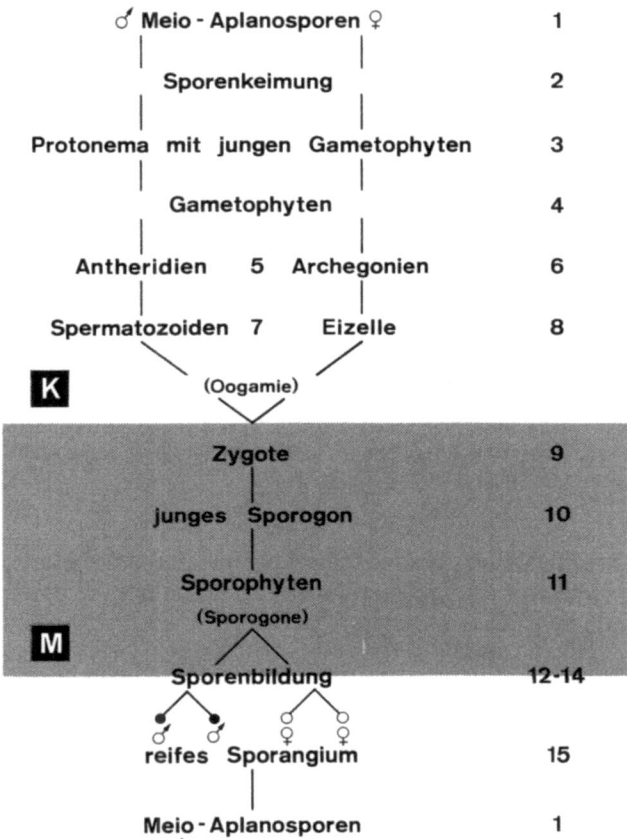

III. Klassifizierung

Die Klassifizierung der etwa 15.500 Arten umfassenden Bryopsida erfolgt nach Morphologie und Anatomie von Gametophyt und Sporophyt. Folgende Merkmale sind in diesem Zusammenhang von besonderer Bedeutung:
- Form der Zellen des Gametophyten: parenchymatisch oder prosenchymatisch:
- Entstehung des Sporophyten: akrokarp oder pleurokarp;
- Anlage des Archespors: aus Amphithezium oder aus Endothezium;
- Öffnung der Sporenkapsel: kleistokarp (syn. schizokarp) oder stegokarp;
- Sporenkapsel ohne Peristom oder mit Peristom;
- Form und Anlage des Peristoms.

Von den meisten Autoren werden die Bryopsida in drei Unterklassen gegliedert (Abb. 29).

Unterklasse: Sphagnidae (Torfmoose). Archespor entsteht aus dem Amphithezium; es überlagert glockenförmig das Endothezium, aus dem sich eine Columella

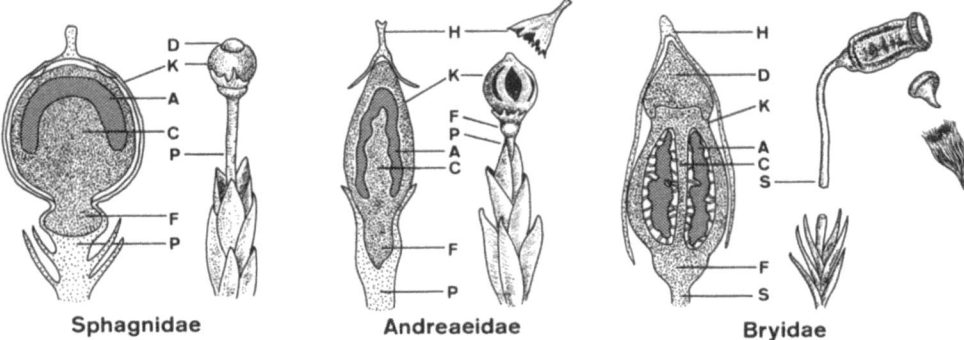

K-Kapsel, H-Haube, D-Deckel, A-Archespor, C-Columella, F-Fuß, P-Pseudopodium, S-Stiel

Abb. 29. Bryopsida. Schema der Sporogonentwicklung als wesentliches Kriterium für die taxonomische Klassifizierung in 3 Unterklassen. Jeweils links Längsschnitt durch junges Sporogon, rechts Habitus reifes Sporogon. (Z. T. nach Walter, Kühn und Dodel)

entwickelt; Kapsel mit Deckel (stegokarp) besitzt keine Kalyptra und keine Hülle; Pseudopodium täuscht eine Seta vor; einzige Familie: Sphagnaceae mit der einzigen Gattung *Sphagnum*, mit mehr als 300 Arten.

Unterklasse: Andreaeidae (Klaffmoose). Archespor entsteht aus dem Endothezium und überlagert — wie bei den Torfmoosen — glockenförmig eine Columella; statt einer Seta ist ein Pseudopodium vorhanden; junge Sporenkapsel ist hutartig von einer Kalyptra bedeckt, die bei der Reife abfällt; Kapsel öffnet sich durch vier Längsrisse (kleistokarp); die auf diese Weise entstehenden vier Klappen bleiben an Spitze und Basis verbunden. Einzige Familie: Andreaeaceae mit drei Gattungen und insgesamt etwa 120 Arten.

Unterklasse: Bryidae (Birnmoose). Archespor entsteht aus dem Endothezium und umgibt tonnenförmig die Columella; Kalyptra ist stets vorhanden; Kapsel, die von einer Seta emporgehoben wird, öffnet sich mit Deckel (stegokarp) und besitzt ein Peristom; Kleistokarpie gibt es nur selten.

Die systematische Unterteilung der etwa 15.000 Arten erfolgt nach Anlage des Sporophyten (akrokarp bzw. pleurokarp) und Morphologie des Peristoms (einfach, doppelt oder fehlend). Mit dem Modus der Bildung des Sporophyten ist in den meisten Fällen auch die Anatomie der Phylloide korreliert:

– Akrokarpe Laubmoose: Phylloide mit Mittelrippe, parenchymatische Zellen;
– Pleurokarpe Laubmoose: Phylloide meist ohne Mittelrippe, prosenchymatische Zellen.

Die Zahl der Ordnungen und ihre Reihenfolge ist je nach Autor unterschiedlich. Von einigen Autoren werden auch mehrere Ordnungen in Gruppen zusammengefaßt oder als weitere Unterklassen von den Bryidae abgetrennt.

Wie oben erwähnt (S. 18), benutzen wir die in der 32. Auflage des „Strasburgers" verwendete Systematik, die die Bryidae in 14 Ordnungen unterteilt. Diese

3. Klasse: Bryopsida [Musci] (Laubmoose)

werden entsprechend den wesentlichen Klassifizierungskriterien in tabellarischer Form vorgestellt und stichwortartig kommentiert.

Es werden vorwiegend nur die Gattungen namentlich erwähnt, die im folgenden experimentell bearbeitet werden.

Akrokarpe Bryidae (Gipfelmoose, Gipfelfrüchtler)

Peristom einfach

1. Ordnung: Dicranales. 7 Familien
Im allgemeinen mit Peristom und Deckel. *Ausnahme:* Gattung *Archidium* (Archidiaceae): ungestielte Sporogone ohne Columella und Deckel (kleistokarp).

2. Ordnung: Fissidentales. 1 Familie
Zweizeilig angeordnete Blättchen mit Auswuchs der Blattrippe (Dorsalflügel); Gattung *Fissidens* mit 800 (!) Arten.

3. Ordnung: Pottiales. 3 Familien
Blattzellen sowie Außenseite der Peristomzellen mit Papillen; Peristomzähne schraubig verdreht.

4. Ordnung: Grimmiales. 2 Familien
Phylloide tragen haarartigen Fortsatz der Mittelrippe.

5. Ordnung: Tetraphidiales. 1 Familie
Foliose, ausdauernde Protonemen; Peristom vier Zähne.

6. Ordnung: Polytrichales. 2 Familien
Phylloide mit Lamellen an der Oberseite; Cauloid mit hochdifferenziertem Leitgewebe; Kapsel völlig von Kalyptra bedeckt, die erst bei Reife abfällt (Haarmützenmoose); die aus hufeisenförmigen Zellen bestehenden Zähne des Peristoms in der Mitte durch eine trommelfellartige Haut (Epiphragma) verbunden; Kosmopoliten (*Polytrichum commune*). Wegen ihres von allen anderen Moosen abweichenden Baus des Peristoms werden die Polytrichales von manchen Autoren als eigene Unterklasse von den Bryidae abgetrennt. Dies trifft aus den gleichen Gründen auch für die noch zu besprechende 10. Ordnung, die Buxbaumiales, zu.

Peristom doppelt

7. Ordnung: Funariales. 6 Familien
Phylloide einschichtig; große Blattzellen (*Funaria hygrometrica, Physcomitrella patens*).

8. Ordnung: Bryales. 16 Familien
Inneres Peristom hoch differenziert; mit den meisten in unseren Breiten vorkommenden Laubmoosen (Bryum- und Mnium-Arten).

9. Ordnung: Bartramiales. 4 Familien
Gefurchte Kapsel.

10. Ordnung: Buxbaumiales. 1 Familie
Rudimentärer Gametophyt, degeneriert im Verlauf der Reife des dann physiologisch selbständigen Sporophyten; äußeres Peristom mit Zähnchen, inneres ungegliedert.

Peristom fehlt

11. Ordnung: Schistostegales. 1 Familie
Protonema ausdauernd, Phylloide sekundär zweizeilig; einzige Art *Schistostega pennata* (Leuchtmoos).

Pleurocarpe Bryidae (Astmoose, Seitenfrüchtler)

Peristom stets doppelt

12. Ordnung: Isobryales. 23 Familien
Blattnerven fehlen meist; formenreichste Ordnung.

13. Ordnung: Hookeriales. 6 Familien
Phylloide oft zweinervig; reduziertes Peristom.

14. Ordnung: Hypnobryales. 12 Familien
Kapsel mit langer Seta.

B. Übungsanleitungen

Im Gegensatz zu den Marchantiopsida ist bei den Bryopsida der Vegetationskörper einheitlicher aufgebaut. Es gibt keine sich deutlich abzeichnenden Progressionen bezüglich der Anatomie und Morphologie. Trotzdem wollen wir bei der experimentellen Bearbeitung nicht nach taxonomischen Gesichtspunkten vorgehen, sondern uns an das gleiche Schema einer vergleichenden Darstellung von Anatomie und Morphologie der Vegetationsorgane und der Fortpflanzungseinrichtungen halten, wie dies bei den Marchantiopsida erfolgte.

I. Sporen und Protonema (Vorkeim)

Unterrichtsfilm Nr. 49: *Funaria hygrometrica*, Protonema-Entwicklung.

Material: Torfmoose aus der Gattung *Sphagnum* (Sphagnaceae, Sphagnales) kommen mit zahlreichen meist monözischen Arten in Mooren, Gräben und an anderen sehr feuchten Standorten auf sauren Böden vor und bilden dort dichte Rasen. Sporogone findet man im Sommer; zur Sporenkeimung ist die Ausbildung

3. Klasse: Bryopsida [Musci] (Laubmoose)

einer Mykorrhiza notwendig. Die etwa 120 Arten des meist monözischen Klaffmooses *Andreaea* (Andreaeaceae, Andreaeales) sind an kaltes Klima angepaßt. Man findet sie als niedrige Rasen auf Felsgestein (nicht auf Kalk) des Hochgebirges und in arktischen Gegenden. Im Flachland sind nur wenige Fundorte bekannt, so daß die Beschaffung von Frischmaterial dort mit großen Schwierigkeiten verbunden ist. Man ist daher weitgehend auf Herbarmaterial angewiesen, so daß die Bearbeitung dieses Mooses, vor allem seiner Sexualstadien, nur in eingeschränktem Maße möglich ist. Die Gametangien (Moosblüte) entwickeln sich meist im Herbst. Die reifen Sporogone findet man allerdings erst im übernächsten Jahr, da ihre Entwicklung 18 bis 20 Monate in Anspruch nimmt.

Bei den Vertretern der Bryidae ist man bei der Auswahl der Objekte nicht auf eine bestimmte Art angewiesen. Hier kann man die in unseren Regionen weit verbreiteten Laubmoose verwenden, die auch später für andere Beobachtungsziele benutzt werden. Es handelt sich dabei um:

- das diözische Goldene Frauenhaar (Gemeines Widertonmoos) *Polytrichum commune* (Polytrichaceae, Polytrichales), das an feuchten und moorigen Stellen, auf sauren Böden, teilweise auch mit *Sphagnum* vergesellschaftet, 5 bis 15 cm hohe, dunkelgrün gefärbte Rasen bildet; reife Gametangien Mai/Juni; Entwicklungsdauer des Sporogons 13 bis 16 Monate; Sporenreife Juli/August;
- das diözische Sternmoos *Mnium hornum* (Mniaceae, Bryales), das man in großen Beständen als 2 cm hohe Rasen auf feuchten, sauren Waldböden findet; reife Gametangien und Sporen im Mai, da Entwicklungsdauer der Sporogone 12 Monate;
- die Birnmoose der Gattung *Bryum* (Bryaceae, Bryales) mit je nach Autor bis zu 200 europäischen Arten. Sie bilden Rasen an Felsen und Mauern, wie das diözische Rasen-Birnmoos (*Bryum caespiticium*), oder auf feuchten, sandigen Böden, wie das diözische Bleiche Birnmoos (*Bryum pallens*). Das ebenfalls diözische Haarblättrige Birnmoos (*Bryum capillare*) bildet dichte Polster auf Waldböden, aber auch an lebenden und abgestorbenen Bäumen. Die Moosblüte erfolgt von Mai bis Juni, die reifen Sporogone bei den genannten Arten im darauffolgenden Sommer. Typisch sind die im reifen Zustand nach unten geneigten Sporenkapseln.
- Das monözische Drehmoos *Funaria hygrometrica* * (Funariaceae, Funariales) bildet 1 bis 3 cm hohe Rasen auf Mauern, auf Feuerstellen, an der Westseite von Bäumen und auf Baumstümpfen. Im Frühjahr, aber auch im Herbst, sind die Moosrasen dicht bedeckt mit den 3 bis 5 cm hohen Sporogonen, mit rotbraun gefärbter Seta, deren Entwicklung 9 bis 12 Monate gedauert hat.

In diesem Zusammenhang wird auf *Physcomitrella patens* ** (Funariaceae) verwiesen, das oben (S. 20) als Objekt für Laborversuche erwähnt wurde. In der Natur findet man dieses kleine Blasenmützenmoos auf Schlamm an Teichen und Flüssen im mitteleuropäischen Tiefland. In Berggegenden ist es sehr selten.

---

* Dieses Moos wird bei Prof. Dr. M. Bopp, Botanisches Institut der Universität Heidelberg, in Kultur gehalten.
** Wildstamm, physiologische und morphologische Mutanten werden bei Prof. Dr. W. O. Abel, Institut für Allgemeine Botanik der Universität Hamburg, in Kultur gehalten.

Von allen genannten Moosen kann man die reifen Sporenkapseln in Plastikröhrchen oder eingetütet mindestens 1 Jahr im Exsikkator aufbewahren, ohne daß die Sporen ihre Keimfähigkeit verlieren.

Präparation und Aufgabe: Morphologie der Moossporen in Deckglaspräparaten bei unterschiedlicher Vergrößerung betrachten.

Sporenkeimung und Protonemabildung: Reife Sporenkapseln mit einer sterilen Pinzette entnehmen und zur Oberflächensterilisation für 3 bis 5 Minuten in 3%ige Lösung von Natriumhypochlorit (NaOCl) einlegen. Kapseln auf sterilem Filterpapier abtrocknen und auf sterilem Objektträger mit Pinzette öffnen. Die trockenen Sporen können dann vom Objektträger durch leichtes Klopfen auf Petrischalen mit Knop- oder Duckett-Medium gebracht werden.

Es besteht natürlich auch die Möglichkeit, ähnlich zu verfahren wie bei der Aussaat von Pilzsporen (Teil I, S. 39): sterilisierte Mooskapseln auf Hartagar (5%iger Wasseragar) bringen, unter dem Präpariermikroskop mit steriler Pinzette öffnen, Sporen auf dem Agar verteilen, mit der Präparierfeder kleine Agarstücke ausstechen und mit diesem die Sporen auf den Nähragar übertragen.

Man kann auch direkt von Moossporen ausgehen, die durch Oberflächensterilisation von anhaftenden Mikroben befreit werden. Hier hat sich folgende Methode bewährt[*]:

– Sporen nach Ausschleudern in einem Reagenzglas mit 5-10 ml sterilem aqua dest. mit Hilfe eines Schüttelgerätes suspendieren.
– Suspension auf ein Sterilfiltergerät geben und Wasser absaugen.
– Auf dem Filter 30 s mit 1,3% NaOCl Lösung sterilisieren, dann 3 bis 4 mal mit sterilem aqua dest. waschen.
– Nach Absaugen der Waschflüssigkeit Filter mit den anhaftenden Sporen wieder in einem Reagenzglas in 5 bis 10 ml sterilem aqua dest. auf einem Schüttelgerät resuspendieren.
– Übertragung der Sporensuspension mit einer sterilen Pipette auf Agar, bzw. in Erlenmeyerkolben, wenn Flüssigkeitskulturen angestrebt werden.

In jedem Fall sollte man sich mit Hilfe des Präpariermikroskopes überzeugen, ob eine genügende Menge von Sporen auf das Nährmedium übertragen wurde.

Die Keimung der Sporen von *Funaria hygrometrica* erfolgt schon nach 1 bis 2 Tagen. Um zu dichtes Wachstum zu verhindern, die gekeimten Protonemen auf neues Medium (z. B. je vier auf eine Petrischale) überimpfen. Unter definierten Kulturbedingungen (20°C, 16 h Tag, ca. 4.000 Lux) bilden sich die ersten Moosknospen nach 2 bis 3 Wochen; erste Moospflänzchen erscheinen nach ca. 4 Wochen.

Moosprotonemen wachsen schneller, wenn man den Medien 0,5% Saccharose zugibt; allerdings wird dadurch das Infektionsrisiko erhöht.

---

[*] Pers. Mitteilung W. O. Abel, nach Friedrich G (1980) Versuche zur Mutationsauslösung durch synergistische Wirkung von Röntgenstrahlen und Schwermetallen bei *Physcomitrella patens*. Diplomarbeit, Universität Hamburg.

3. Klasse: Bryopsida [Musci] (Laubmoose)

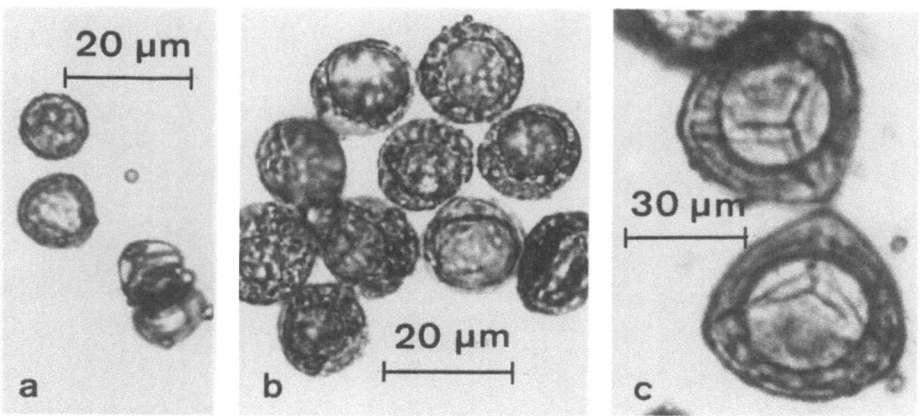

Abb. 30a–c. Morphologie von Sporen der Bryopsida. **a** *Polytrichum commune*; **b** *Funaria hygrometrica*; **c** *Sphagnum spec.*

Das Einwachsen der Protonemen in den Agar kann verhindert werden, indem man diesen mit steriler Cellophanfolie abdeckt. In diesem Fall kann die Agar-Konzentration auf 1% gesenkt werden. Wenn man die Kultur weiterführen möchte, können Agarstücke mit Teilen der Protonemen, ähnlich wie bei Pilzmyzelien, auf frisches Medium überimpft werden.

Wuchshabitus der Protonemen zunächst unter dem Präpariermikroskop beobachten, dann mit Präparierfeder oder Skalpell einzelne Teile des Protonemas entnehmen und aus Deckglaspräparaten bei starker Vergrößerung verschiedene Entwicklungsstadien zeichnen.

Beobachtungen: Die Moossporen haben, abgesehen von wenigen Ausnahmen, einen Durchmesser von 10 bis 20 µm. Sie sind meist kugelig oder eiförmig, nur bei *Sphagnum* haben sie die Form eines Tetraeders (Abb. 30a–c). Sie sind von einer kutinisierten, vielfach strukturierten Exine umgeben, unter der sich eine aus Zellulose bestehende Intine befindet, die diese bei Keimung durchbricht (Abb. 31a, g).

Das Protonema von *Funaria* bzw. *Polytrichum* ist reich verzweigt und bildet auf Agarkulturen einen makroskopisch deutlich erkennbaren myzelartigen, grünlichen Belag (Abb. 31d). Die jüngeren, sehr chloroplastenreichen Zellen haben senkrecht zur Wuchsrichtung stehende Querwände. Diese Wuchsform heißt *Chloronema* (Abb. 31b). Im Verlauf der weiteren Entwicklung entstehen chloroplastenarme Zellen mit schrägen Querwänden, die dem Substrat anliegen und von denen ins Medium chloroplastenfreie Rhizoide auswachsen. Jetzt spricht man von *Caulonema* (Abb. 31c). Etwa zur gleichen Zeit mit der Rhizoidbildung entstehen an kurzen orthotropen, chloronema-artigen Verzweigungen des Caulonemas die Moosknospen als seitliche Ausstülpungen (Abb. 31e), die dann mit einer dreischneidigen pyramidenförmigen Scheitelzelle zum Moosstämmchen (Cauloid) heranwachsen (Abb. 31d, f). Die Protonemen sterben ab, sobald sich genügend Moosstämmchen gebildet haben.

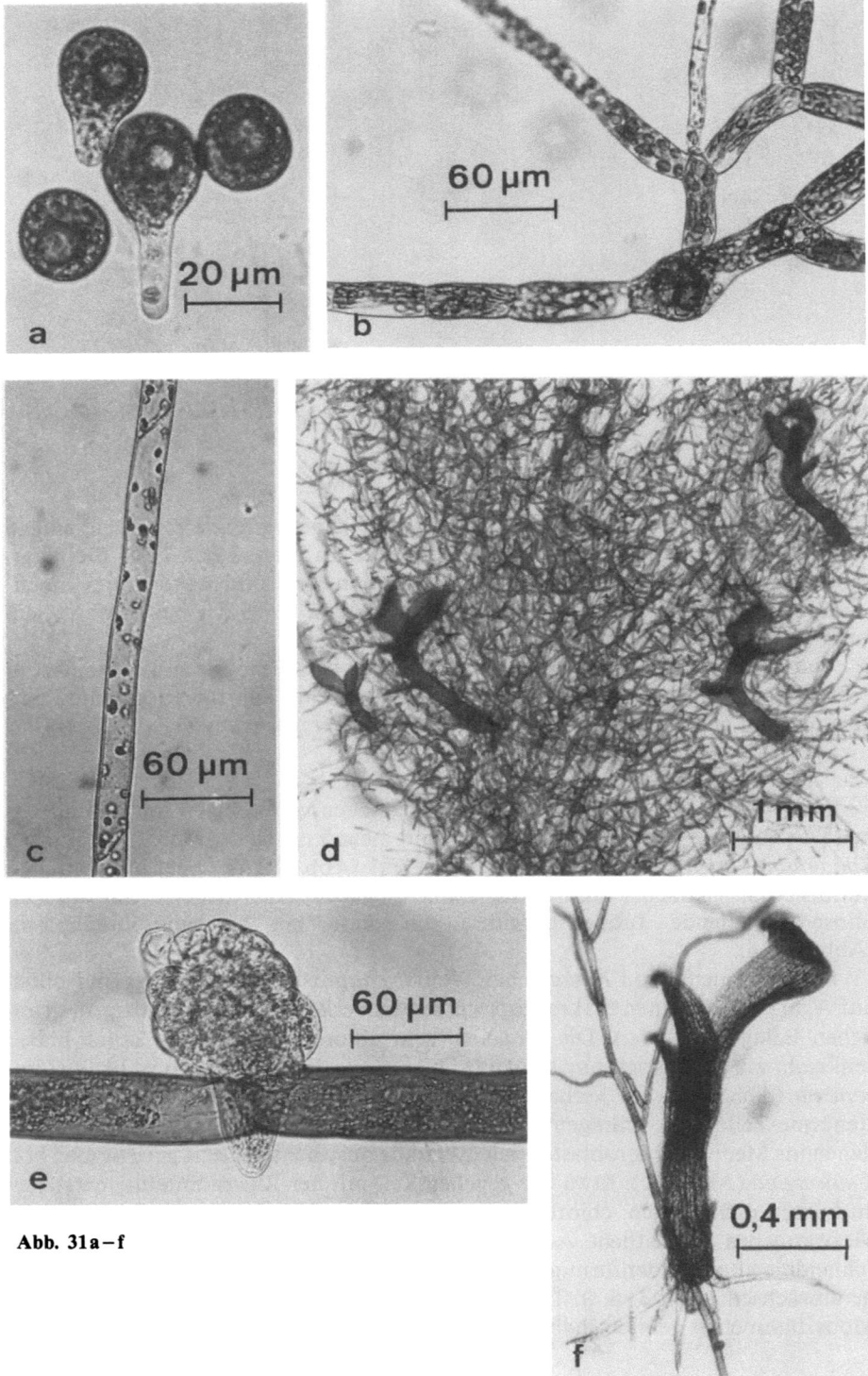

Abb. 31a–f

3. Klasse: Bryopsida [Musci] (Laubmoose)

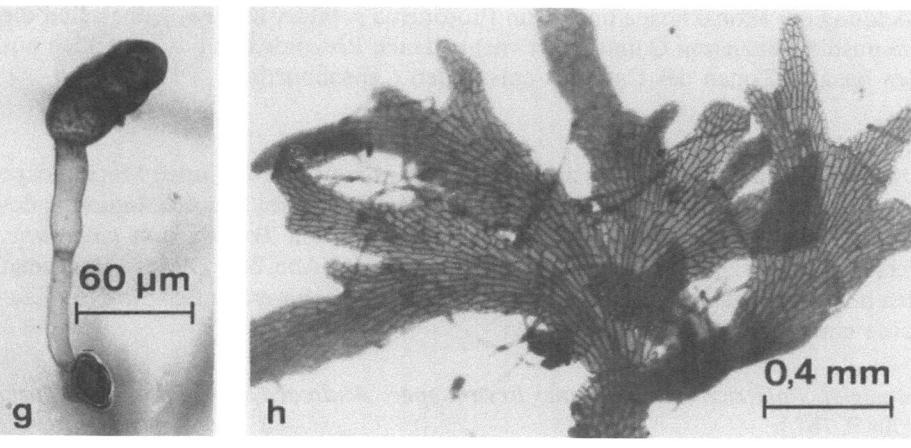

Abb. 31a–h. *Funaria hygrometrica*, Protonema-Entwicklung. **a** keimende Sporen nach 3 d; **b** Chloronema; **c** Caulonema; **d** Protonema mit Moosknospen nach 28 d; Ausschnitte aus **d**: Moosknospe (**e**), junges Cauloid (**f**). *Sphagnum spec.* **g** keimende Spore; **h** Protonema

Die Protonemen der meisten übrigen Bryidae zeigen eine vergleichbare Entwicklung. Eine Ausnahme bilden die sogenannten Protonema-Moose, bei denen das Cauloid sich gar nicht oder nur wenig entwickelt und das Protonema für den Gametophyten formbestimmend bleibt. Beispielsweise entstehen bei der tropischen *Ephemeropsis tjibodensis* (Nemataceae, Hookeriales) am dichotom verzweigten Protonema keine Cauloide, sondern nur die aus den Archegonien auswachsenden Sporogone.

Beim Leuchtmoos *Schistostega pennata* (Schistostegaceae, Schistostegales) (S. 76) stirbt trotz Cauloidbildung das Protonema nicht ab. Letzteres bildet einen sich horizontal ausbreitenden Rasen von stark gewölbten, linsenförmigen Zellen, die infolge einer Lichtreflexion ein Leuchten vortäuschen. Da die Materialbeschaffung für beide Moose Schwierigkeiten bereitet, werden sie nicht in das Versuchsprogramm einbezogen.

Eine typische Protonemaform haben die jeweils einzigen Gattungen der beiden anderen Unterklassen der Bryopsida: *Sphagnum* und *Andreaea*, die im ersten Fall flächig (Abb. 31 h) und im zweiten Fall bandförmig sind. Auch durch die Kriterien der Protonemamorphologie lassen sich die Torf- und Klaffmoose von den Birnmoosen abgrenzen (S. 74f.).

Da die Ausbildung der Protonemen von *Sphagnum* nur dann erfolgt, wenn kurz nach der Keimung der Sporen eine Mykorrhiza mit Bodenpilzen gebildet wird, lassen sich die Protonemen nicht unter Laborbedingungen anziehen. Der limitierende Faktor für die Anzucht der Protonemen von *Andreaea* ist, wie schon oben erwähnt, der Mangel an Material.

II. Gametophyt

Unterrichtsfilm Nr. 50: *Funaria hygrometrica*, Entwicklung des Moospflänzchens.

Der ausdifferenzierte Gametophyt [Abb. 28(4)] besteht aus dem Cauloid (Moosstämmchen), den Phylloiden (Moosblättchen) und den Rhizoiden (Mooswürzelchen). Die Differenzierung der Phylloide erfolgt in der Scheitelregion der sich entwickelnden Moosknospe. Rhizoide können schon in den ersten Stadien der Entwicklung der Moosknospe noch vom Protonema gebildet werden, jedoch sind die am ausdifferenzierten Gametophyt vorhandenen Rhizoide fast ausschließlich aus den basalen Zonen des Cauloids entstanden („sproßbürtig").

1. Cauloid (Moosstämmchen)
Um den Aufbau des Cauloids zu verstehen, wird zunächst die junge Moosknospe bearbeitet und daran anschließend, anhand von Querschnitten, die Anatomie des ausdifferenzierten Cauloids. Hierbei beginnen wir mit *Polytrichum commune*, dessen Zyklus schon als Leitart besprochen wurde (Abb. 28). Dieses Moos zeigt den höchsten Entwicklungsstand des Cauloids. Danach werden Beispiele für Cauloide einfacherer Bauart besprochen.

Material: Polytrichum commune; Bryum spec. Andreaea spec. Sphagnum spec. (alle S. 76 f.).

Präparation und Aufgabe: Gametophyten von Laubmoosen können auf Benecke- oder Knop-Agar kultiviert werden. Junge Gametophyten verwenden, die den Sterilkulturen von Protonemen entnommen werden. Unter dem Präpariermikroskop mit der Präparierfeder Agarblöckchen mit jungen Gametophyten ausstechen, auf frisches Medium übertragen und dort in den Agar eindrücken. Um junge Gametophyten aus unsteriler Umgebung zu kultivieren, diese vor Einsetzen in den Sterilagar mehrfach gut in sterilem Wasser waschen. Da bei dieser Methode meist Pilz- und/oder Bakterieninfektionen auftreten, Moospflänzchen so lange immer wieder auf neuen Agar übertragen, bis sich keine Infektionen mehr zeigen. Man kann natürlich das Infektionsrisiko absenken, wenn man die große Regenerationsfähigkeit der Moose ausnutzt und anstelle von ganzen Gametophyten nur Blättchen oder Teile von Blättchen nimmt. Diese bilden nämlich (wie z.B. *Funaria, Mnium*) nach mehreren Tagen protonemaartige Auswüchse, an denen Sporophyten entstehen.

Eine Freilegung des Vegetationspunktes unter dem Präpariermikroskop ist bei den Moosen mit den gleichen Schwierigkeiten verbunden, wie dies bei den meisten Blütenpflanzen der Fall ist, da auch hier der Vegetationspunkt, d. h. die dreischneidige Scheitelzelle, dicht von Phylloiden eingehüllt ist. Dieses Unterfangen ist allenfalls bei den relativ großen Gametophyten von *Mnium* möglich. Es kommt noch hinzu, daß schon bei jungen Cauloiden meist die Anlage der Moosblüte erfolgt. Man ist daher auf Dauerpräparate von Mikrotomschnitten angewiesen.

Längsschnitt von *Polytrichum commune* durch den Vegetationspunkt bei mittlerer Vergrößerung zeichnen. Von Querschnitten durch ausdifferenzierte Cauloide der oben angegebenen vier Arten Deckglaspräparate anfertigen, bei mittlerer Vergrößerung Übersichtsbild, bei starker Vergrößerung Sektor und ggf. Ausschnitte zeichnen. Zur Differenzierung der Gewebe mit Safraninlösung färben. Nachweis von Reservestärke durch Anfärbung mit Lugol'scher Lösung.

Vom *Sphagnum* in der apikalen Region des Cauloids unter dem Präpariermikroskop die Blättchen entfernen, vorsichtig mit dem Skalpell in Längsrichtung ein Stück der äußeren Gewebeschichten ausschneiden, Deckglaspräparat anfertigen und bei mittlerer Vergrößerung die für dieses Moos spezifischen Wasserspeicherzellen zeichnen.

3. Klasse: Bryopsida [Musci] (Laubmoose)

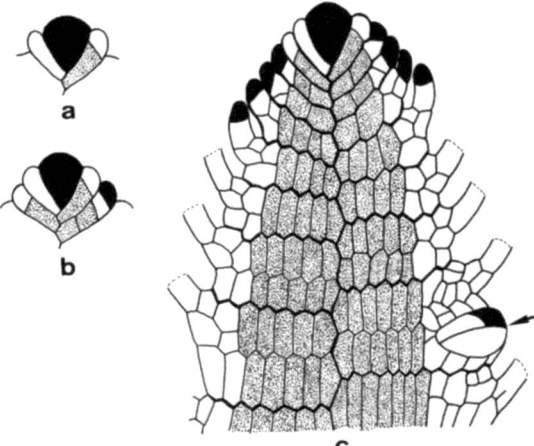

Abb. 32a–c. Schema der Entwicklung der Moosknospe eines Laubmooses, erläutert an einem Längsschnitt durch die Scheitelregion. Die apikale dreischneidige Scheitelzelle (schwarz) schnürt nach drei Seiten Zellen ab, von denen im zweidimensionalen Schema natürlich nur zwei zu erkennen sind. Jede dieser Zellen wird durch eine perikline Wand („Blattwand") in eine innere (punktiert) und eine äußere (weiß) Tochterzelle unterteilt (**a**). Nach einer weiteren Mitose werden aus der äußeren Tochterzelle wiederum Tochterzellen gebildet, von denen die obere (schwarz) als zweischneidige Scheitelzelle die Initialzelle für die Bildung eines Phylloids wird. Da sich dieser Vorgang in jedem Segment abspielt, entstehen am Cauloid die Phylloide dreizeilig, allerdings meist nicht in Wirteln (**b**). Aus der unteren Rindenzelle bildet sich im weiteren Verlauf der Entwicklung nach zahlreichen Quer- und Längsteilungen das Mantelgewebe (weiß). In ähnlicher Weise entwickelt sich das Zentralgewebe (punktiert) aus der inneren Tochterzelle eines Scheitelzellen-Segmentes. Die weitere Differenzierung dieser beiden Gewebetypen verläuft bei den einzelnen Gattungen unterschiedlich. Seitenzweige entstehen nach antiklinen Teilungen der Zellen unterhalb der Basis der Phylloide, sie wachsen in gleicher Weise wie der Haupttrieb mit einer dreischneidigen Scheitelzelle (Pfeil) (**c**). (Nach Müller-Berol, verändert)

Beobachtungen:

a. Differenzierung der Moosknospe. Um den im Längsschnitt erkennbaren zellulären Aufbau der Moosknospe zu verstehen (Abb. 33), dient die schematische Darstellung der Abb. 32 als Erläuterung.

b. Polytrichum commune, Zentralstrang differenziert. Im Übersichtsbild des Querschnittes durch das Cauloid von *Polytrichum commune* (Abb. 34a) kann man deutlich die Differenzierung in ein peripheres *Mantelgewebe* (M), dessen Auswüchse die basalen Teile von Phylloiden sind, und einen *Zentralstrang* (Z) erkennen. Das erstere ist peripher von einer Art Rinde umgeben, die aus zwei bis drei Schichten von prosenchymatischen Zellen (Stereiden) besteht, deren Zellwände so stark verdickt sind, daß ihr Lumen kaum noch sichtbar ist. Diese Zellschicht dient als Festigungsgewebe (*Stereom* (ST)), das den orthotropen Wuchs des Cauloids ermöglicht.

Die innere Schicht des Mantelgewebes besteht aus Parenchymzellen (Interzellularen fehlen), die nicht nur zahlreiche Chloroplasten enthalten, sondern auch Reservestärke speichern können (Jodreaktion). Auffallend sind in diesem Gewebe

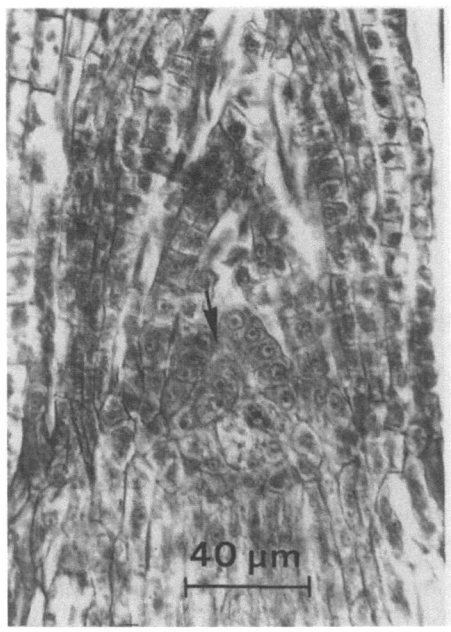

Abb. 33. *Polytrichum commune*. Längsschnitt durch die Scheitelregion der Mooskospe. Der Pfeil weist auf die dreischneidige Scheitelzelle hin.

die zahlreichen Blattspurstränge (B), die je nach Entfernung vom zugehörigen Phylloid mehr oder minder deutlich zu erkennen sind (Abb. 34b). In Serienschnitten kann man verfolgen, daß sie mit dem Zentralstrang verbunden sind. *Polytrichum* hat demnach ein den Gefäßpflanzen vergleichbares Wasserleitungssystem. Von manchen Autoren werden diese beiden Schichten des Mantelgewebes auch als äußere und innere Rinde bezeichnet.

Der Zentralstrang ähnelt einem zentralen Leitbündel der Gefäßpflanzen mit Innenxylem (Abb. 34c). Die äußere Schicht des Zentralstranges besteht aus phloemartigen Zellen (Leptoide), Siebplatten wurden nur vereinzelt beschrieben, aber nicht bei *Polytrichum*. In den Zellen dieses auch als *Leptom* bezeichneten Gewebes findet man Stärke. Es wird ebenfalls als gesichert angesehen, daß im Leptom Assimilate transportiert werden.

Der innere, dem Wassertransport dienende Teil – das *Hadrom* –, besteht aus drei Zelltypen: der Hadromscheide, (1 bis 2 Schichten, Zellwände braun), dem Hadrommantel (dünnwandige leere Zellen) und dem Hadromzylinder [dünnwandige wasserleitende Zellen (Hydroide), die vielfach paarig angeordnet und durch eine extrem dünne Zwischenwand getrennt sind, Speicherzellen und prosenchymatische Zellen mit starken Wandverdickungen, die ebenfalls Wasser speichern können]. Aufgrund dieser für die Moose ungewöhnlich hohen Differenzierung des Zentralstranges, die – außer bei den *Polytrichales* – bei den Moosen nicht mehr zu finden ist, kann dieser als eine Protostele aufgefaßt werden, wie sie in den Telomen der Urfarne (S. 116f.) als Ausgangspunkt für die Leitbündelentwicklung der Gefäßpflanzen gefunden wurde.

3. Klasse: Bryopsida [Musci] (Laubmoose)

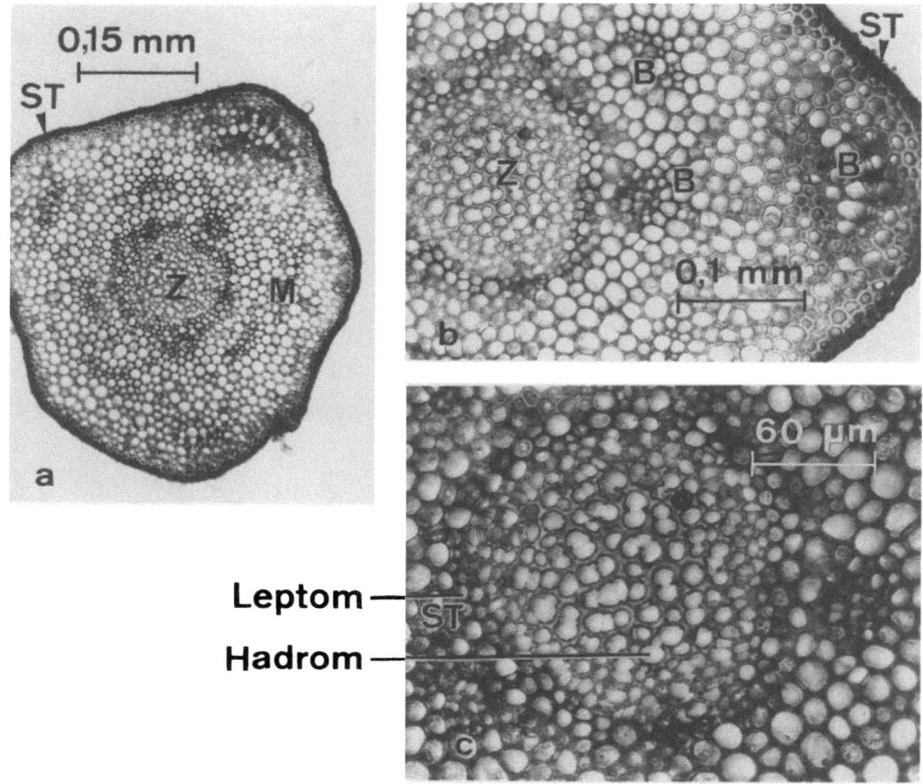

Abb. 34a–c. *Polytrichum commune.* **a** Querschnitt durch Cauloid; **b** Sektor aus a, bei stärkerer Vergrößerung; **c** Zentralstrang, Ausschnitt aus **a**; *B* = Blattspurstrang, *M* = Mantelgewebe, *ST* = Stereom, *Z* = Zentralzylinder

c. Bryum spec., Zentralstrang nicht differenziert. Bei *Bryum* und auch bei *Mnium* gibt es zwar eine Differenzierung in Mantelgewebe und Zentralstrang (Abb. 35a). Während man jedoch im ersteren noch zwischen innerer und äußerer Rinde unterscheiden kann, ist eine weitere Differenzierung des Zentralstranges nicht wahrnehmbar. Dieser besteht aus Hydroidzellen, Leptoidzellen fehlen (Abb. 35b). Blattspurstränge enden in der äußeren Rinde. Sie sind nicht an den Zentralstrang angeschlossen (Abb. 35c).

d. Andreaea spec., „Zentralstrang" ohne spezifische Funktion. Im Cauloid ist ein aus großen Zellen bestehendes zentralstrangartiges Gewebe zu erkennen, dieses hat aber weder Hadrom- noch Leptom-Funktion (Abb. 36). Die Wasserleitung erfolgt kapillar am Mantelgewebe oder durch die Zellwände. Die Stabilität des Cauloids wird durch die verdickten Zellwände der äußeren Schichten des Mantelgewebes gewährleistet.

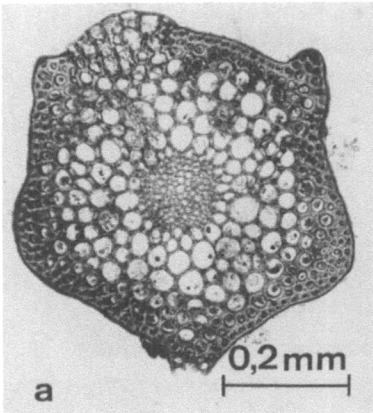
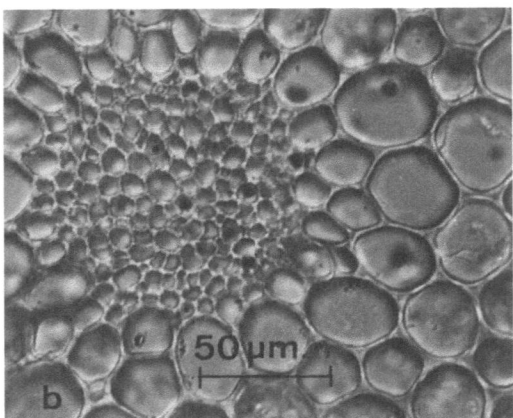
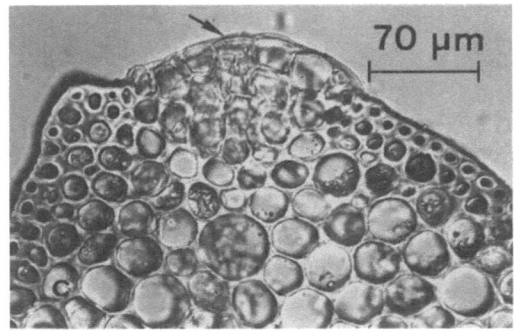

Abb. 35 a–c. *Bryum spec.* **a** Querschnitt durch Cauloid; Ausschnitt aus a: Zentralstrang (**b**); Randzone mit Blattansatz (*Pfeil*) (**c**)

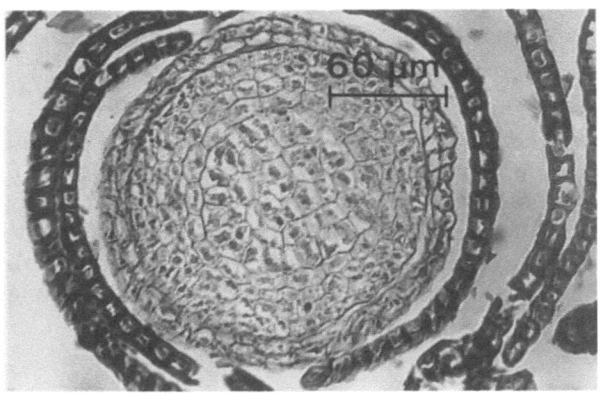

Abb. 36. *Andreaea spec.* Querschnitt durch Cauloid, umrandet von einschichtigen Phylloiden

e. *Sphagnum spec.*, *Zentralstrang fehlt*

Die rhizoidfreien Cauloide von *Sphagnum* bilden zahlreiche Seitenzweige, die seitlich abstehen oder dem Hauptzweig nach unten anliegen. Einer dieser Seitenzweige entwickelt sich jährlich so kräftig, daß eine dichotome Verzweigung vorgetäuscht wird. Da aber die Cauloide von unten absterben (Torfbildung!), entstehen auf diese Weise neue voneinander unabhängige Pflanzen.

3. Klasse: Bryopsida [Musci] (Laubmoose)

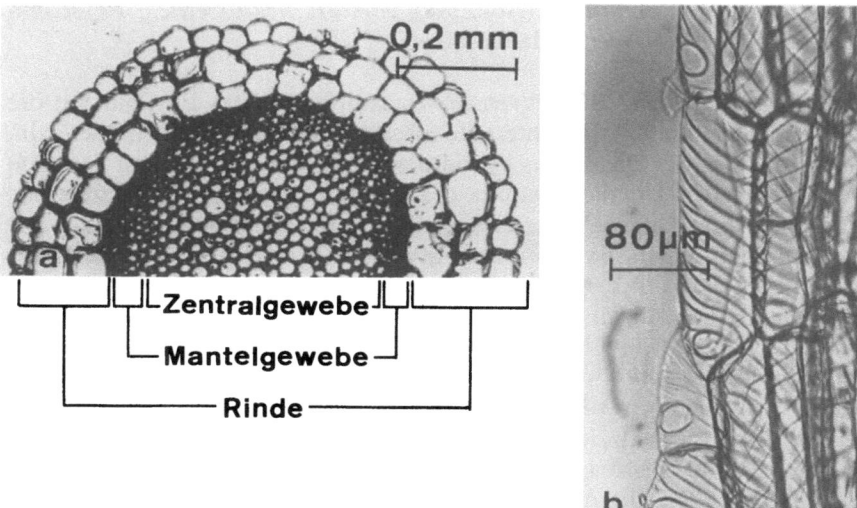

Abb. 37 a, b. *Sphagnum spec.* a Querschnitt durch Cauloid; b Aufsicht auf Rinde aus Hyalinzellen.

Hinsichtlich der Wasseraufnahme und Wasserleitung ist *Sphagnum* ein Unikum, denn an diesem Vorgang ist die gesamte Oberfläche von Cauloid und Phylloid beteiligt. Das Cauloid zeigt zwar eine Unterteilung in drei Gewebeschichten: periphere Rindenschicht, ein Mantelgewebe aus Zellen mit starken Wandverdickungen aus Zellulose (kein Lignin!) als Festigungselement und ein parenchymatisches Zentralgewebe. Ein Zentralstrang mit Hydroidzellen fehlt (Abb. 37 a). Die Wasseraufnahme und Wasserleitung erfolgt kapillar in der mehrschichtigen Rinde. Die Wände der abgestorbenen Zellen sind perforiert, so daß in allen Richtungen ein Wassertransport möglich ist (Abb. 37 b). Dieses Wasserleitsystem des Cauloids von *Sphagnum* findet seine Fortsetzung in den Wasserspeicherzellen der Phylloide, auf die später eingegangen wird (Abb. 40, S. 90 f.).

Die immense Wasserspeicherkapazität von *Sphagnum* läßt sich leicht demonstrieren. Nach kurzem Einlegen in Wasser kann man dieses Moos wie einen Schwamm ausdrücken. Da die Wasserleitungs- und Speicherfunktion nicht an die lebende Zelle gebunden ist, sondern mit Hilfe des oben erwähnten Kapillarsystems mechanisch erfolgt, wird dieses Moos in Gärtnereien vielfach als dicke Schicht auf Blumentöpfe gegeben, um auf diese Weise ein zu rasches Austrocknen empfindlicher Pflanzen zu verhindern. Die praktische Bedeutung von *Sphagnum* besteht natürlich darin, daß es – wie sein deutscher Name sagt – wesentlich an der Bildung von Torf beteiligt ist.

2. Phylloid (Moosblättchen)

In gleicher Weise, wie im vorigen Abschnitt bei der Bearbeitung des Cauloids, beginnen wir die Untersuchung des Phylloids mit der Leitart *Polytrichum commune*, die auch bei diesem Organ den höchsten Differenzierungsstand erreicht hat. Danach wird *Funaria hygrometrica* oder *Physcomitrella patens*, als Beispiel für ein einschichtiges Phylloid, und *Sphagnum spec.*, als Beispiel für ein auf kapillare Wasserleitung spezialisiertes Blatt, behandelt.

Material: Polytrichum commune (Abb. 38 a), *Funaria hygrometrica, Physcomitrella patens, Sphagnum spec.* (alle S. 76 f.).

Präparation und Aufgabe: Bei *Polytrichum* ausdifferenziertes Phylloid mit der Pinzette abnehmen und mit der Unterseite (abaxiale Seite) auf Objektträger bringen. Nach Auflegen des Deckglases bei mittlerer Vergrößerung sich mit dem Habitus vertraut machen. Um die Anatomie des mehrschichtigen Phylloids zu verstehen, sind Quer- und Längsschnitte erforderlich. Dazu beblätterte Cauloide, wie bei Handschnitten üblich, zwischen zwei Styroporstücke einklemmen und zwar so, daß die Blättchen mit der Oberseite (adaxiale Seite) am Cauloid liegen und so lange Schnitte anfertigen, bis geeignete Stadien gefunden sind. Bei mittlerer Vergrößerung Übersicht und bei starker Vergrößerung Einzelheiten zeichnen. Da bei *Funaria* und *Sphagnum* die Phylloide einschichtig sind, genügt es, von den Blättchen – wie oben für *Polytrichum* beschrieben – anhand von Deckglaspräparaten den Habitus zu skizzieren und dann bei starker Vergrößerung Ausschnitte zu zeichnen, um die Zellstruktur zu erfassen. Bei *Sphagnum* zusätzlich noch Querschnitte herstellen, um die Struktur der beiden Zelltypen zu verstehen, was allerdings einige Geschicklichkeit verlangt. Da dieses Material ganzjährig zu beschaffen ist, werden Dauerpräparate nicht benötigt.

a. Polytrichum commune, mehrschichtiges Phylloid

Beobachtungen: Schon bei schwacher Vergrößerung erkennt man, daß die an der Basis breiten und dann spitz zulaufenden, gezähnten Blättchen (Abb. 38 a) auf der Oberseite der mit Mittelrippe versehenen Lamina in Längsrichtung parallel verlaufende Lamellen tragen. Die nur marginal einschichtige Lamina ist nach oben aufgebogen und dient so als äußere Umrandung der Lamellen. Wie man einer vergleichenden Betrachtung von Quer- und Längsschnitten entnehmen kann, sind die Lamellen an der Blattbasis noch nicht vorhanden (Abb. 38 b, c). Sie sind einschichtig (Abb. 38 d) und bestehen aus 5 bis 6 Reihen von dicht aneinander liegenden, sehr chloroplastenreichen, hexagonalen Zellen (Abb. 38 f, g). Da die apikalen, an der Oberfläche leicht eingebuchteten Zellen etwas größer sind, wird ein lockerer Kontakt der Lamellen erreicht (Abb. 38 e), so daß zwischen ihnen kapillar Wasser gespeichert werden kann. Der wesentliche Vorteil dieser Lamellenbildung ist allerdings eine Vergrößerung der Oberfläche des photosynthetisch aktiven Gewebes.

Die Lamellen stehen auf relativ großen, ebenfalls noch Plastiden enthaltenden Bauchzellen. Diese bilden den Übergang zu der darunter liegenden mehrschichtigen, halbmondförmigen Lamina, die, wenn man von den einschichtigen Randregionen absieht, mit der Mittelrippe identisch ist (Abb. 38 e).

In abaxialer Richtung folgt dann eine Schicht von englumigen, sklerenchymatischen Zellen. Darunter liegt ein großlumiges Parenchym, in das Hydriodzellen eingebettet sind, die sich zur Blattbasis hin zum Blattspurstrang zusammenfinden. Interzellularen sind vorhanden. Unter den vorwiegend der Stoff- und Wasserleitung dienenden parenchymatischen Zellen liegt ebenfalls ein mehrschichtiges, sklerenchymatisches Gewebe, auf das nach ventral ein einschichtiges Abschlußgewebe folgt, dessen Außenwände stark verdickt sind (Abb. 38 e).

3. Klasse: Bryopsida [Musci] (Laubmoose)

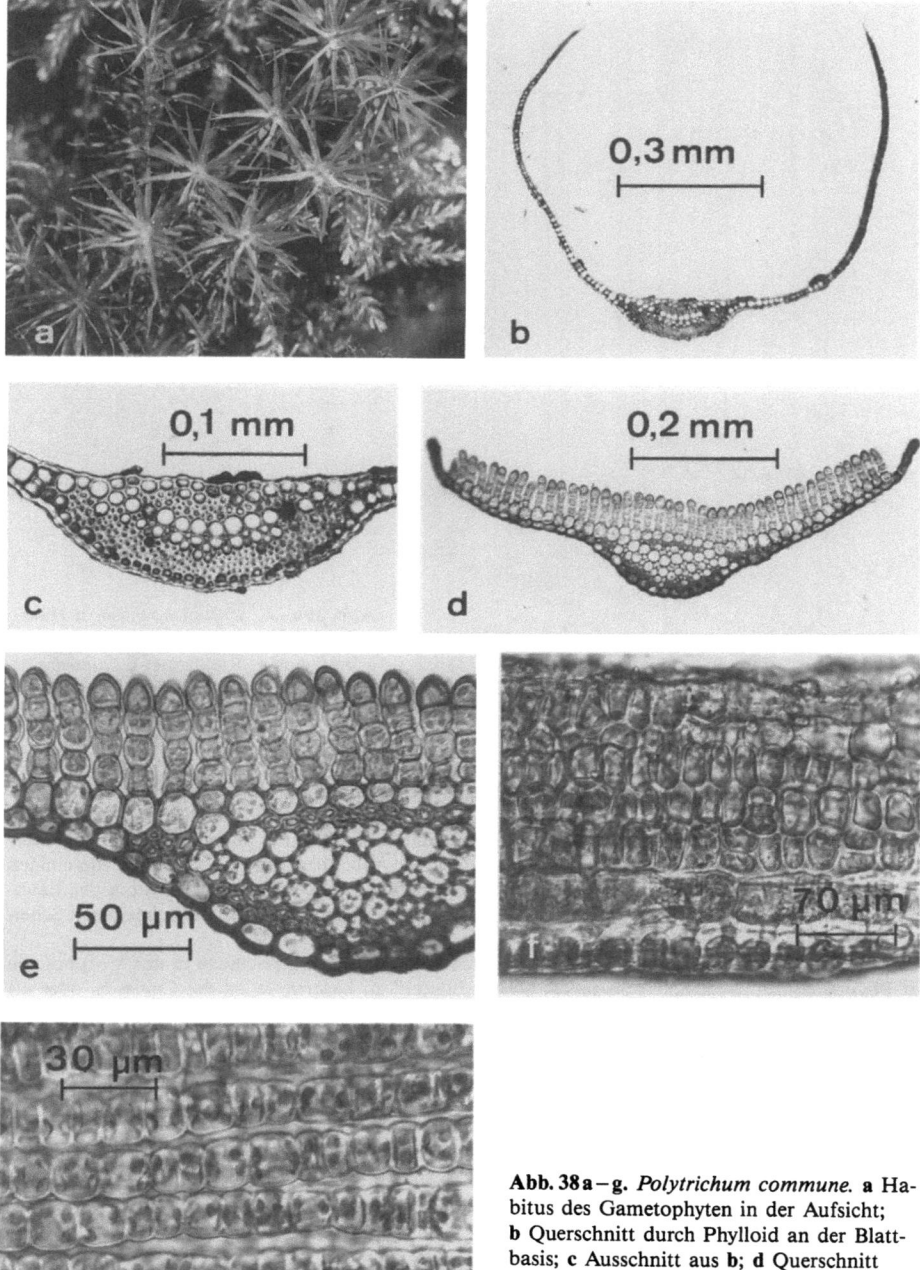

Abb. 38 a–g. *Polytrichum commune.* **a** Habitus des Gametophyten in der Aufsicht; **b** Querschnitt durch Phylloid an der Blattbasis; **c** Ausschnitt aus **b**; **d** Querschnitt durch Mitte des Phylloids; **e** Ausschnitt aus **d**; **f** Längsschnitt durch Phylloid mit Sicht auf Fläche einer Lamelle; **g** Aufsicht auf Lamellen des Phylloids

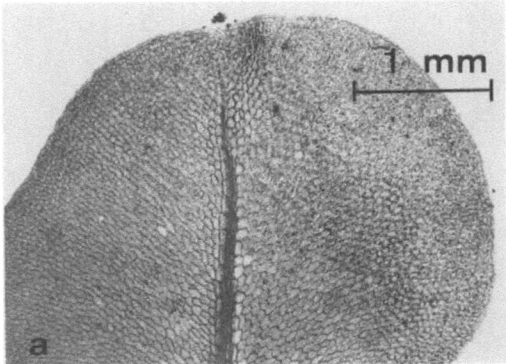
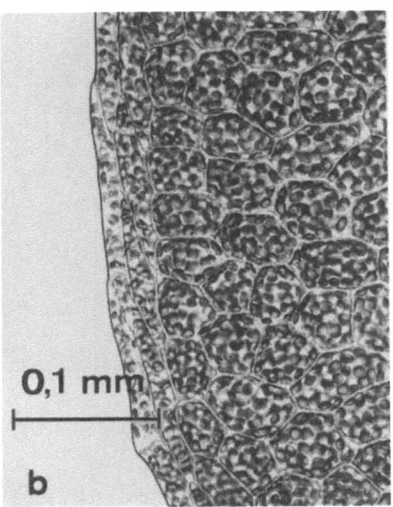
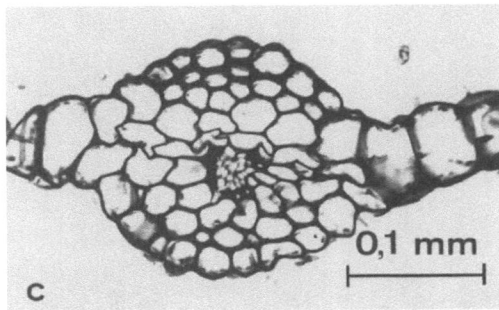

Abb. 39a–c. *Mnium hornum*. a Habitus des Phylloids in Aufsicht; b Ausschnitt aus a, Randzone; c Querschnitt im Bereich der Mittelrippe

Diese nur bei den *Polytrichales* vorkommende Blattstruktur erinnert in frappanter Weise an den Habitus von Thalli bei Lebermoosen, wo im Verlauf der Progression zum hochdifferenzierten Thallus von *Marchantia* (Luftkammern mit Assimilatoren) auch ähnliche Formen mit lamellarer Oberflächenvergrößerung des Assimilationsgewebe existieren (z. B. *Riccia*, Abb. 9b). Dies unterstützt die von einigen Autoren vertretene Auffassung einer Homologie von thallosem Lebermoos und Phylloid des Laubmooses. Diese Auffassung wird auch dadurch unterstützt, daß beide mit einer zweischneidigen Scheitelzelle wachsen.

In diesem Zusammenhang muß noch erwähnt werden, daß es Unterschiede in der Morphologie der Phylloide gibt, je nachdem ob sie als „Niederblätter" an basalen Teilen des Cauloids, oder als „Hochblätter" die Gametangien einhüllen. Es würde allerdings zu weit gehen, von einer Heterophyllie zu sprechen.

b. *Mnium hornum*, einschichtiges Phylloid

Das Blättchen besteht aus einschichtigen, plastidenhaltigen Parenchymzellen (Abb. 39a, b). In der Mittelrippe findet man neben sklerenchymatischen Zellen auch Hydroide (Abb. 39c). Die Blattspur endet in der äußeren Rinde (siehe Abb. 35c).

c. *Sphagnum spec.*, Phylloid mit Wasserspeicherzellen

In den ganzrandigen, leicht zugespitzten Phylloiden (ohne Mittelrippe) gibt es zwei Zelltypen, wenn man von den langen, prosenchymatisch gestreckten, plastidenlosen Randzellen absieht (Abb. 40a, b).

3. Klasse: Bryopsida [Musci] (Laubmoose)

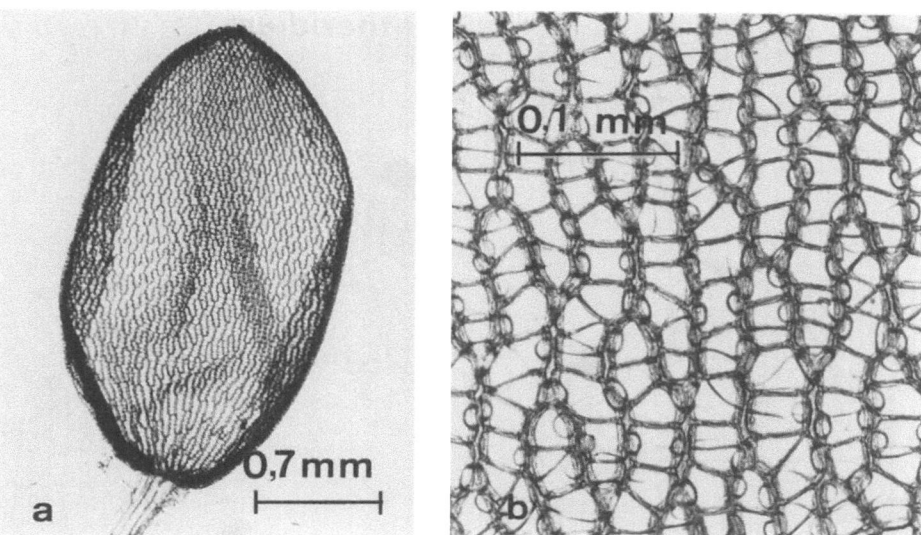

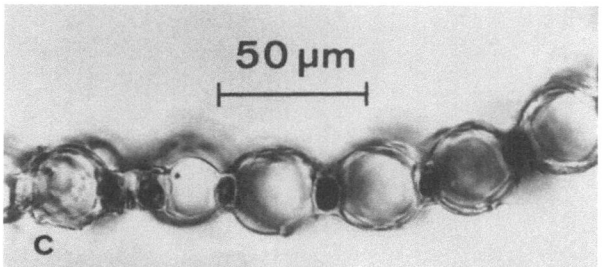

Abb. 40 a–c. *Sphagnum spec.* **a** Habitus des Phylloids von adaxial; **b** Ausschnitt aus a; **c** Querschnitt durch Phylloid

Hyalinzellen: Weitlumige abgestorbene Zellen mit ringförmigen Wandverdickungen und großen Löchern, die an die Rindenzellen des Cauloids erinnern (Abb. 37). Sie dienen ebenfalls der Wasserspeicherung.

Chlorophyllzellen: Wesentlich kleinere, sehr plastidenreiche schlauchartige Zellen.

Beide Zelltypen entstehen durch inäquale Zellteilung schon kurz nach der Zellabschnürung von der zweischneidigen Scheitelzelle.

Die Hyalinzellen sind wie ein Netz von den Chlorophyllzellen umschlossen. Einzelheiten kann man erst bei starker Vergrößerung erkennen, so auch die vollständige Durchdringung des Blättchens mit den Wasserleitungszellen infolge der Löcher in den Wänden der Hyalinzellen. Im Querschnitt heben sich deutlich die größeren Hyalinzellen von den kleineren Assimilationszellen ab. Die Morphologie dieser beiden Zelltypen ist artspezifisch (Abb. 40a, b, c).

Wie bei *Polytrichum* gibt es ebenfalls Unterschiede in der Morphologie der Phylloide, je nachdem ob sie an den Haupt- oder Seitenzweigen gebildet werden.

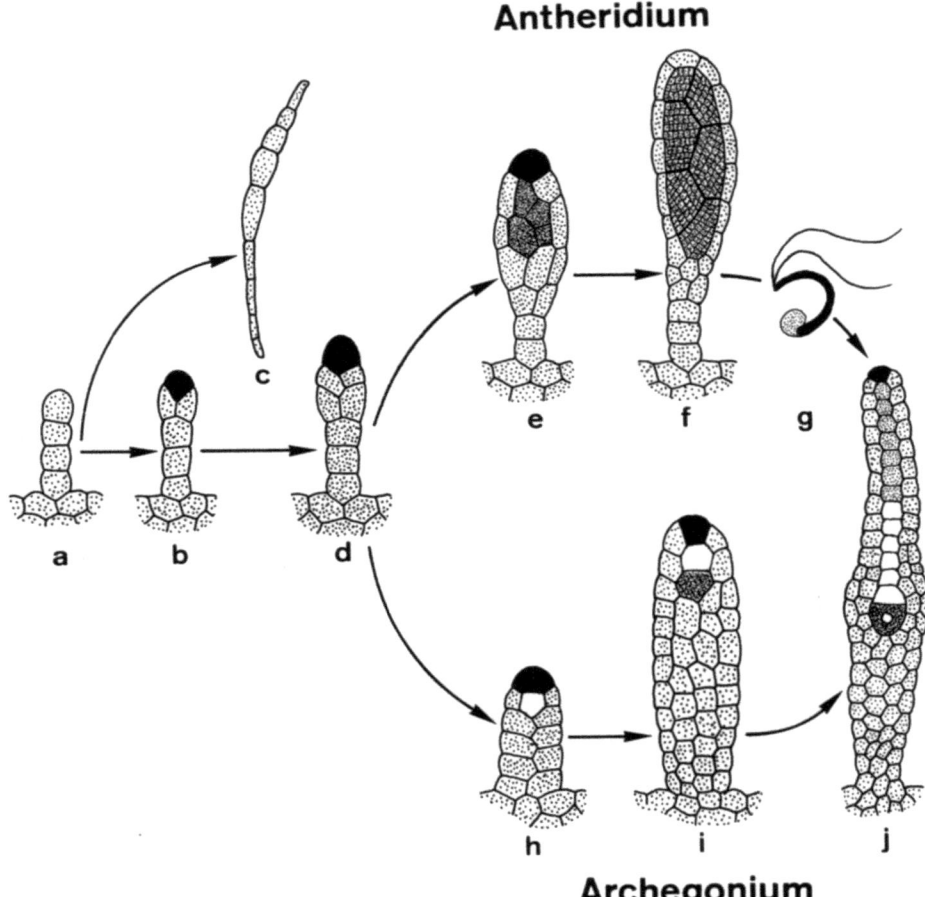

Abb. 41a–j. Schema der Entwicklung der Gametangien der Laubmoose. An den Vegetationspunkten der Cauloide entstehen zunächst mehrzellige haarartige Ausstülpungen (**a**). Wenn sich an deren Spitze eine keilförmige, zweischneidige Scheitelzelle abschnürt, ist damit der Beginn einer Differenzierung zum Gametangium gegeben (**b**). Im anderen Falle bildet sich eine Paraphyse (**c**). Aus den von der Scheitelzelle abgeschnürten Segmenten (**d**) entsteht ein Antheridium, wenn bei weiterer Zellteilung eine Unterteilung in periphere Wandzellen und sogenannte Innenzellen erfolgt (**e**). Aus den letzteren bildet sich das spermatogene Gewebe. Die Grenzen der von der Scheitelzelle ursprünglich abgeschnürten Einzelzellen sind noch zu erkennen (**f**). Die Bildung der zweigeißeligen, isokonten Spermatozoiden (**g**) erfolgt wie bei den Lebermoosen, nämlich in Einzahl in den spermatogenen Zellen. Die Differenzierung der Archegonien wird dadurch eingeleitet, daß die Scheitelzelle dreischneidig wird und drei periphere Mantelzellen abscheidet, aus denen sich die Wand des Archegoniums entwickelt. Aus den basalen Zellen entsteht der Stiel des Archegoniums. Die Scheitelzelle sondert durch eine perikline Teilung nach basal eine Zentralzelle (weiß) ab (**h**). Nach einer weiteren periklinen Teilung wird die untere zur Eizelle (punktiert) und die obere zur Bauchkanalzelle (weiß) (**i**). Die zahlreichen Halskanalzellen verdanken ihre Entstehung sowohl weiteren Teilungen der primären Halskanalzelle, die von der Bauchkanalzelle abstammt (untere Region), als auch der dreischneidigen Scheitelzelle (obere Region), die zur Deckelzelle des Archegoniums geworden ist (**j**). (Nach Goebel und Campbell, verändert)

3. Klasse: Bryopsida [Musci] (Laubmoose)

3. Rhizoid (Mooswürzelchen)

Die Rhizoide der Laubmoose unterscheiden sich in ihrer Entstehung nicht von denen der Lebermoose, da sie sproßbürtig sind und aus allen Zellen des Vegetationskörpers entstehen, wenn diese mit dem Erdboden in Kontakt geraten. Es gibt auch keinen Unterschied zwischen Rhizoiden, die primär am Protonema gebildet werden und denen, die sekundär am Cauloid entstehen. Beide sind mehrzellig mit schrägen Querwänden. Bei den orthotropen Moosen findet man die Rhizoide an der Basis des Cauloids, bei den plagiotropen an der Ventralseite. Da Rhizoide bei der Bearbeitung der Protonemen bereits gesehen wurden (S. 79), soll hier auf eine gesonderte Behandlung verzichtet werden. Bei *Sphagnum* gibt es keine Rhizoide, da offenbar der spezielle Wasserleitungsmechanismus an Cauloid und Phylloiden zur Versorgung völlig ausreicht. Da *Sphagnum* in dichten Polstern wächst, erübrigt sich auch die Verankerungsfunktion der Rhizoide.

4. Gametangien

In den akrogyn oder anakrogyn angelegten Moosblüten entstehen die Gametangien zusammen mit mehrzelligen Haaren (Saftfäden = Paraphysen) in Gruppen, die von den apikalen Phylloiden eingehüllt werden. Diese Perianthblätter können morphologisch von den übrigen Phylloiden abweichen. Bei den monözischen Arten sind die Moosblüten meist zwittrig und enthalten demnach Antheridien und Archegonien. Es gibt allerdings auch monözische Formen, bei denen an einem Individuum männliche und weibliche Moosblüten vorkommen. Bei Vorliegen von morphologischer Diözie gibt es nur männliche und weibliche Individuen.

Die Entwicklung der Gametangien der Laubmoose geht von einer zweischneidigen Scheitelzelle aus (Abb. 41) und unterscheidet sich damit wesentlich von der Gametangien-Morphogenese der Lebermoose und der Farnpflanzen (vgl. Abb. 20 bzw. Abb. 74). Selbstverständlich gibt es von diesem Schema zahlreiche Abweichungen; so fehlt z. B. bei *Sphagnum* an der Archegonien-Initiale die dreischneidige Scheitelzelle und die Antheridien entstehen stets endständig an Seitenzweigen.

Material: *Polytrichum commune* und *Mnium hornum*, beide morphologisch diözisch. Die Antheridienstände sind relativ leicht als schüsselförmige Moosblüten zu erkennen, die vom rotbraun gefärbten Perianth umgeben sind (Abb. 42a). Die Archegonienstände dagegen sind von einem ungefärbten Perianth eingehüllt und daher nicht so leicht zu finden. Man nimmt eine Lupe zu Hilfe oder ertastet diese Moosblüten mit den Fingern. Falls man Zwitterblüten studieren will, kann man die monözische *Funaria hygrometrica* verwenden, die allerdings wesentlich kleinere Moosblüten hat als *Polytrichum* (Vorkommen und Reifezeiten dieser 3 Moose S. 76f.).

Präparation und Aufgabe: Unter dem Präpariermikroskop bei starker Vergrößerung Habitus der Moosblüten betrachten. Mediane Längsschnitte durch die Gametangienstände mit der Hand anfertigen. Nach Fixierung in Alkohol-Eisessig, Aufhellung durch Chloralhydrat, mit Hämalaun färben und Deckglaspräparate herstellen. Bei kleiner Vergrößerung Übersichtsskizze und bei starker Vergrößerung Einzelheiten der Gametangienentwicklung zeichnen. In jedem Fall sollte man gefärbte Dauerpräparate von Mikrotomschnitten bereithalten. Wenn Frischmaterial mit reifen Antheridien verfügbar ist, diese freipräparieren und in Deckglaspräparaten das Freiwerden der Spermatozoiden beobachten. Läßt man vom

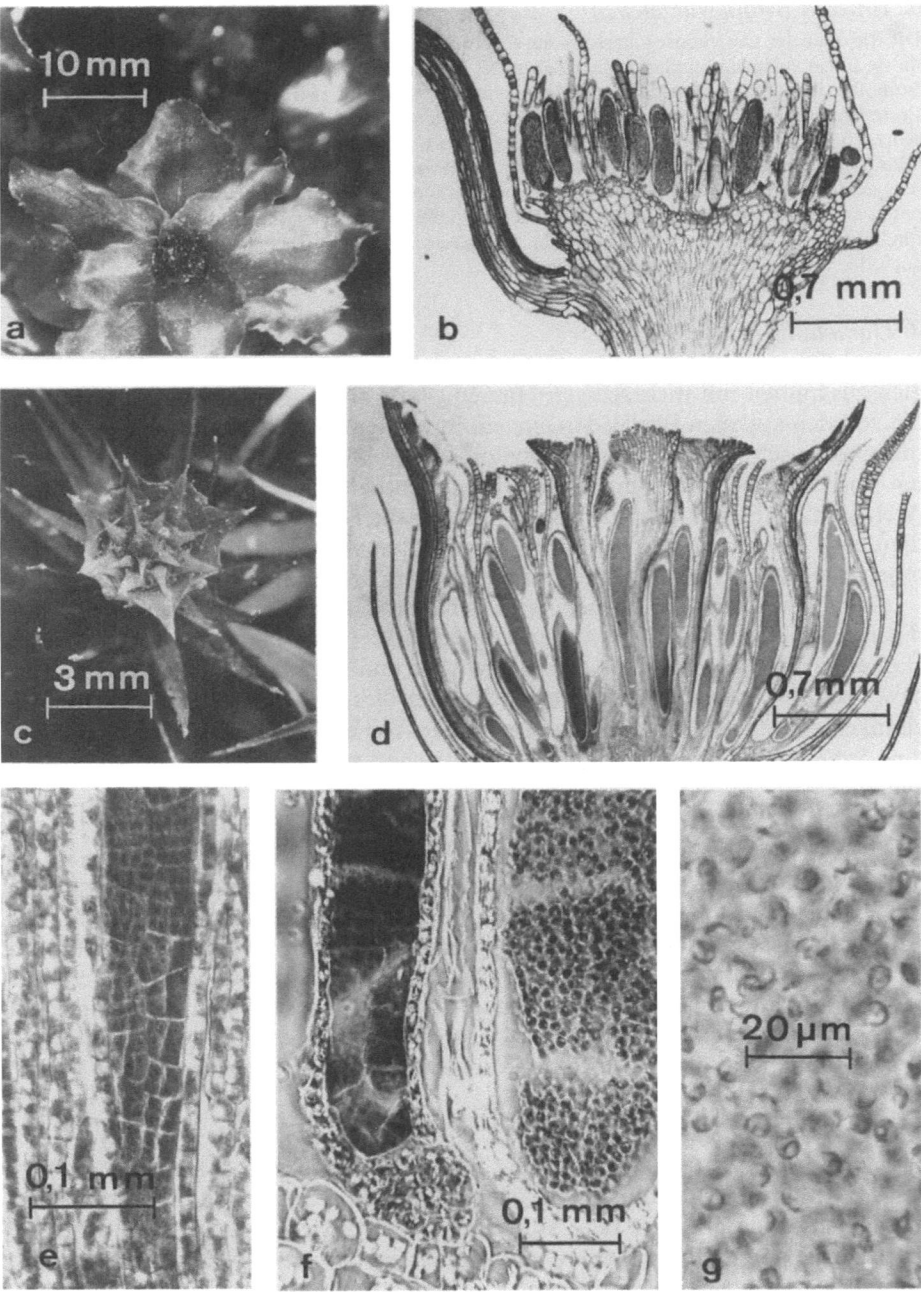

Abb. 42 a–g. *Mnium spec.* **a** Aufsicht auf Moosblüte mit Antheridienstand; **b** Antheridienstand, Längsschnitt. *Polytrichum commune.* **c** Aufsicht auf Moosblüte; **d** Antheridienstand, Längsschnitt; **e** Ausschnitt aus d, junges Antheridium; **f** links Antheridium kurz vor der Reife, rechts Antheridien mit Spermatozoiden. **g** *Mnium spec.* Spermatozoiden kurz vor der Entlassung aus Antheridium

3. Klasse: Bryopsida [Musci] (Laubmoose)

Rand des Deckglases her aus einer Glaskapillare 0,1%ige Saccharoselösung eindiffundieren, tritt eine positive chemotaktische Reaktion der Spermatozoiden ein. Zellkerne der Spermatozoiden lassen sich mit Karminessigsäure anfärben.

Beobachtungen: Wenn man die becherförmigen Antheridienstände in der Aufsicht betrachtet (Abb. 42a, c) wird deutlich, warum man hier von „Moosblüten" spricht. Analog zu den Blütenblättern umgibt nämlich ein Perianth die zahlreichen, keulenförmigen Antheridien, die auf kurzen Stielen stehen (Abb. 42b, d) und bei *Mnium* von mehrzelligen, plastidenhaltigen Paraphysen überragt werden.

Bei *Polytrichum* werden die an der Basis der Perianthblättchen in Gruppen stehenden Antheridien als umgebildete, seitliche Verzweigungen des Cauloids aufgefaßt. Die Scheitelzelle des Cauloids bleibt nämlich funktionsfähig, wächst im nächsten Jahr weiter und kann dann wiederum akrokarp eine Moosblüte bilden. Eine Proliferation von Fortpflanzungszellenbehältern, die allerdings in keinem Zusammenhang mit den hier beschriebenen Vorgängen steht, gibt es auch bei Pilzen (z. B. *Saprolegnia*, Teil I, Abb. 145c).

Bei starker Vergrößerung findet man in den Längsschnitten die einzelnen in Abb. 41 beschriebenen Entwicklungsstadien des Antheridiums. Vor allem ist die infolge der zahlreichen mitotischen Teilungen fortschreitende Verkleinerung der spermatogenen Zellen zu sehen. Als Vergleich dienen die Zellwandreste der vom Scheitel am Beginn der Differenzierung gebildeten Zellen, die bis kurz vor der Reife der Spermatozoiden sichtbar bleiben (Abb. 42e, f).

Der Zellverband des spermatogenen Gewebes löst sich nach der letzten mitotischen Teilung auf, die Spermatozoidenmutterzellen (Spermatiden) haben dann Kugelform und enthalten je ein Spermatozoid mit eingerollten Flagellen (Abb. 42f., rechts). In den Wänden der Antheridien befinden sich Chloroplasten. Eine Ausnahme bilden einige apikale Zellen, die nach Verschleimung den Austritt einer Gallertmasse ermöglichen, in der sich die Spermatozoiden befinden. Die Entleerung der Antheridien und das Freiwerden der sich mit zwei Schubgeißeln bewegenden Spermatozoiden (Abb. 42g) und ihre chemotaktische Reaktion (s. o.) kann man mit etwas Geduld beobachten. Nach Kernfärbung sieht man, daß das Lumen der fädigen Spermatozoiden faktisch vollständig vom Zellkern ausgefüllt wird.

Die Archegonienstände von *Mnium* sind, wie schon angedeutet, nicht sehr auffallend, da ihre Scheitelregion nur ein wenig gewölbt, aber nicht becherförmig verbreitert ist, die Archegonien und Paraphysen weniger zahlreich sind und die Perianthblättchen nicht pigmentiert sind, sondern den übrigen Phylloiden gleichen (Abb. 43a). Ihre Unterscheidung von sterilen Cauloidspitzen ist daher nicht einfach. Die einzelnen Entwicklungsstadien, wie sie im Schema der Abb. 41 beschrieben wurden, lassen sich in den Schnittserien identifizieren (Abb. 43b−e).

Bei *Polytrichum commune* findet man die gestielten Archegonien gruppenweise (3 bis 5) auf kurzen Seitenzweigen(Abb. 43f.). Sie besitzen einen ungewöhnlich langen Hals mit bis zu 30 Halskanalzellen (Abb. 43g), (im Gegensatz zu den Farnen, die nur eine Halskanalzelle haben S. 163). Wenn das Archegonium reif ist, verschleimen Bauchkanal- und Halskanalzellen. Nach Auflösung der Deckelzelle bildet der Archegoniumhals eine trichterförmige Öffnung, durch die zahlreiche der chemotaktisch angelockten Spermatozoiden zur Eizelle hinwandern können.

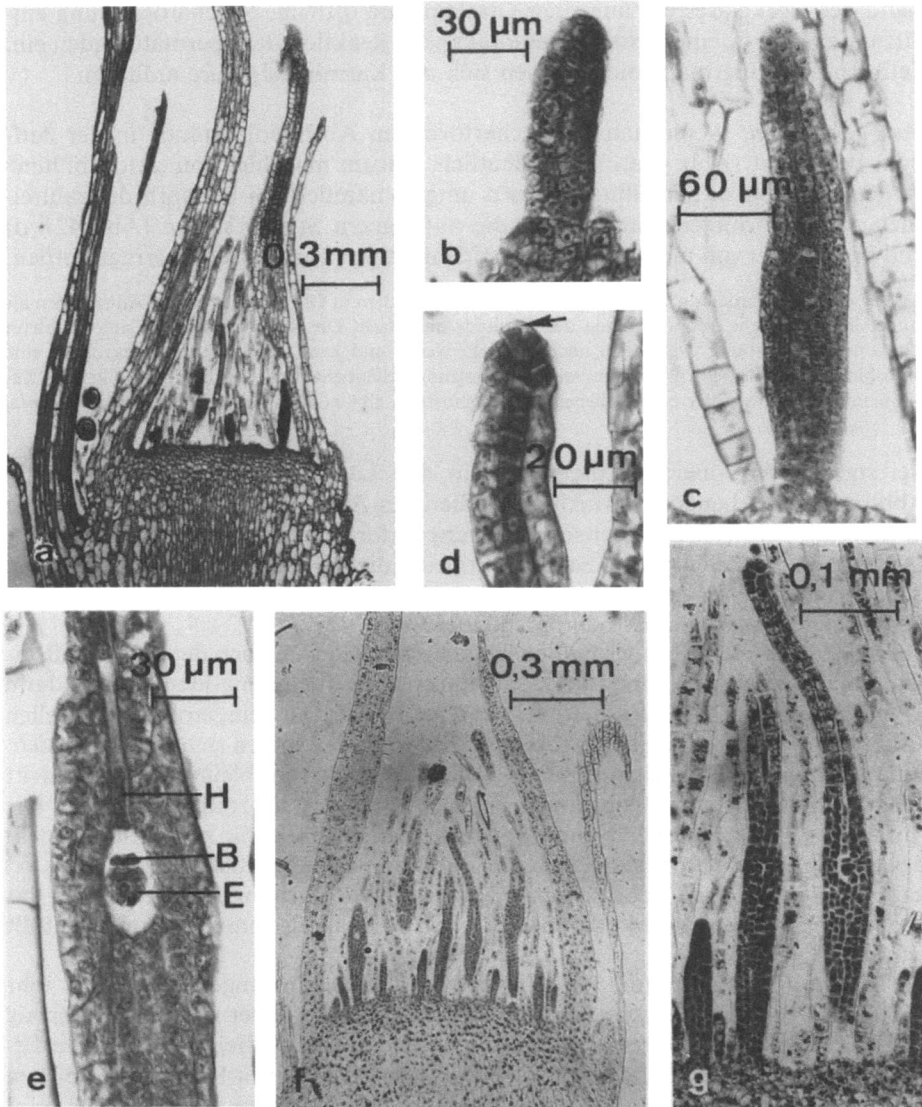

Abb. 43a–g. *Mnium hornum.* **a** weibliche Moosblüte, Längsschnitt; **b** junges Archegonium; **c** Archegonium kurz vor der Reife; **d** Spitze eines Archegoniums im gleichen Entwicklungszustand wie c, der Pfeil weist auf die Deckelzelle hin; **e** Basis eines reifen Archegoniums, die Halskanalzellen sind bereits verschleimt. *Polytrichum commune.* **f** Archegonienstand, Längsschnitt; **g** Ausschnitt aus f, Archegonien verschiedener Entwicklungsstadien; H = Halskanalzellen, B = Bauchkanalzelle, E = Eizelle

3. Klasse: Bryopsida [Musci] (Laubmoose)

III. Sporophyt (Sporogonium = Sporogon)

Unterrichtsfilm Nr. 51: *Funaria hygrometrica*, Entwicklung des Sporophyten.

Der ausdifferenzierte Sporophyt der Bryidae [Abb. 28(11), 29] besteht aus dem mit dem Gametophyten fest verbundenen *Fuß (Haustorium)*, einem *Stiel (Seta)* und der *Sporenkapsel (Sporangium)*. Das junge Sporogon ist zunächst noch von einer Hülle (Epigon = Embryotheka) umgeben, die aus der Archegonienwand, aber auch basal aus Teilen des Archegoniumstiels und des unter diesem liegenden Gewebes besteht. Im Verlauf der Streckung der Seta wird, im Gegensatz zu den *Marchantiopsida*, die Embryotheka nicht durchbrochen, sondern streckt sich und reißt schließlich seitlich auf (Abb. 1). Der obere Teil umhüllt als Haube (Kalyptra) bis zur Reife die Sporenkapsel. Der untere Teil umschließt als Scheide (Vaginula) die basalen Teile der Seta.

Bei den *Sphagnidae* und *Andreaeidae* fehlt die Seta, die Sporenkapsel ist gestielt. Der Stiel (Pseudopodium) ist ein Teil des Gametophyten (haploid). Das Pseudopodium streckt sich und hebt das Sporogon empor (Abb. 29).

In den meisten Fällen entwickelt sich in der Moosblüte nur eine einzige Zygote zum Sporophyten (Ausnahme: einige *Mnium*- und *Bryum*-Arten).

Da die Struktur des Sporogons ein wesentliches taxonomisches Kriterium für die Gliederung der Bryopsida in Unterklassen ist, wird dieser Einteilung im folgenden bei der Behandlung des Sporophyten Rechnung getragen. Wir beginnen mit zwei Vertretern der Bryidae, einerseits, weil in dieser Unterklasse die Sporenkapsel einen sehr komplizierten Feinbau hat, und andererseits, weil *Polytrichum commune* als Leitart für die Laubmoose dient. Anschließend werden Beispiele für einen einfacheren Bau der Sporenkapsel bei den beiden anderen Unterklassen besprochen.

Material: Polytrichum commune, Mnium hornum, Funaria hygrometrica, Sphagnum spec., Andreaea spec. (alle S. 76f.).

1. Bryidae, gestielte stegokarpe Sporogone

a. Polytrichum commune, Sporenkapsel mit einfachem Peristom

Präparation und Aufgabe: In Längsschnitten durch ältere weibliche Moosblüten bei mittlerer Vergrößerung nach Entwicklungsstadien des Embryos suchen, bei starker Vergrößerung bzw. mit Ölimersion diese Stadien und Verankerung des Sporogonfußes im Gametophyten zeichnen. Frischmaterial mit Chloralhydrat aufhellen und mit Safranin, Hämalaun anfärben.

Es bereitet große Schwierigkeiten, in Handschnitten die ersten Stadien der Entwicklung des Sporophyten zu verfolgen. Daher ist es zweckmäßig, für die Studien gefärbte Dauerpräparate von Mikrotomschnitten zu benutzen.

Aus Flächenschnitten bei mittlerer Vergrößerung von noch grüner Apophyse (Übergang von Seta in Kapsel) Spaltöffnungsapparate zeichnen. Durch entsprechende Längs- und Querschnitte die Anatomie der jungen und reifen Sporenkap-

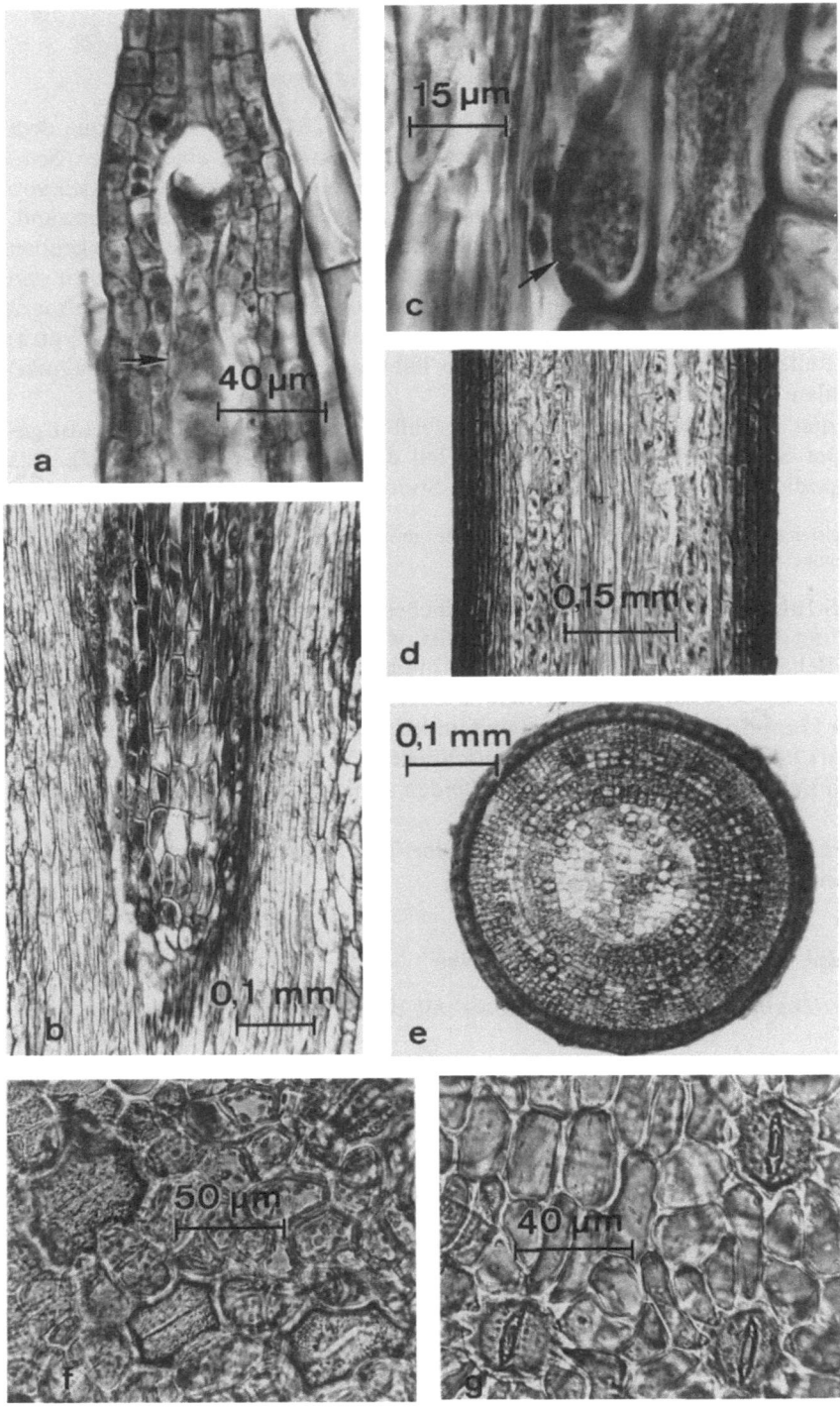

3. Klasse: Bryopsida [Musci] (Laubmoose)

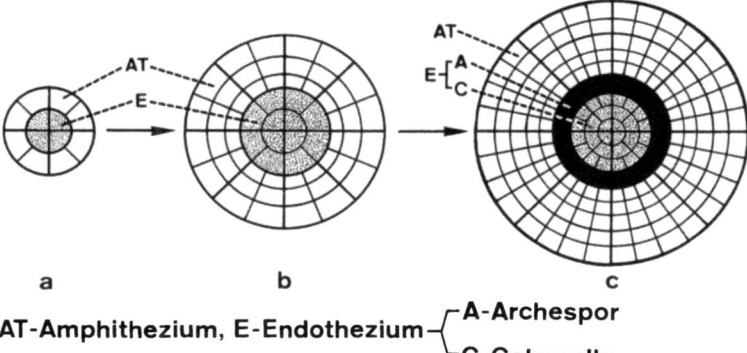

AT-Amphithezium, E-Endothezium ⎰ A-Archespor
⎱ C-Columella

Abb. 45a–c. Schema der Gewebedifferenzierung in der Sporenkapsel. Durch perikline Teilungen entstehen Mantel- und Zentralgewebe (Amphithezium bzw. Endothezium) (**a**); aus dem Amphithezium wird die Kapselwand gebildet und aus dem Endothezium (**b**), nach erneuten periklinalen Teilungen, die zentrale Columella und das sie umgebende Archespor (**c**). Nur bei *Sphagnum* (Sphagneidae) entsteht das Archespor aus den inneren Schichten des Amphithezium. (Nach Campbell, verändert)

sel durch Übersichts- und Ausschnittzeichnungen erfassen. Peristomteile abpräparieren, aus Deckglaspräparaten einzelne Zähnchen zeichnen. In Ausstrichen aus Sporenkapseln unterschiedlichen Alters kann man nach Färbung mit Karminessigsäure die Entwicklung der Sporen verfolgen.

Beobachtungen: In der Zygote bildet sich nach der ersten Mitose eine perikline Wand. Nach einigen Teilungen entsteht apikal und basal je eine zweischneidige Scheitelzelle. Da die untere Scheitelzelle sich unregelmäßig teilt, ist es sehr schwer, sie zu identifizieren. Aus dem von ihr gebildeten Zellmaterial entsteht das Haustorium (Abb. 44a), das schon nach kurzer Zeit die Archegonwand durchwächst, in das Gewebe des Gametophyten eindringt und sich mit diesem verzahnt (Abb. 44b). An den Zellgrenzen entstehen nach innen ins Zellumen stäbchenartige Verdickungen (Abb. 44c). Parallel zu dieser Entwicklung teilen sich auch die Zellen des Archegonstiels und die basalen Wandzellen des Archegoniums und bilden den unteren Teil des Epigons, aus dem später die Vaginula wird.

Aus der oberen Scheitelzelle entstehen Seta und Sporenkapsel. Dabei streckt sich der zunächst noch kugelige Embryo, wächst zu einem stabförmigen Gebilde heran und sprengt das Epigon, obwohl sich dieses noch eine Zeitlang plastisch gedehnt hat.

Im Längsschnitt durch das junge Sporogon ist schon die Differenzierung in ein Mantelgewebe und einen Zentralstrang zu sehen (Abb. 44d). Diese Differenzierung wird deutlicher im Querschnitt durch die ausdifferenzierte Seta

Abb. 44a–g. *Polytrichum commune.* **a** junger Embryo im Archegonium mit Haustorium (Pfeil); **b** Kontaktzone zwischen Gametophyt (haploid) und Fuß des Sporogons (diploid); **c** Ausschnitt aus **b**, Haustorienzellen mit stäbchenartigen Wandverdickungen (Pfeil); **d** Längsschnitt durch bereits gestreckten jungen Sporophyt; **e** Querschnitt durch die Seta unterhalb der Kapsel; **f** Flächenschnitt von Apophyse mit Spaltöffnungsapparaten
Funaria hygrometrica. **g** Flächenschnitt von Apophyse mit Spaltöffnungsapparaten

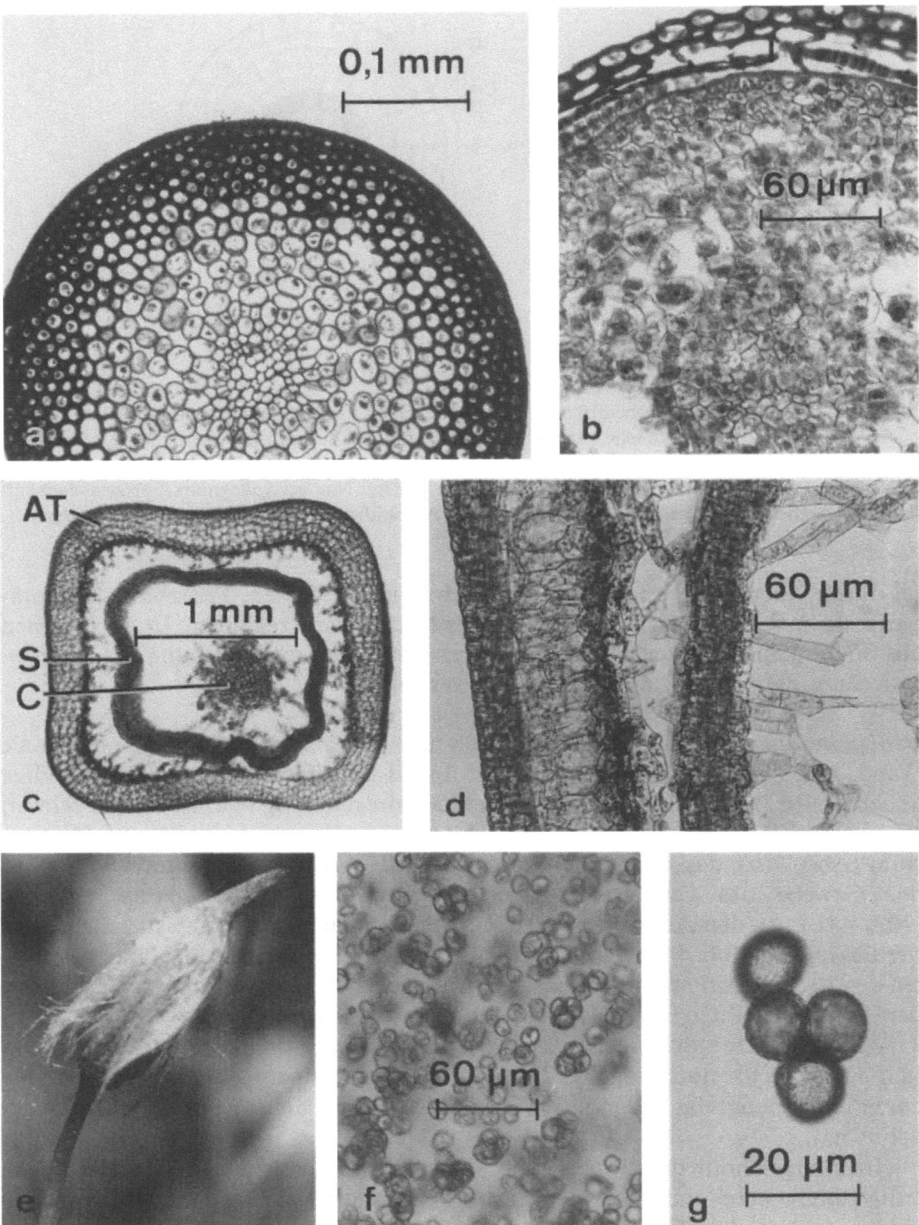

Abb. 46a–g. *Polytrichum commune.* **a** Querschnitt durch junge Sporenkapsel, mit Differenzierung in Amphithezium und Endothezium; **b** Querschnitt durch ältere Sporenkapsel mit beginnender Differenzierung des Endotheziums in Archespor und Columella; **c, d** Querschnitt bzw. Längsschnitt durch reife Sporenkapsel; **e** Habitus der Sporenkapsel; **f** Sporentetraden umhüllt von der Wand der Sporenmutterzelle; **g** reife Sporen nach Zerfall des Tetradenverbandes; *AT* = Amphithezium, *C* = Columella, *S* = Sporensack

(Abb. 44e). Man erkennt als äußerste Schicht das Mantelgewebe eines Stereom, das röhrenförmig parenchymatische Zellschichten umgibt. Im Zentralzylinder ist das engzellige Hadrom von einem Leptom umschlossen, das aus weitlumigen Zellen besteht. Wir finden demnach in der diploiden Seta von *Polytrichum* die gleiche Differenzierungshöhe wie sie auch beim Cauloid des haploiden Gametophyten vorhanden ist (siehe Abb. 34). Bei den anderen Moosen ist in Analogie zur Anatomie des Gametophyten (S. 81 f.) auch die Anatomie der Seta vereinfacht.

In der Seta findet man im Bereich der Apophyse Spaltöffnungsapparate vom *Mnium*-Typ, die allerdings keine Nebenzellen haben. Die Atemhöhlen stehen in Verbindung mit einem lockeren Parenchym mit zahlreichen Chloroplasten. Bei *Polytrichum commune* sind die Schließzellen der Spaltöffnungen leicht in die Epidermis eingesenkt (Abb. 44f.), bei *Funaria hygrometrica* dagegen nicht (Abb. 44g).

Die photosynthetische Aktivität der Seta und der jungen Kapsel reicht zur Bildung und Ernährung des Sporogons nicht aus, so daß dieses ernährungsphysiologisch auf den Gametophyten angewiesen ist.

Schon frühzeitig läßt sich in der jungen Kapsel eine Sonderung in Amphithezium, Endothezium mit Columella und Archespor entsprechend Abb. 45 verfolgen (Abb. 46a,b). Der aus dem Archespor entstehende Sporensack ist in der reifen Sporenkapsel durch ein hyphenartiges Geflecht von Zellen locker mit Columella und Amphithezium verbunden (Abb. 46c,d). Bis zur Sporenreife ist die Kapsel vollständig von der Kalyptra bedeckt, deren faserartige Struktur wohl der Grund für die Bezeichnung „Haarmützenmoos" ist (Abb. 46e). Nach der Meiosis zerfällt das Gewebe des Sporensacks, die vier Sporen bleiben allerdings noch eine Zeit von der Wand der Sporenmutterzelle umschlossen und als Tetrade zusammen (Abb. 46f.). Erst nach Freiwerden verlieren sie ihre Tetraederform und bilden die für jede Gattung typischen Strukturen der Exine aus (Abb. 46g).

Nach Abwurf der Kalyptra ist die Kapsel noch von einem Deckel (Operculum) verschlossen. Rund um den Deckelrand gibt es einen Ring von Zellen (Anulus) (Abb. 47a), die bei der Reife durch Schleimbildung aufquellen und so das Abfallen des Deckels ermöglichen. In der Aufsicht auf die geöffnete Sporenkapsel sieht man, daß diese noch von einem dünnen Häutchen, dem Diaphragma, verschlossen ist. Erst wenn dieses aufgeplatzt ist, können die Sporen freigesetzt werden. Das Ausstreuen der Sporen wird aber noch vom Peristom kontrolliert. Dieser Mundbesatz hat 64 Peristomzähne, die aus u-förmig ineinander geschachtelten Zellen bestehen, d. h., die beiden „Schenkel" benachbarter U-Zellenpakete bilden einen Peristomzahn (Abb. 47c). Das Peristom reagiert auf Luftfeuchtigkeit, was man durch Anhauchen leicht feststellen kann. Bei Feuchtigkeit bewegen sich die Zähnchen nach innen und verschließen fast die Kapsel, so daß die auf Windverbreitung angewiesenen Sporen, die sich außerdem auch bei Feuchtigkeit zusammenklumpen, am Verlassen der Kapsel gehindert werden.

b. Mnium hornum, Sporenkapsel mit doppeltem (diplolepidem) Peristom

Präparation und Aufgabe: Da bezüglich der Bildung von Embryo und Sporogon zwischen *Mnium* und *Polytrichum*, mit Ausnahme der Anatomie der Sporenkap-

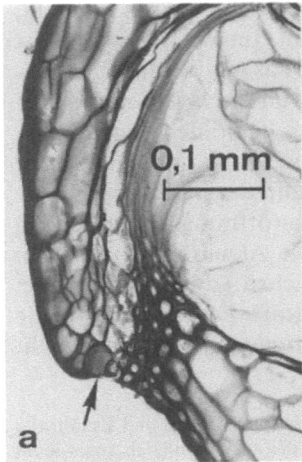 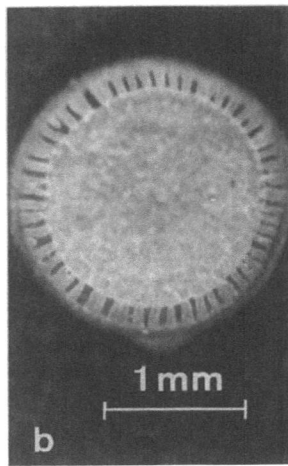 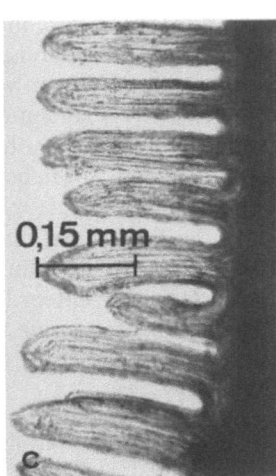

Abb. 47a–c. *Polytrichum commune.* **a** Längsschnitt durch Rand der Sporenkapsel, Anuluszellen (Pfeil); **b** Aufsicht auf geöffnete Sporenkapsel mit Peristom; **c** Peristomzähnchen in Aufsicht

sel, kein wesentlicher Unterschied besteht, soll hier nur der Kapselbau bearbeitet werden. Durch Kapseln verschiedenen Alters von Längs- und Querschnitten Deckglaspräparate anfertigen. Aus diesen bei unterschiedlichen Vergrößerungen den inneren Aufbau des Sporogons, seinen Öffnungs- und Entleerungsmechanismus mit Hilfe der schematischen Darstellungen der Abb. 50 und 51 erarbeiten. Vom Peristom Deckglaspräparate herstellen, indem man mit der Pinzette unter dem Präpariermikroskop den Kapseldeckel entfernt. Mit der Klinge den Peristomring abschneiden und ihn nach Aufschneiden auf dem Objektträger aufspreiten. Zunächst trocken beobachten, dann während der Beobachtung seitlich Wasser zugeben, um Veränderungen zu erkennen. Auf alle Fälle sollten gefärbte Dauerpräparate aus Mikrotomschnitten zur Verfügung stehen.

Beobachtungen: Der aus dem Archespor entstandene Sporensack (S) umgibt wie eine beidseitig geöffnete Tonne die zentrale Columella (C, Abb. 48a). Zwischen Sporensack und der mehrschichtigen Kapselwand besteht kein fester Kontakt. Die Verbindung wird durch Reihen aus sehr dünnen Zellen (Trabeculae), vergleichbar mit einem Spinngewebe, hergestellt (Abb. 48b). Man nimmt an, daß die Zellen in der Lage sind, die Reservestärke der photosynthetisch aktiven Zellen der Kapselwand dem sporogenen Gewebe zuzuführen. Bei stärkerer Vergrößerung erkennt man das sporogene Gewebe (Abb. 48c) bzw. die im Achterverband liegenden jungen Sporen (Abb. 48d). In Längsschnitten durch die apikale Region der Kapsel sieht man in der Übersicht nach Entfernung der Kalyptra unter dem Deckel das im Vergleich zu *Polytrichum* sehr langgestreckte Peristom. An der Übergangsstelle zwischen Deckel und Kapselwand findet man den Anulus (Pfeile, Abb. 48e).

Aus einer vergleichenden Betrachtung von Abb. 48e und 51b wird deutlich, daß der Anulus aus drei Ringen von Zellen mit verdickten Außenwänden besteht. Die Zellen enthalten Schleim. Wenn die Kapsel benetzt wird, quillt dieser auf und

3. Klasse: Bryopsida [Musci] (Laubmoose)

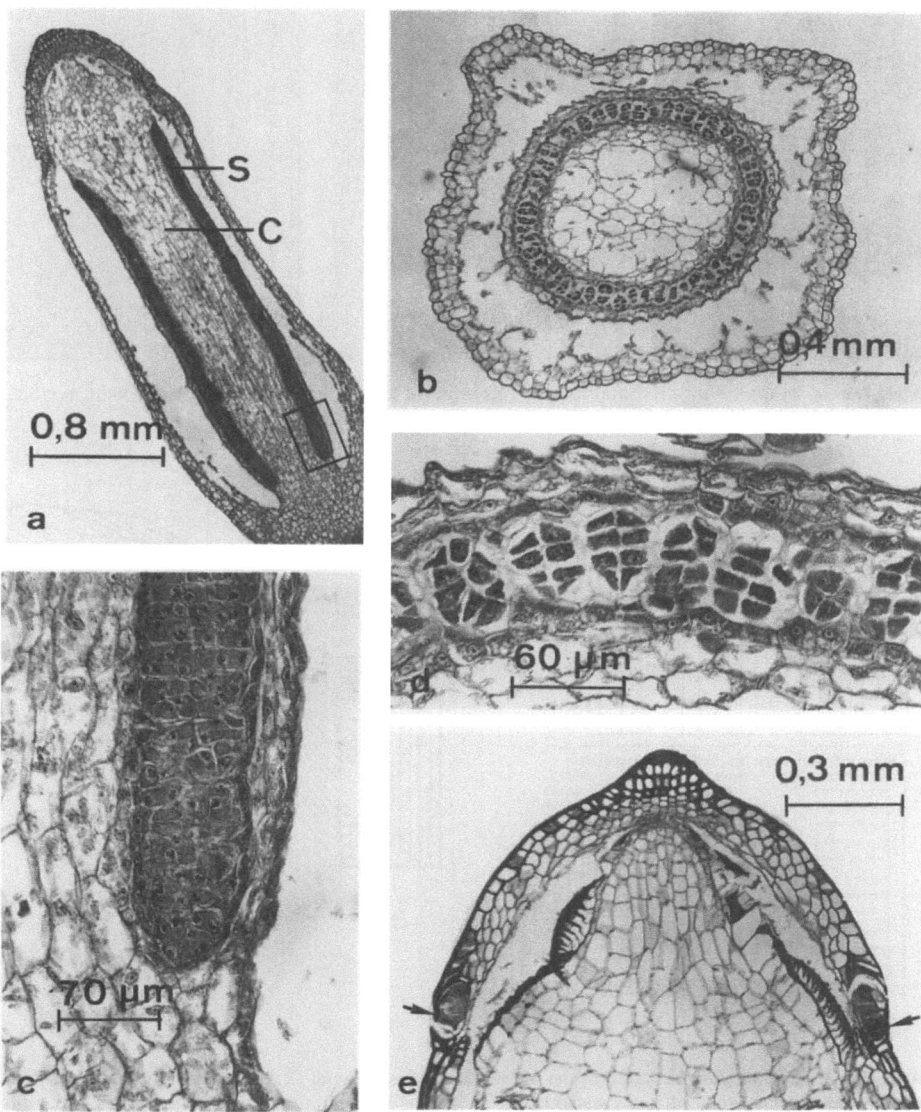

Abb. 48a–e. *Mnium hornum.* **a** Längsschnitt durch Sporenkapsel kurz vor der Sporenreife; **b** Querschnitt durch Sporenkapsel; **c** Ausschnitt aus a (Markierung), sporogenes Gewebe; **d** Ausschnitt aus b, junge Sporen; **e** Längsschnitt durch apikale Region der Sporenkapsel nach Entfernung der Kalyptra, Anulus (*Pfeile*); C = Columella, S = Sporensack

die schwächeren Innenwände reißen an irgendeiner Stelle auf, so daß der Anulus sich „abrollt". Der Deckel kann abfallen. Die Kapsel ist dann noch von einem doppelten Peristom verschlossen, das aus den innersten Schichten des Amphitheziums entstanden ist.

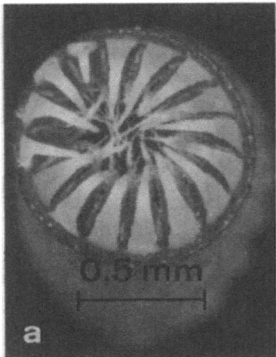 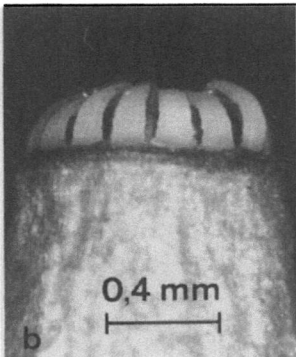 

Abb. 49a–c. *Mnium hornum.* Sporenkapsel mit innerem und äußerem Peristom. **a** Aufsicht; **b, c** Seitensicht in feuchten bzw. trockenem Zustand

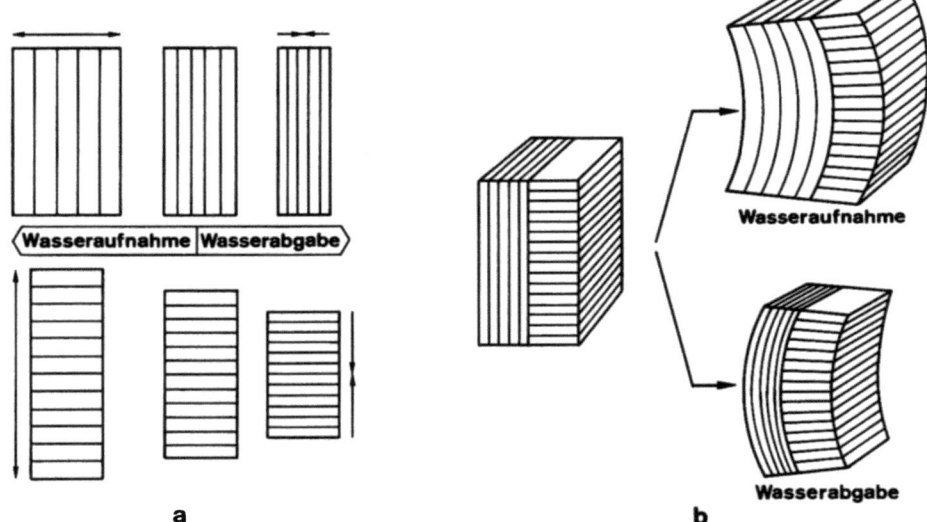

Abb. 50a, b. Schema zum Verständnis der Bewegungen des äußeren Peristoms bei Laubmoosen. Zellwände, deren Fibrillen parallel angeordnet sind, zeigen bei Wasserentzug eine Flächenverringerung antiklin zur Richtung der Fibrillen. Das umgekehrte trifft bei Wasserzugabe zu (**a**). Wenn Zellwände mit einer in der Richtung um 90° veränderten Fibrillenanordnung fest miteinander verbunden sind, erfolgt notwendigerweise eine Kompensation der Flächenverringerung bzw. Flächenvergrößerung nach Veränderung des Feuchtigkeitsgrades. Im vorliegenden Schema wird sich bei Feuchtigkeitsentzug die äußere Wand (Querfibrillen) nur unwesentlich verkürzen können, da die innere Wand mit den Längsfibrillen diesem Prozeß gegensteuert. Sie wird zwar in Querrichtung etwas schrumpfen, nicht aber in Längsrichtung. Die Kompensation dieser beiden Kräftevektoren führt daher zu einer Krümmung nach außen. Umgekehrt kommt es bei Wasseraufnahme zur Krümmung nach innen (**b**)

3. Klasse: Bryopsida [Musci] (Laubmoose)

Bei einer Betrachtung der Sporenkapsel bzw. des herauspräparierten Peristoms mit der Lupe oder unter dem Präpariermikroskop sieht man, daß die 16 Zähnchen des äußeren Peristoms (Exostomium) dem Innenrand der Kapselwand entspringen (Abb. 49a) und in trockenem Zustand nach oben gebogen sind (Abb. 49c). Das innere Peristom (Endostomium) besteht aus doppelt so vielen, wesentlich schmaleren Zähnchen, die an der Basis ringförmig verbunden sind und sich auch in trockenem Zustand nicht nach außen aufbiegen. Zwischen den Zähnchen des Endostomiums sind dann schlitzartige Zwischenräume vorhanden. Da das Exostomium aufgeklappt ist, können die Sporen – entsprechend dem Salzstreuerprinzip – die in reifem Zustand nach unten gekrümmte Kapsel verlassen. In feuchtem Zustand sind die Zwischenräume des Endostomiums stark verengt und zusätzlich noch überdeckt durch das Exostomium, so daß die Sporen nicht ausgestreut werden können (Abb. 49b). Diesen Vorgang kann man leicht hervorrufen, wenn man trockene Sporenkapseln anhaucht oder auch trocken abgeschnittene Zähnchen des Peristoms auf dem Objektträger mit Wasser benetzt. Wie ist dieser komplizierte Vorgang zu verstehen? Sowohl beim Schließen der Zwischenräume des Endostomiums als auch beim Aufkrümmen des Exostomiums handelt es sich um hygroskopische Bewegungen.

An hygroskopischen Bewegungen sind lebende Zellen nicht beteiligt. Sie erfolgen vielmehr durch Quellung oder Wasserentzug bei abgestorbenen Zellwänden, deren Mikrofibrillen sich zwar in Querrichtung dehnen oder erweitern, sich aber in Längsrichtung niemals verlängern oder verkürzen können (Abb. 50a). Wenn nun zwei Zellwände miteinander verwachsen, bei denen die Richtung der Mikrofibrillen um 90° verschoben ist, kommt es zu Krümmungsbewegungen (Abb. 50b). Übrigens kann man diese Krümmungsbewegungen im Modellversuch demonstrieren, wenn man zwei Papierblätter mit Längsfaserung 90° versetzt aufeinanderklebt.

Nach diesen Vorbemerkungen betrachten wir nun die Anatomie des sich in Entwicklung befindlichen Peristoms, im Vergleich zum Schema der Abbildung 51. Im Querschnitt (a) durch den oberen Rand der jungen Sporenkapsel sieht man, daß bei den drei Zellschichten, aus denen das Peristom hervorgeht, jeweils die Wände zwischen Schicht 1 und 2, bzw. 2 und 3, beidseitig tangential verstärkt sind. Im ersten Falle ist die Wandverstärkung sehr deutlich ausgeprägt, dagegen im zweiten Falle schwächer und unvollständig. Im Verlauf der Reifung der Sporenkapsel sterben die drei Zellschichten ab, ihre radialen Zellwände und die tangentialen Mittelstücke zwischen 2 und 3 lösen sich auf. Zwei voneinander getrennte, aus Wandresten bestehende Peristomkreise sind entstanden (b) und zwar doppelt so viele Zähnchen im Endostomium als im Exostomium.

Wie man schon bei geringer Vergrößerung vor allem auch auf dem freipräparierten Exostomium sehen kann, besitzen dessen Zähnchen nach außen Querleisten und nach innen Längsverdickungen. Die beiden Wandkomponenten des äußeren Peristoms haben demnach um 90° verschobene Wandverstärkungen ausgebildet. Dies entspricht genau dem Modell der Abb. 50b und erklärt die Bewegungen des Exostomiums in Abhängigkeit von der Luftfeuchtigkeit. Da bei den beiden Wandkomponenten des Endostomiums die Verdickungen in Längsrichtung angelegt sind (Abb. 50a, oben) kommt es natürlich hier nur zu einer Verengung bzw. Verbreiterung der Zwischenräume.

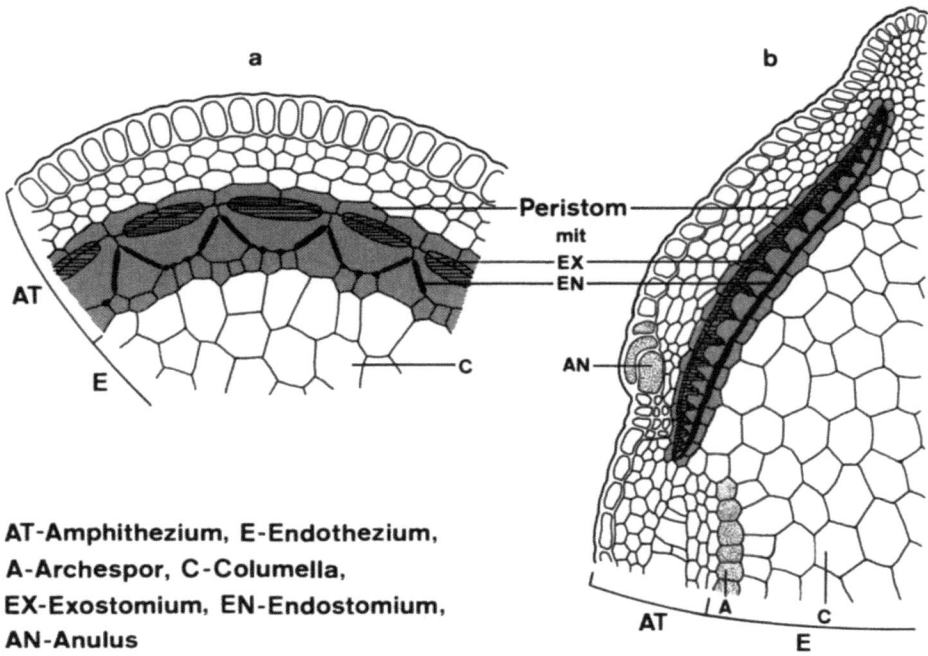

Abb. 51a, b. *Mnium hornum*. Schema eines Querschnittes (a) und Längsschnittes (b) durch die Peristomzone einer jungen Sporenkapsel. Zu b vgl. Abb. 48e. (Nach Mägdefrau, verändert)

AT-Amphithezium, E-Endothezium,
A-Archespor, C-Columella,
EX-Exostomium, EN-Endostomium,
AN-Anulus

Der Vollständigkeit halber muß noch erwähnt werden, daß bei den Moosen mit einem einfachen Peristom (haplolepides Peristom) der Öffnungsmechanismus auf die gleiche Weise funktioniert wie für *Mnium* beschrieben. Allerdings fehlt die dritte Zellreihe, die bei den diplolepiden Peristomen, wie oben beschrieben, an der Bildung des Endostomiums beteiligt ist. Für *Polytrichum* (S. 97), dessen einfaches Peristom aus ganzen Zellen besteht, wird der Ausdruck „haplolepid" nicht verwendet.

2. Sphagnidae, ungestieltes, stegokarpes Sporogon

Präparation und Aufgabe: Habitus des Sporogons skizzieren. Aus Längsschnitten durch die Sporogone von *Sphagnum* Deckglaspräparate anfertigen. Übersicht und Ausschnitte aus Fuß- und Deckelregion zeichnen. Zur Ergänzung sollte auch ein Querschnitt gezeichnet werden. Man muß damit rechnen, daß bei reifen Sporogonen, vor allem bei Handschnitten, die Sporen herausfallen. Deswegen müssen Dauerpräparate zur Verfügung stehen.

Beobachtungen: Im Gegensatz zu manchen anderen Moosen findet man bei *Sphagnum* in der Scheitelzone des Cauloids mehrere Sporogone. Diese tragen vor allem in jüngeren Stadien an der Pseudoseta kleine Perichaetialblättchen. An der Basis der Sporenkapsel kann man die Reste des Epigons erkennen. Allerdings ist diese Vaginula nicht, wie bei den Bryidae, deutlich durch Zusatzgewebe verstärkt. Im Gegensatz zum Gametophyten erfolgt der Wassertransport in das Sporogon nicht peripher, sondern über das Haustorium. Die Kalyptra ist relativ klein. Nach

3. Klasse: Bryopsida [Musci] (Laubmoose)

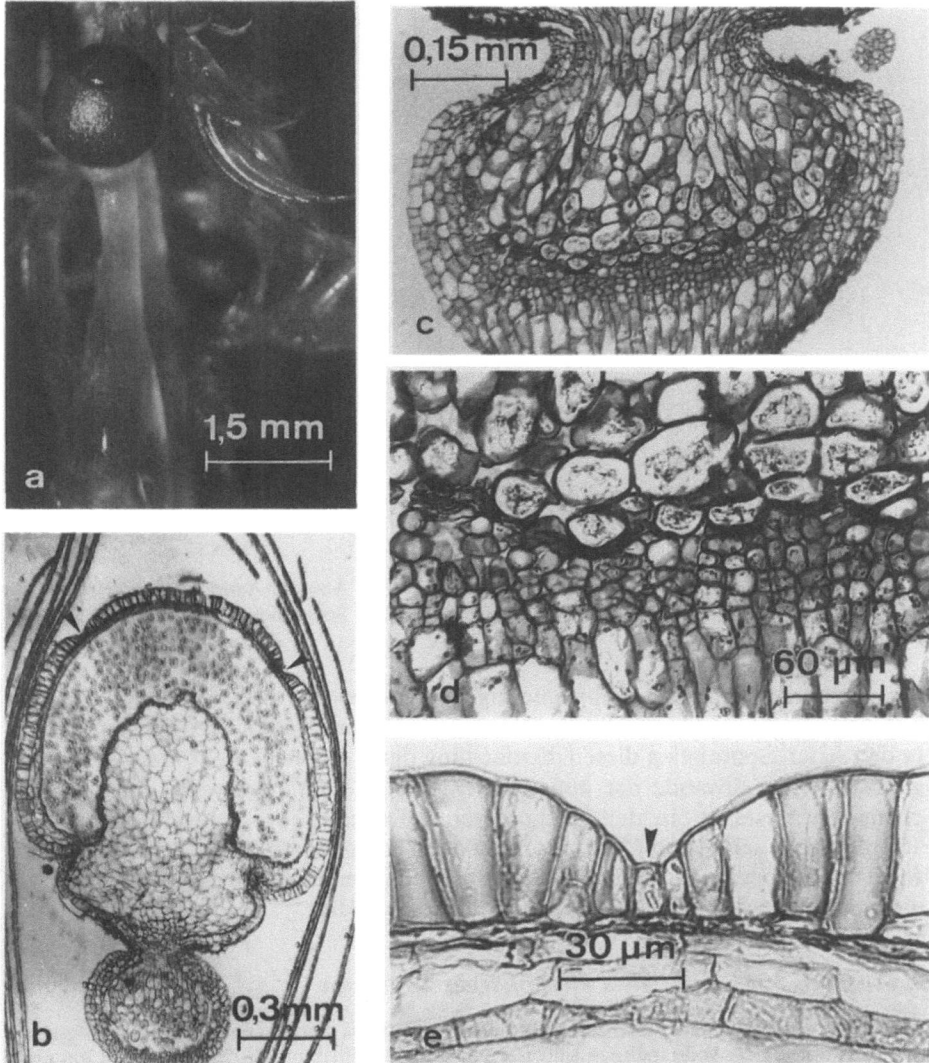

Abb. 52 a – e. *Sphagnum spec.* **a** Habitus des Sporogons, der Deckel ist deutlich zu erkennen; **b** Längsschnitt durch junges Sporogon; **c** Ausschnitt aus **b**, Übergangszone Sporogonfuß/Pseudopodium; **d** Ausschnitt aus **c**, Basalregion des Sporogons an Pseudopodium angrenzend; **e** Ausschnitt aus **b**, Übergangszone Deckel/Sporogonwand; in **b** und **d** sind die Bruchstellen durch Pfeile gekennzeichnet

Abwerfen der Kalyptra ist der Deckel der Sporenkapsel deutlich zu erkennen (Abb. 52a). Der Übergang zwischen Fuß und Pseudopodium ist nur in Längsschnitten zu sehen. Man erkennt, daß der diploide Fuß nicht so eng durch Zotten mit dem haploiden Pseudopodiumgewebe verzahnt ist wie bei den Bryidae (Abb. 52c, d; vgl. Abb. 44b, c). In der jungen Sporenkapsel ist die Columella (Endothezium) kugelig verbreitert und wird vom Archespor kappenartig überlagert,

Abb. 53. *Andreaea spec.* Habitus des Sporogons

das zusammen mit dem mehrschichtigen Wandgewebe aus dem Amphithezium hervorgegangen ist (Abb. 52b). Infolge einer Größenzunahme des Sporensacks ist in den reifen Sporangien diese Überdachung der Columella nicht mehr stark ausgeprägt. Die Zellwände der äußeren Schichten des Wandgewebes sind sklerenchymartig verstärkt. In der Übergangszone Deckel/Sporogonwand ist das Abschlußgewebe sehr dünn (Abb. 52e). Bei der Reife reißt diese „Sollbruchstelle" infolge eines Überdrucks in der Sporenkapsel auf, der Deckel wird abgeworfen und die Sporen werden bis zu 20 cm weit ausgeschleudert.

3. Andreaeidae, ungestieltes kleistokarpes Sporogon

Auf die Schwierigkeiten der Materialbeschaffung von *Andreaea* wurde schon vorher hingewiesen (S. 77). Trotzdem soll der Vollständigkeit halber nicht auf die Beschreibung des Sporogons von *Andreaea* verzichtet werden, weil das Klaffmoos eine wichtige Zwischenstellung zwischen den Torfmoosen und den Birnmoosen einnimmt (siehe auch Abb. 29).

Präparation und Aufgabe: Habitus, und falls möglich Quer- und Längsschnitt durch Sporogon, mit Ausschnitt aus Fußregion, von Frisch- oder Dauerpräparaten zeichnen.

Beobachtungen: Im Gegensatz zu *Sphagnum* sitzt das Sporogon auf einem sehr kurzen Pseudopodium und wird basal von einer Vaginula eingehüllt. Die Kalyptra, deren unterer Rand gezähnt ist, überdeckt bis zur Reife fast die Hälfte der Sporenkapsel. Die Einbettung des Fußes in das Gewebe der Pseudoseta ist ebenso wie bei *Sphagnum* nur bei starker Vergrößerung der Übergangszone deutlich erkennbar. Eine Verzahnung fehlt. Trotzdem wird auch hier die Funktion des Haustoriums wahrgenommen, nämlich den Wasser- und Stofftransport zu vermitteln. Wie auch bei *Sphagnum* ist die Columella vom Sporenraum überlagert, das Archespor ist allerdings hier aus dem Endothezium entstanden. Das Amphithezium bildet infolge von Wandverstärkungen in den äußeren Schichten eine stabile Hülle aus. Am Übergang zum Archespor ist eine Schicht mit verstärkten Zellwänden vorhanden. Die Kapsel öffnet sich infolge Austrocknung der Wandschicht mit meist vier Längsrissen. Präformierte Rißstellen sind nicht vorhanden (Abb. 53).

IV. Vegetative Fortpflanzung

Auf die überaus große Regenerationsfähigkeit der Moose im allgemeinen ist schon mehrfach hingewiesen worden (S. 20, S. 26, S. 71). Alle Organe eines Laubmooses können regenerieren. Caulonemastücke wachsen mit ihrer Scheitelregion weiter, falls diese fehlt, bildet sich seitlich aus der Anlage eines Seitenzweiges eine neue. Es wurde auch beobachtet, daß aus Oberflächenzellen des Cauloids und aus Phylloiden Protonemen entstehen können. Protonemen, die unterirdisch wachsen, sind ebenfalls regenerationsfähig, wenn die zugehörigen Cauloide entfernt werden. In diesem Zusammenhang muß noch einmal auf die Tatsache hingewiesen werden, daß bei Moosen, die dichte Polster bilden, die Cauloide von der Basis her absterben können und die nun abgetrennten Zweige selbständig als Cauloide weiterwachsen.

Wie bei den Lebermoosen gibt es auch die Bildung von speziellen Zellkomplexen, die der vegetativen Fortpflanzung dienen wie Brutknospen, Brutblätter, Brutäste. Da diese Organe aber bei den in unseren Regionen lebenden Moosen keine wesentliche Rolle bei der Fortpflanzung spielen, soll auf diese hier nicht näher eingegangen werden.

5. Abteilung: Pteridophyta (Farnpflanzen)

Allgemeine Einführung

I. Merkmale

Die photoautotrophen Farnpflanzen sind wie die Moose Landpflanzen, wenn man von den wenigen Ausnahmen absieht, die sich sekundär wieder an das Leben im Wasser angepaßt haben. Man findet Farne in allen Klimazonen, zumeist an feuchten und oft schattigen Standorten. Nur wenige Farne leben in trockenen Gebieten und in der borealen Zone. Ihre größte Mannigfaltigkeit erreichen sie in den Tropen. In gleicher Weise wie die Moose, mit denen sie unter dem Begriff *Archegoniatae* zusammengefaßt werden, kann man die Farne aufgrund ihrer Plastidenstruktur, ihrer Photosynthese-Pigmente und der Speicherung von Stärke als Reservestoff von den Grünalgen ableiten (Teil I, Abb. 12).

Entwicklungs-Zyklus: Die Farne haben einen heteromorphen Generationswechsel. Im Gegensatz zu den Moosen ist der Sporophyt formbestimmend und der Gametophyt auf einen deutlich kleineren Vorkeim (Prothallium) beschränkt (Abb. 74), an dem sich die Antheridien und/oder Archegonien bilden. Die Gametangien sind einfacher gebaut als bei den Moosen, z. B. enthalten die Archegonien statt vieler meist nur eine Halskanalzelle.

Der *Befruchtungs-Modus* ist Oogamie. Wie bei den Moosen benötigen die vielfach polyciliaten Spermatozoiden zum Erreichen der Archegonien Wasser. Eine Anlockung der Spermatozoiden durch Pheromone ist in einigen Fällen nachgewiesen.

Als *Fortpflanzungs-System* findet man bei den Farnpflanzen Monözie (Abb. 74) und morphologische Diözie. Im letzten Falle haben auch die Sporen eine unterschiedliche Größe (*Heterosporie*) (Abb. 88). Aus den Mikrosporen entstehen die männlichen und aus den Megasporen die weiblichen Prothallien (Gametophyten). Die monözischen Farnpflanzen sind durch *Isosporie* gekennzeichnet. Es ist zur Zeit umstritten, ob und in welchem Umfang die Monözie durch homogenische Incompatibilität überlagert ist[*]. Heterogenische Incompatibilität zwischen verschiedenen Genera wurde nachgewiesen[**].

Bei einigen Farnpflanzen wurden Artkreuzungen beobachtet, die aber infolge von Störungen bei der Meiose (keine Paarung der artverschiedenen Chromosomen) steril sind. Falls es zu einer Verdoppelung kommt, werden die allotetraploiden Sporophyten jedoch fertil. Dies scheint im Verlauf der Evolution des öfteren erfolgt zu sein, denn viele europäische Farnarten sind allopolyploid.

---

[*] Wilkie D (1956) Heredity 10:247-256; Klekowski EJ (1971) Evolution 26:66-73
[**] Schneller JJ (1981) Plant Syst Evol 137:45-56

Tabelle 3. Begriffsbestimmungen zur Organisation der Farnpflanzen (Pteridophyta). Die bereits in Tab. 1 (Teil I, S. 51 ff.) für alle Kryptogamen gültigen Begriffe werden hier nicht mehr behandelt. Das gleiche trifft für einige der in Tab. 1 (S. 15) verzeichneten Begriffsbestimmungen für die Moose zu.

Gametophyt

Wuchsform:	
Prothallium:	thalloser Vegetationskörper; relativ klein; meist kurzlebig; gelappt, seltener verzweigt oder walzenförmig; im Boden mit einzelligen Rhizoiden verankert; vorwiegend epigäisch, dann autotroph; seltener hypogäisch, dann heterotroph und Ernährung durch Mykorrhizapilze.
Fortpflanzung:	
sexuell:	Antheridien und Archegonien bei den epigäischen Formen an der Unterseite der vorwiegend monözischen Prothallien.
vegetativ:	Regeneration von Prothallienstücken oder seltener durch Gemmen.

Sporophyt

Vegetationskörper:	
Kormus:	Vegetationskörper der Pteridophyta und Spermatophyta besteht im Gegensatz zum Thallus aus Sproß (Sproßachse mit Blättern) und Wurzel. Im Gegensatz zu den Blütenpflanzen wachsen die drei Grundorgane des Kormus (Sproßachse, Blatt und Wurzel) mit Scheitelzellen. Eine Ausnahme bilden einige höhere Pteridophyta (z. B. Lycopodiopsida), die mit Initialzellen wachsen, die in Gruppen in Initialfeldern angeordnet sind.
Telom:	Vegetationskörper der Psilophytopsida (fossile Urfarne); Vorstufe des Kormus: blattlose, undifferenzierte, wurzellose Sprosse, mit Rhizomen im Boden verankert; Rinde umschließt Zentralzylinder mit primitiven Leitelementen.
Embryo:	entsteht im Archegonium aus der Zygote; besitzt Anlagen für Sproß, Primärblatt, Haustorium (Fuß), in einigen Fällen auch Suspensor (= Embryoträger). Der Embryo ist unipolar, die erste Wurzel entsteht nämlich schon während der Embryogenese am Sproß (primäre Homorrhizie). *exoskopische* Lage des Embryo: Sproßanlage zum Archegonienhals hin gerichtet, anderfalls *endoskopisch*; letzteres stets bei Vorhandensein eines Suspensors.
Sproß:	verzweigtes oder unverzweigtes stabförmiges Organ, an dem als seitliche Auswüchse die Blätter entstehen.
Rhizom:	Erdsproß (hypogäisch aber auch epigäisch), weit verbreitet innerhalb der Farnpflanzen.
Sproßachse:	wächst mit dreischneidiger Scheitelzelle bzw. seltener mit Initialzellen; gliedert sich in Rinde und Zentralzylinder; Anatomie und Gewebetypen den Spermatophyta vergleichbar; Seitensprosse, Blätter und Wurzeln entstehen aus dem Rindengewebe.
Blätter:	wachsen meist mit zweischneidiger Scheitelzelle.
Mikrophylle	kleine, einadrige Blättchen der Psilophytopsida, Psilotopsida, Lycopodiopsida und Equisetopsida.
Megaphylle	= Makrophylle (Farnwedel), meist große und oft reich gegliederte Blätter der Pteridopsida.
Trophophylle	Blätter, die ausschließlich der Photosynthese dienen.
Sporophylle	Blätter, welche die Sporangien tragen, aber auch photosynthetisch aktiv sein können.
Ligula	häutiger Auswuchs an der Blattoberseite der Lycopodiopsida.
Isophyllie	alle Blätter sind gleich gestaltet.
Anisophyllie	Blätter in unmittelbarer Nachbarschaft unterscheiden sich durch ihre Größe (quantitative Differenz).
Heterophyllie	Blätter unterscheiden sich durch ihre Morphologie (qualitative Differenz).

5. Abteilung: Pteridophyta (Farnpflanzen)

Tabelle 3 (Fortsetzung)

Wurzel:	Primärwurzel entwickelt sich nicht weiter; alle Wurzeln sind gleichwertige (homorrhize), ebenfalls sproßbürtige Sekundärwurzeln, die meist aus der innersten Schicht der Rinde (Endodermis) entstehen, seltener mit Initialzellen; Wuchs mit vierschneidiger Scheitelzelle, die von Wurzelhaube (Kalyptra) bedeckt ist.
Fortpflanzung:	
sexuell:	*Meiosporen* aus Meiosporangien.
Sporen:	*Isosporen*: keine morphologischen Unterschiede
	Heterosporen: kleinere *Mikro-* und größere *Megasporen*.
	Heterosporie ist mit morphologischer Diözie des Gametophyten verbunden.
	Die Sporen haben eine präformierte Öffnungsstelle, die entweder strichförmig (monolet) oder Y-förmig (trilet) im Exospor zu erkennen ist.
Sporenwand:	Endospor, Exospor und z.T. Auflagerung von Perispor, das bei *Equisetum* zu Haftbändern (Hapteren) umgestaltet ist.
Sporangien:	*Mikrosporangium* bildet Mikrosporen.
	Megasporangium bildet Megasporen.
	Sorus; mehrere bis viele Sporangien stehen in einer Gruppe zusammen, Sorus ist vielfach von einem Häutchen, dem *Indusium* (= Schleier), bedeckt.
	Synangium; mehrere Sporangien sind miteinander verwachsen.
	Sporokarp = Sporenfrucht; Sori von einem Hüllblatt umwachsen.
	Anulus; bogenförmig das Sporangium umfassende Zellreihe mit stark verdickten Radial- und Basalwänden, bewirkt die Öffnung.
	Stomium; präformierte Aufreißstelle im Anulus.
	Tapetum; Nährgewebe für die Meiosporen.
vegetativ:	*Regeneration* von Stücken des Kormus.
	Bulbillen = sproß-, blatt- oder wurzelbürtige Brutknospen.
	Stolone = sproß-, blatt- oder wurzelbürtige Ausläufer.

Eine *vegetative Fortpflanzung* kann neben einer Regeneration von Stücken des Kormus auch durch Ausläufer (Stolone) oder durch Brutknospen (Bulbillen) erfolgen.

Parthenogenese (Entwicklung einer unbefruchteten Eizelle zum Sporophyten), Apogamie oder Apomixis (Entstehung des Sporophyten aus dem vegetativen Gewebe des Gametophyten) sind Möglichkeiten der vegetativen Fortpflanzung, die seltener vorkommen.

Der *Vegetationskörper* des *Gametophyten* ist meist thallos und besteht, ähnlich wie bei den Lebermoosen, aus flach am Boden wachsenden gelappten, nur im zentralen Bereich mehrschichtigen, selten fädigen Thalli. Der *Sporophyt* ist, wie bei den Samenpflanzen (Spermatophyta), ein *Kormus*, der sich in Sproß (Sproßachse und Blätter) und Wurzel gliedert. Die Farnpflanzen werden daher auch mit den Samenpflanzen als *Kormophyten* zusammengefaßt. Wegen des Vorkommens von Leitbündeln in Sproß und Wurzeln spricht man auch von Gefäßpflanzen oder nennt die Farnpflanzen wegen ihres für die Kryptogamen typischen Befruchtungsmodus *Gefäßkryptogamen*.

Eine andere Gruppierung basiert auf dem Vorhandensein oder Fehlen von Wurzeln. Die Pteridophyta und die Spermatophyta werden als *Rhizophyta* von den *Arhizophyta*, den übrigen 4 Abteilungen der Kryptogamen, abgegrenzt.

Spezielle bei den Farnen übliche Bezeichnungen für Teile des Vegetationskörpers oder des Fortpflanzungsverhaltens sind, wie dies bereits für die anderen Abteilungen der Kryptogamen geschah, in Tabelle 3 zusammengefaßt.

II. Klassifizierung

Obwohl schon im Devon vorhanden, hatten die Pteridophyta ihre Hauptentfaltung im Karbon. So ist zu erklären, daß zahlreiche Fossilien aus den Abbaugebieten von Braun- und Steinkohle zur Verfügung stehen. Es ist hier im Gegensatz zu den übrigen Abteilungen der Kryptogamen möglich, anhand der Fossilien Progressionen und entwicklungsgeschichtliche Zusammenhänge aufzuzeigen. Dies hat zur Folge, daß die Klassifizierung der Farnpflanzen, die sich nach deutlich erkennbaren morphologischen Kriterien richtet, in den Lehrbüchern relativ einheitlich ist (Tabelle 4). Innerhalb der Klassen der Farnpflanzen kann man unter Einbeziehung der fossilen Vertreter eine Progression von den als ursprünglich anzusehenden isosporen Formen über Heterosporie bis zur Samenbildung verfolgen, die dann lückenlos zu den Spermatophyta führt (Abb. 54). Wie weiter aus dieser Abbildung zu entnehmen ist, hat diese Entwicklung allerdings bei den in einer Progressionsreihe zusammengefaßten Psilophytopsida und Psilotopsida nicht die Isosporie und bei den Equisitopsida nicht die Heterosporie überschritten. Während im ersten Fall noch wenige Arten als „lebende Fossile" existieren, sind die höher entwickelten Equisetopsida ausgestorben.

Tabelle 4. Klassen der Pteridophyta (Farnpflanzen), wesentliche Merkmale und Anzahl der rezenten Arten. Nach den Empfehlungen des „International Code of Botanic Nomenclature" (16.A.3) (Koeltz, Königstein 1988) wird im folgenden auch bei den Farnen die Endung „-opsida" für die Klassen verwendet

	Sproß Beblätterung	Wurzel	Sporangien	Zahl der rezenten Arten (etwa)
1. Psilophytopsida (Urfarne, fossil)	Telom ohne Blätter	fehlt	endständig	0
2. Psilotopsida (Gabelblattgewächse)		nur Rhizome	seitenständig	12
3. Lycopodiopsida (Bärlappgewächse)	Mikrophylle			1.200
4. Equisetopsida [Articulatae] (Schachtelhalmgewächse)		vorhanden	Sporophylle	30
5. Pteridopsida [Filices] (Farne)	Megaphylle			9.100

5. Abteilung: Pteridophyta (Farnpflanzen)

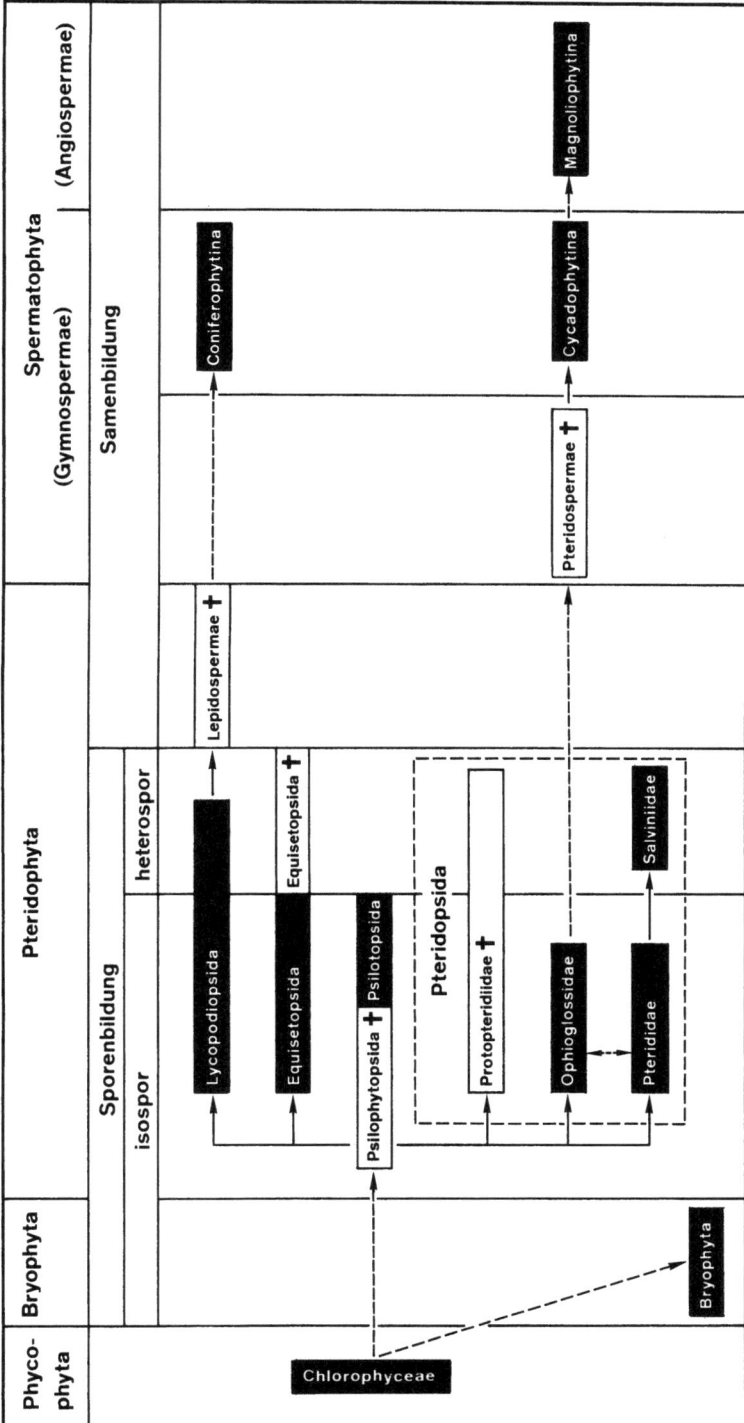

Abb. 54. Schema der Evolution der einzelnen Klassen der Pteridophyta und ihre phylogenetischen Zusammenhänge mit den Spermatophyta. Die Ableitung von den Chlorophyta erfolgt u.a. aufgrund der Struktur der Chloroplasten und dem Spektrum der Photosynthesepigmente (Tab. 3, Teil I, S. 72, Abb. 12, Teil I, S. 53). Der Vollständigkeit halber sind auch die ebenfalls von den Chlorophyceae abgeleiteten Bryophyta eingezeichnet. Dieses Schema basiert natürlich auf einer Reihe von Spekulationen (s. gestrichelte Linien). Je nach Autor werden auch einige Zuordnungen in Frage gestellt, z.B. die enge Verbindung von fossilen Psilophytopsida mit den rezenten Psilotopsida.

III. Praktische Bedeutung

Die Pteridophyta waren im Karbon maßgeblich an der Pflanzendecke beteiligt. Damals bestand die Hauptvegetation der Erde aus heterosporen und zum Teil samenbildenden Farnpflanzen, welche für die Bildung der Kohle verantwortlich sind. Gegenwärtig sind die vorwiegend isosporen Farnpflanzen als Stauden eine Ergänzung der Wälder der gemäßigten und tropischen Zonen. Auch die in Australien, Südamerika, Südasien und Südafrika noch vorhandenen größeren Bestände von Baumfarnen können nicht darüber hinwegtäuschen, daß die „große Zeit" der Pteridophyta vorbei ist.

Eine Nutzung der Farnpflanzen für kommerzielle Zwecke hat meist nur lokale Bedeutung. So ißt man in Japan, Malaysia und angrenzenden Regionen die jungen Blattspitzen von Farnen. Zurückgehend auf eine Gewohnheit der indianischen Ureinwohner werden heute noch in Nordamerika die eingerollten Sporophylle des Straußenfarns (*Matteuccia struthiopteris*, Abb. 82e) gegessen. Sie werden „fiddleheads" genannt, weil sie im Habitus an die Schnecke des Geigenhalses erinnern. Vielfach hat man in früheren Jahren auch in Notzeiten junge Farnwedel dem Brotteig beigemischt.

Eine große Bedeutung hatten die Farne, vor allem der Adlerfarn (*Pteridium aquilinum*, Abb. 80d) im nördlichen Europa (z. B. Schottland), als Neubesiedler nach Waldrodungen und Waldbränden. Obwohl es eine Reihe von Berichten gibt, daß Farne (z. B. der Adlerfarn) natürliche Insektizide produzieren, ist eine biotechnologische Verwertung dieser Erkenntnis bisher nicht erfolgt.

In der Vergangenheit wurden Bärlappsporen (S. 125), einige Schachtelhalme (S. 148) und Farne (S. 168) sowohl offizinell in der Homöo- und Allopathie als auch in der Volksmedizin verwendet. So hat man schon zu Neros Zeiten den Wurmfarn (*Dryopteris filix-mas*) als Therapeutikum gegen Bandwürmer benutzt. Die unbestritten ertragreichste und weltweit verbreitete ökonomische Nutzung von Farnpflanzen ist im floristischen Bereich gegeben.

1. Klasse: Psilophytopsida (Urfarne)

Allgemeine Einführung

I. Merkmale

Bei den Urfarnen, die alle ausgestorben sind, handelt es sich um die ersten Landpflanzen, die Leitbündel und Spaltöffnungen besaßen. Aus der Analyse von Fossilien schließt man, daß sie vor etwa 400 Millionen Jahren beim Übergang vom Silur ins Devon auftraten und schon im Oberdevon wieder ausgestorben waren. Ihr Vegetationskörper bestand aus einem undifferenzierten Sproß. Diese Telome besaßen zum Teil blattartige Emergenzen. Wurzeln waren nicht vorhanden. Die Haftung im Boden erfolgte mit „Rhizomen", an denen querwandlose, fädige Rhizoide saßen. Da man annimmt, daß von diesen Urfarnen alle anderen Pteridophyten abzuleiten sind und damit auch mittelbar die Spermatophyta (Abb. 54), erscheint es auch im Rahmen eines praktisch orientierten Buches über Kryptogamen notwendig, zumindest exemplarisch auf einen Vertreter der Urfarne einzugehen.

Als die ursprünglichste Gattung wird *Rhynia* angesehen, von der zwei Arten bekannt sind, die im Mitteldevon binsenartige Rasen bildeten. Der Vegetationskörper (Sporophyt) von *Rhynia* besteht aus gabelig verzweigten blattlosen Telomen, deren „Rhizome" als Gametophyten angesehen werden. Die bei *Rhynia major* bis zu 50 cm hohen Telome mit endständigen Sporangien hatten keine Scheitelzelle, sondern wuchsen mit einer Reihe von Initialzellen (Abb. 55a). Aus Querschliffen der Fossilien ergab sich, daß die Telome von einer Epidermis umgeben sind, die Spaltöffnungen enthält. Ein parenchymatisches Rindengewebe umgab ein primitives Leitbündel mit Innenxylem. Die Tracheiden besaßen ring- und schraubenförmige Wandverdickungen. Das Xylem wurde von dünnwandigen Zellen umgeben, die als Siebteil fungiert haben könnten. Typische Siebzellen wurden allerdings nicht gefunden. Dieses Gewebe kann daher nur bedingt als Phloem bezeichnet werden (Abb. 55b). Man hat diese Urform eines Leitbündels als Urstele oder *Protostele* bezeichnet (Abb. 55).

II. Fortpflanzung

Die endständigen Sporangien besaßen eine mehrschichtige Wand. Die Freisetzung der Sporen erfolgte durch Längsriß. Komplizierte Öffnungsmechanismen, wie bei den *Pterididae* (Abb. 85), waren nicht vorhanden. Bei anderen Gattungen wurde im Sporangium auch eine Columella, ähnlich wie bei *Sphagnum* (Abb. 52), gefunden. Über die Entwicklung des Gametophyten gibt es nur Anhaltspunkte, wie bereits bei *Rhynia* ausgeführt wurde. Vegetative Fortpflanzung ist nicht bekannt.

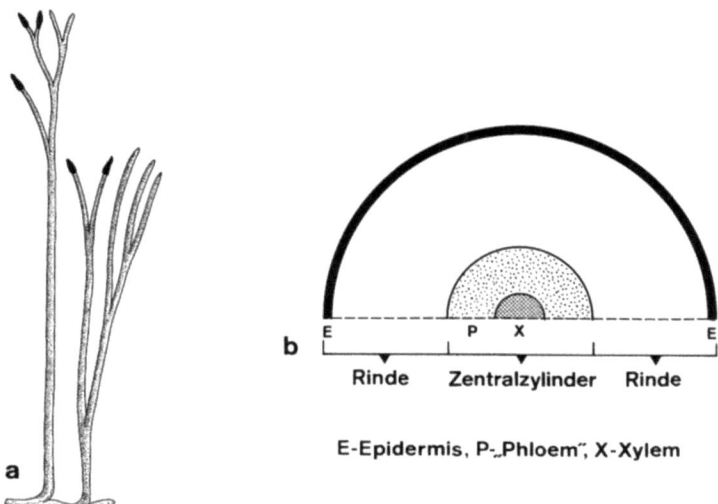

Abb. 55a, b. *Rhynia major.* **a** Habitus; **b** Querschnitt durch Telom, schematisch. (a nach Kidstone und Lang verändert)

III. Klassifizierung

Aufgrund der zahlreichen Funde, die vor allem von Kidstone und Lang in Schottland und von Kräusel und Weyland in Deutschland gemacht und ausgewertet wurden, gibt es eine Einteilung in Ordnung und Familien, die sich nach morphologischen Merkmalen des Sporophyten richtet.

IV. Stelärtheorie und Telomtheorie

Schon im 19. Jahrhundert haben die Vertreter der idealistischen Morphologie den damals genau bekannten komplizierten Leitbündelbau der höheren Pflanzen von einfacheren Formen abgeleitet, um aufgrund von Homologien seine Phylogenese zu verstehen. So entstanden die Anfänge einer *Stelärtheorie*, die dann mit der Entdeckung der Urfarne einen Bezugspunkt fand, nämlich die faktische Existenz einer Urstele, von der sich im Verlauf der Evolution über viele Zwischenstufen letztlich die Leitbündelsysteme der Dikotylen und Monokotylen entwickelt haben (Einzelheiten sind Lehrbüchern der Botanik zu entnehmen).

In diesem Zusammenhang ist aber noch eine andere phylogenetische Theorie von Interesse, die *Telomtheorie*. Sie befaßt sich nicht nur mit der inneren Differenzierung, sondern versucht den Gesamtbau des Kormus der Pteridophyta und Spermatophyta von den Telomen der Urfarne abzuleiten. Nach der Telomtheorie haben im Verlauf der Evolution relativ wenige, aber mehrfach und unabhängig voneinander aufgetretene Differenzierungsvorgänge (Elementarprozesse) bei den von den Urfarnen ausgehenden Entwicklungsreihen (Abb. 54) der verschiedenen Klassen der Pteridophyta die heute existierenden Vertreter dieser Klassen und der Spermatophyta geprägt (Abb. 56).

2. Klasse: Psilotopsida (Gabelblattgewächse)

A. Allgemeine Einführung

I. Merkmale

Bei den Gabelblattgewächsen handelt es sich um perennierende dichotom verzweigte Kräuter mit Mikrophyllen. Der Sporophyt wächst mit einer Scheitelzelle. Der Luftsproß, der aus einem Rhizom hervorgeht, hat ein zentrales, radiäres, sechsstrahliges (hexarches) Leitbündel (Aktinostele). Dagegen hat das Rhizom, an dem sich Rhizoide befinden, eine Protostele.

II. Fortpflanzung

Die Sporangien entstehen oberseitig an der Basis der gabelig verzweigten Mikrophylle. Sie sind zu zweit oder zu dritt zu Synangien zusammengewachsen. Aus den

2. Klasse: Psilotopsida (Gabelblattgewächse)

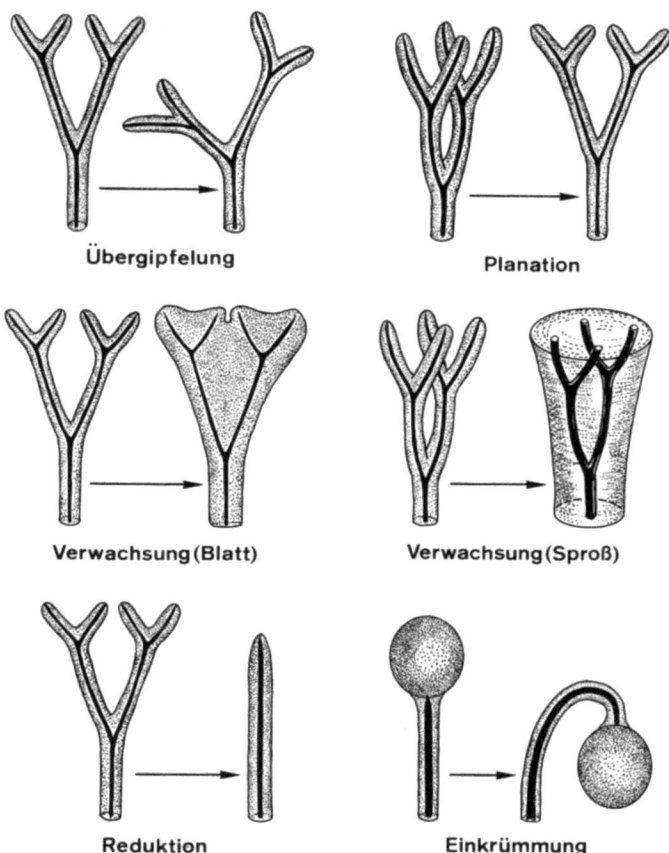

Abb. 56. Schema zur Verdeutlichung der fünf Elementarprozesse der Telomtheorie. *Übergipfelung:* In einem dichotomen Verzweigungs-System erhält einer der Haupttriebe einen größeren Wuchsimpuls und es kommt zu einer anisotomen Verzweigung (s. auch Abb. 60). Diese Übergipfelung kann sich auch im Zentralzylinder, z. B. bei der Anlage von Leitbündeln für Seitentriebe oder Blätter, zeigen. *Planation:* Das ursprünglich dreidimensionale Telomsystem wird zweidimensional. Dies ist die Voraussetzung für eine Blattbildung, wenn gleichzeitig die Telome durch kongenitale Parenchymbildung in Form einer *Verwachsung* verbunden werden. Verwachsungen können auch in einer Zylinderebene erfolgen und damit zur Sproßachsenbildung führen. *Reduktion:* Dieser Vorgang soll z. B. die Bildung einnerviger Mikrophylle und Bildung der Nadelblätter erklären. *Einkrümmung:* Auf diese Weise wird die Bildung von Sporophyllen mit randständigen oder flächenständigen Sporangien (Abb. 83), aber auch die achselständige Sporangienbildung bei Equisetopsida (s. Abb. 68) erklärt. (Nach Zimmermann, verändert)

Meiosporen entwickeln sich kurz nach der Sporenkeimung nur dann Prothallien (Gametophyten), wenn schon eine Vergesellschaftung mit Pilzen (Mykorrhiza) erfolgt ist. Den walzenförmigen, verzweigten Gametophyten fehlen die Chloroplasten. Sie erreichen eine Größe von mehreren Zentimetern und leben unterirdisch. An ihrer Oberfläche entstehen Antheridien, die polyciliate Spermatozoiden entlassen. Die Archegonien sind in die Oberfläche des Prothalliums eingesenkt. Vegetative Fortpflanzung ist nicht bekannt.

III. Klassifizierung

Früher gehörten die Gabelblattgewächse als einzige rezente Ordnung (Psilotales) zu den Psilophytopsida. Da sie gegenüber den Urfarnen aber eine deutlich erkennbare höhere Entwicklungsstufe einnehmen (Mikrophylle, Aktinostele, seitenständige Sporangien), wurden sie als eigene Klasse von diesen abgetrennt. Es gibt nur die einzige Ordnung der Psilotales mit zwei Gattungen, nämlich *Psilotum* mit zwei Arten und *Tmesipteris* mit derzeit etwa zehn Arten. Fossilien sind nicht bekannt.

B. Übungsanleitungen

Bei *Psilotum* wird Habitus und Aufbau des Sporophyten bearbeitet. Auf die Darstellung eines Entwicklungs-Zyklus wird verzichtet, da er gegenüber den anderen Farnpflanzen keine Besonderheiten aufweist. Daher genügt für unsere Zwecke die oben gegebene kurze Darstellung.

Material: *Psilotum nudum* (syn. *P. triquetrum*) ist in den Tropen und Subtropen (Amerika, Asien, Australien, an einer Stelle auch in Südspanien) heimisch und bildet epiphytisch oder epilithisch (in Felsspalten) einen 20 bis 60 cm hohen Bewuchs. *P. complanatum* (syn. *P. flaccidium*) ist weniger weit verbreitet und wächst als hängender Epiphyt. Beide *Psilotum*-Arten lassen sich sehr gut im Gewächshaus halten. Die verschiedenen Arten der Gattung *Tmesipteris* leben in Australien, Neuseeeland, Polynesien und auf den Philippinen.

Präparation und Aufgabe: Habitus eines Sporophyten unter Verwendung des Präpariermikroskopes skizzieren. Von Querschnitten durch Sproß, Rhizom und Synangien Deckglaspräparate herstellen und Übersichts- bzw. Ausschnittzeichnungen entsprechend Abb. 57 anfertigen. Zur Differenzierung der verholzten Gewebeteile mit Phloroglucin-Salzsäure färben.

Es gibt eine Möglichkeit, die Sporen von *Psilotum* auf einem anorganischen Nährmedium zur Keimung zu bringen und auch Prothallien zu erhalten [Whittier DP (1985) Proc Roy Soc, Edinburgh pp 465-466]. Bedingt durch die Tatsache, daß die Keimung erst etwa 4 Monate nach Aussaat auf das Nährmedium erfolgt, erübrigt sich eine Verwendung dieser Technik in einem Kursprogramm.

Beobachtungen: *Psilotum* hat einen mehrfach verzweigten Sproß mit sehr kleinen, gabelig verzweigten Mikrophyllen, die jedoch keine Leitbündel und Spaltöffnungen haben (Abb. 57a). Diese umschließen kelchartig die Basis eines Synangiums (Abb. 57b). Im Querschnitt durch den Sproß ist deutlich die Gliederung in Zentralzylinder und Mantelgewebe (Abb. 57c) zu erkennen. Im ersteren sieht man, vor allem nach Färbung, das sternförmige Xylem des radialen Leitbündels (Aktinostele), in dessen Einbuchtungen das Phloem eingelagert ist (Abb. 57d, Pfeile). Die äußere Schicht des Mantelgewebes (Abb. 57e) ist die chloroplastenfreie Epidermis mit eingesenkten Spaltöffnungen (Abb. 57f, g). Darunter folgt ein mehrschichtiges, mit zahlreichen Chloroplasten versehenes Rindengewebe. Die nächsten Schichten sind ein englumiges sklerenchymartiges Festigungsgewebe und ein weitlumiges Speicherparenchym (Abb. 57h). Im Querschnitt des Rhizoms ist das konzentrische Leitbündel im Innenxylem (Protostele) und die Vergesellschaftung mit Pilzen (schwarze Punkte) zu sehen (Abb. 57i). Der Querschnitt durch ein Synangium zeigt, daß dieses aus drei Sporangien zusammengewachsen ist, die jeweils eine mehrschichtige Wand haben (Abb. 57j). Je nach Reifungsstadium befinden sich die Sporen noch im Tetradenverband.

3. Klasse: Lycopodiopsida (Bärlappgewächse)

A. Allgemeine Einführung

I. Merkmale

Der Vegetationskörper der Bärlappgewächse ist ein echter Kormus mit Wurzeln und vorwiegend dichotom (isotom oder anisotom) verzweigten Sprossen. Bei den rezenten Formen handelt es sich um überwiegend immergrüne, perennierende Kräuter. Die fossilen Formen waren vielfach Bäume mit sekundärem Dickenwachstum. Mit Ausnahme der Lycopodiales ist für die Gattungen der übrigen Ordnungen die Ausbildung einer häutigen chloroplastenlosen Schuppe (Ligula) an der Blattoberseite typisch. Diese ist über den Blattspurstrang mit dem Xylem verbunden und kann daher durch Wasseraufnahme zur Verbesserung des Wasserhaushaltes beitragen (Abb. 58).

II. Fortpflanzung

Die Sporangien stehen einzeln oberseitig auf oder an der Basis von Mikrophyllen. Diese werden im Gegensatz zu den übrigen Mikrophyllen, den Trophophyllen, als Sporophylle bezeichnet. Sie bilden meist endständige Sporophyllstände, die als Homologe von Blütenständen anzusehen sind.

Wie aus Abb. 54 ersichtlich, haben die Lycopodiopsida, ausgehend von den Psilophytopsida, eine zu den Pteridopsida parallele Entwicklung von ursprünglichen isosporen über heterospore bis zu samenbildenden Formen durchgemacht. Aus den letzteren, die allerdings nur als Fossilien vorliegen, haben sich die beiden Äste der Spermatophyta entwickelt. Mit dieser Progression ist auch eine fortschreitende Reduktion des Gametophyten verbunden.

Vegetative Fortpflanzung ist möglich durch Regeneration von Sproßstücken und Verzweigung von Rhizomen, bei einigen Moosfarnen (S. 129f.) durch Bildung sproßbürtiger Wurzeln und bei einigen Bärlappen durch Bulbillen.

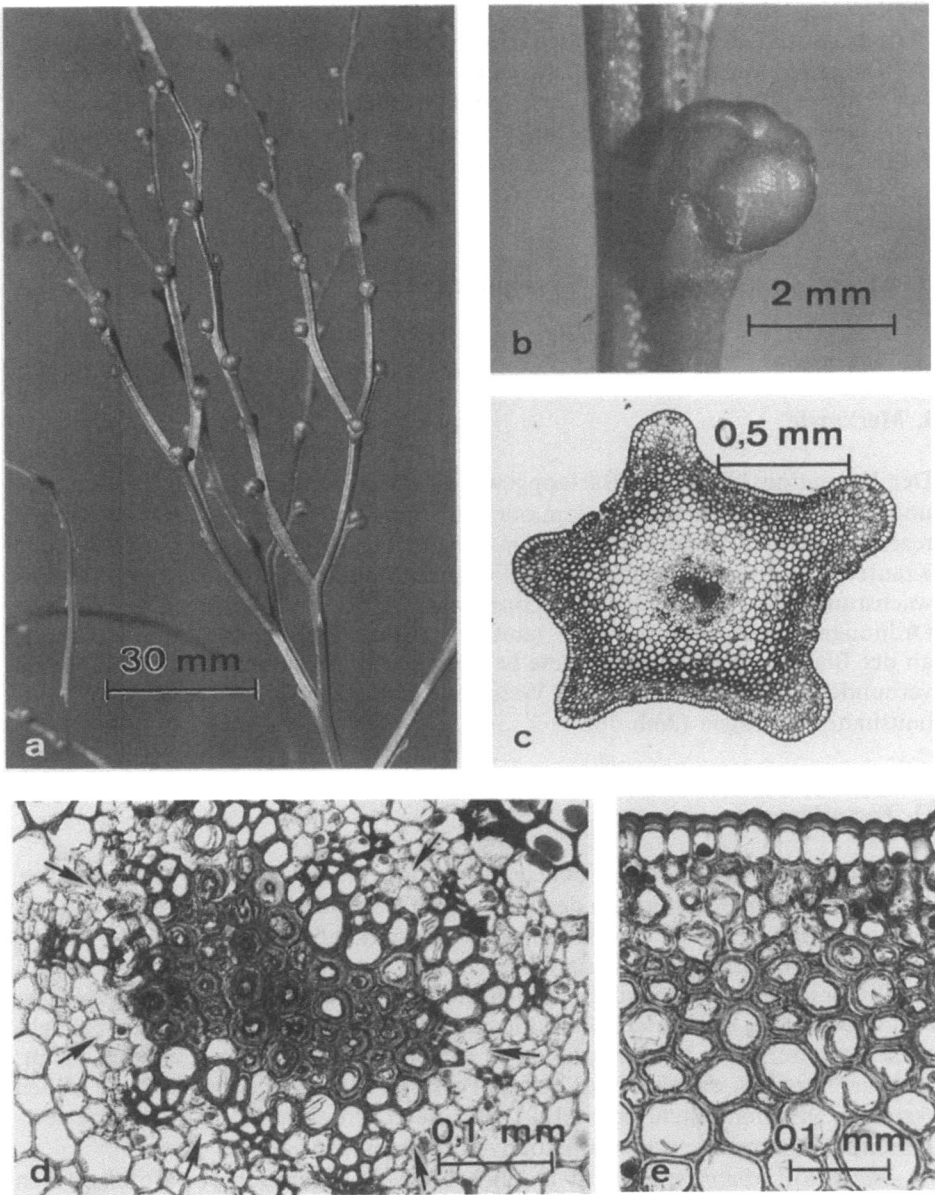

Abb. 57a–j. *Psilotum complanatum.* a Habitus des Sporophyten mit Mikrophyllen und Synangien; b gabelig geteiles Mikrophyll mit Synangium; c Querschnitt durch die Sproßachse; Ausschnitte aus c: Zentralzylinder (d), sternförmiges Xylem mit Phloem (*Pfeile*); Mantelgewebe (e); Epidermis mit Spaltöffnung: quer (f) und Aufsicht (g); h Längsschnitt durch den Sproß des Sporophyten; i Querschnitt durch Rhizom des Sporophyten; j Querschnitt durch Synangium

3. Klasse: Lycopodiopsida (Bärlappgewächse)

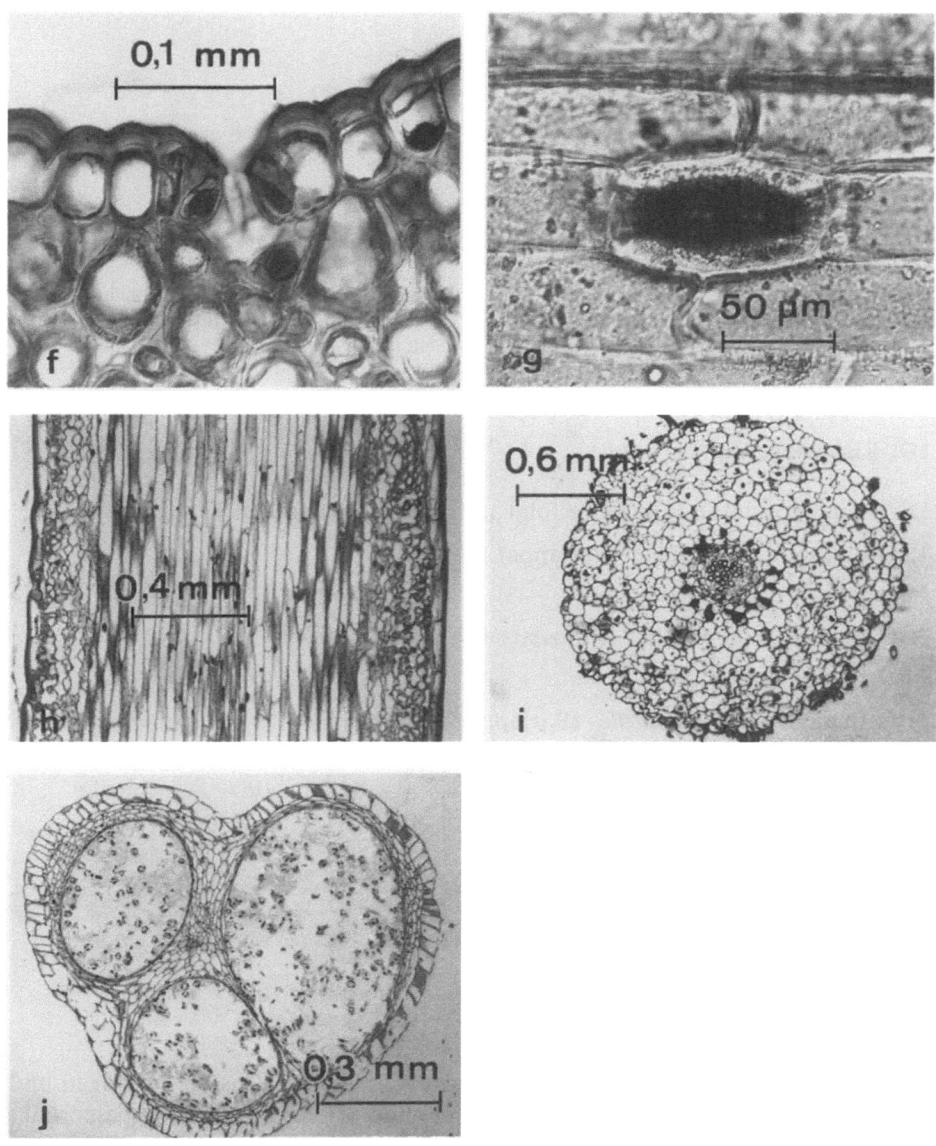

Abb. 57f–j

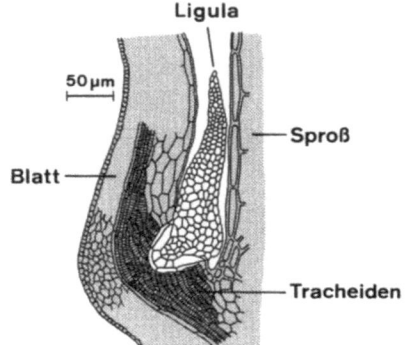

Abb. 58. *Selaginella lyallii.* Längsschnitt durch Blattbasis mit Ligula. (Nach Harvey-Gibson, verändert)

III. Klassifizierung

Die Einteilung in Ordnungen erfolgt nach morphologischen Kriterien.

1. Ordnung: *Lycopodiales* (Bärlappe)
Rezente und fossile Kräuter — isospor — keine Ligula

2. Ordnung: *Selaginellales* (Moosfarne)
Rezente und fossile Kräuter

3. Ordnung: *Lepidodendrales* (Bärlappbäume)
Fossile Bäume, teils mit Samenbildung — heterospor — Ligula

4. Ordnung: *Isoëtales* (Brachsenkräuter)
Rezente und fossile Kräuter mit schwachem sekundärem Dickenwachstum und fossile baumartige Formen

B. *Übungsanleitungen*

Wie auch schon früher bei der Besprechung von einigen Klassen der Algen und Pilze, wird bei der Auswahl der Objekte, die nur auf rezente Formen beschränkt sind, entsprechend der systematischen Klassifizierung vorgegangen. Es kommt noch hinzu, daß die Zahl der vorhandenen rezenten Gattungen gering ist. Nicht nur der Vollständigkeit halber, sondern auch weil sie wichtige Bindeglieder für die rezenten Formen sind, werden auch die fossilen Taxa erwähnt.

1. Ordnung: *Lycopodiales* (Bärlappe)

Merkmale: Von den etwa 400 meist tropischen Arten der einzigen rezenten Familie der Lycopodiaceae sind nur 9 in unseren Regionen heimisch. Diese wurden früher

3. Klasse: Lycopodiopsida (Bärlappgewächse)

in der Gattung *Lycopodium* zusammengefaßt. In den neueren Floren werden sie zumeist in 5 Gattungen aufgeteilt. Es handelt sich um meist plagiotrop wachsende Kräuter ohne sekundäres Dickenwachstum mit dichotomer Verzweigung von Sproß und Wurzel. Den dicht stehenden Mikrophyllen fehlt eine Ligula.

Die fossilen Bärlappe sind in der Familie der Protolepidodendraceae zusammengefaßt, die auch von einigen Autoren als selbständige Ordnung der Protolepidodendrales den Lycopodiales vorangesetzt wird.

Der Entwicklungs-Zyklus des als Leitart dienenden *Lycopodium clavatum* ist in Abb. 59 dargestellt.

Das früher verwendete Synonym *Lycopodium officinale* rührt daher, daß die Sporen dieser Art als „Sporae vel Semen Lycopodii" offizinell in Homöopathie und Allopathie verwendet wurden, z. B. zum Betupfen offener Wunden, zum Bestreuen von Pillen. Eine andere Art der Verwendung der Bärlappsporen war das Ausstreuen von Gießformen beim Metallguß und als eine Art Blitzlicht im Theater. Die trockenen Sporen brennen nämlich nach Entzündung blitzartig ab.

Wie aus Abb. 59 zu ersehen ist, trägt das Perispor netzartige Verdickungsleisten (1). Nach der Sporenkeimung bildet sich ein zunächst fünfzelliges Prothallium (2) und die Sporenwand reißt y-förmig (trilet) auf. Die weitere Entwicklung des von Chloroplasten freien Prothalliums setzt erst ein, wenn Mykorrhizapilze eingedrungen sind (3)*. Das unterirdisch (hypogäisch) lebende Prothallium erreicht eine Größe bis zu 2 cm. Wasseraufnahme erfolgt durch Rhizoide (4). Antheridien (5) und Archegonien (6) entstehen an der Oberseite des Prothalliums.

Die Tatsache, daß die Archegonien im Gegensatz zu denen der übrigen Pteridophyta meist noch mehrere Halskanalzellen enthalten, ist neben der Isosporie ein Kriterium für die phylogenetische Einordnung der Bärlappe an den Anfang der Progression innerhalb der Lycopodiopsida.

Nach Befruchtung der Eizelle (8) durch zweigeißelige Spermatozoiden (7) entsteht aus der Zygote ohne weitere Ruhephase der Embryo (9) des Sporophyten. Nach der ersten Teilung der Zygote bildet sich aus der oberen Zelle der Suspensor (Embryoträger = E). Durch diesen wird der Embryo in das Prothallium herabgedrückt, von dem er sich mit Hilfe eines Haustoriums (Fuß = F) ernährt. Da auf diese Weise der Scheitel des Embryos vom Hals des Archegoniums abgewandt ist, spricht man von einer endoskopischen Lage des Embryos. Im weiteren Verlauf der Entwicklung krümmt sich der Embryo nach oben, und der Sproßscheitel (S) mit dem ersten Mikrophyll (B) wächst aus dem Prothallium heraus. Seitlich am Sproß entsteht die erste Wurzel sproßbürtig (10).

---

* In vielen Lehrbüchern ist beschrieben, daß die Sporen der meisten *Lycopodium*-Arten eine Keimruhe von 5 bis 7 Jahren durchmachen und daß bis zur Bildung der Gametangien dann nochmals 12 bis 15 Jahre vergehen. Neuere Untersuchungen belegen jedoch, daß bei einigen Arten, z. B. bei der in unseren Breiten seltenen *Lycopodiella inundata*, die Sporen unmittelbar nach Kontakt mit dem Substrat keimen und daß die chlorophyllhaltigen Prothallien schon innerhalb eines Jahres epigäisch wachsen und Gametangien bilden. Es ist auch möglich, die Sporen anderer *Lycopodiella*-Arten unter Laboratoriumsbedingungen auf Mineralmedien zur Keimung zu bringen. In diesen axenischen Kulturen bilden sich teilweise auch ohne Mykorrhizapilze Prothallien, an denen im Verlauf von mehreren Monaten die Gametangien entstehen. Da aber diese Manipulationen zu aufwendig für ein Praktikum sind, werden diese Ergebnisse nur erwähnt [Foster and Gifford (1974); Whittier DP (1977) Canadian J Botany 55:563–567].

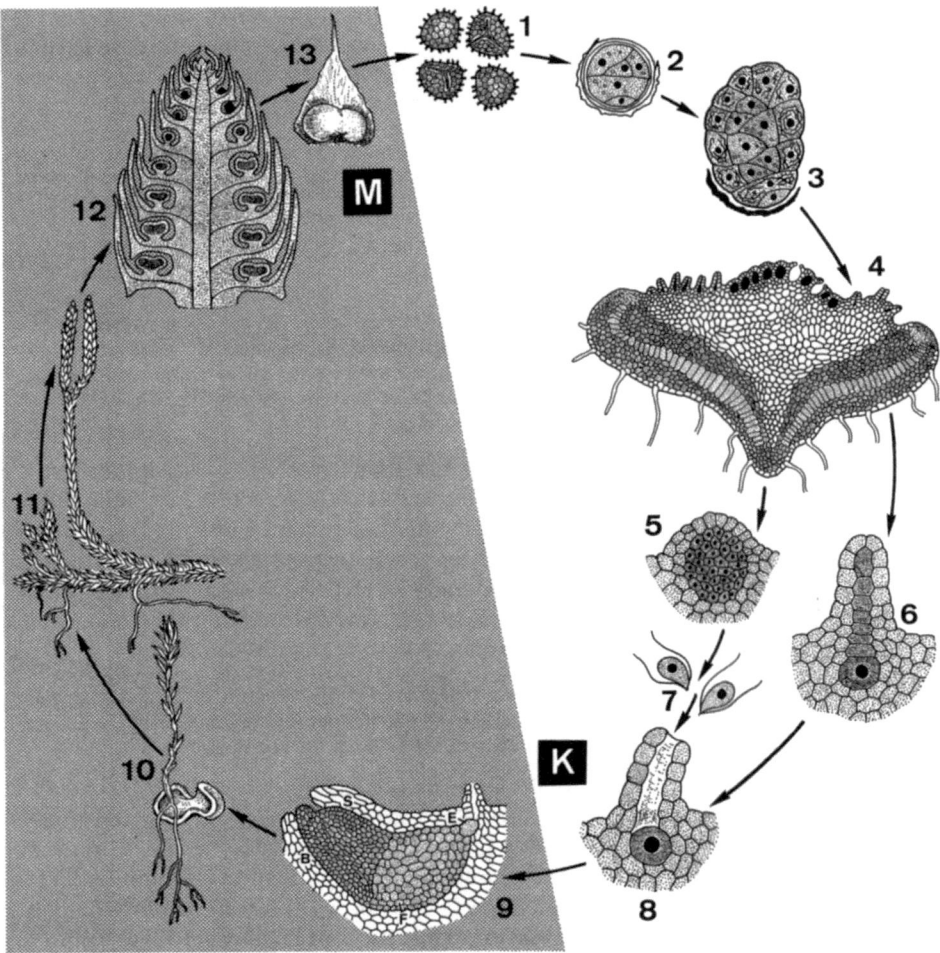

Abb. 59. Entwicklungs-Zyklus von *Lycopodium clavatum* (Keulen- oder Kolbenbärlapp), Haplo-Diplont mit heteromorphem Generationswechsel. Befruchtungs-Modus: Oogamie; Fortpflanzungs-System: Monözie. Die Bezeichnungen in Nr. 9 bedeuten: *B* = Blattanlage, *E* = Embryoträger, *F* = Fuß, *S* = Sproßscheitel. (Nach Engler, verändert)

Der Sporophyt wächst nicht mit einer Scheitelzelle wie die meisten Pteridophyta, sondern mit einer Gruppe von Initialzellen (Initialfeld). Die gabelig verzweigten plagiotropen Sprosse zeigen eine Anisotomie, d. h. nach jeder Verzweigung übergipfelt der eine Seitenzweig den anderen. Sie tragen an der dem Substrat zugekehrten Seite sproßbürtige Wurzeln (11). Gestielte Sporophyllstände (12) entstehen an den Enden von orthotropen Zweigen, wobei die Mikrophylle unterhalb der Sporophylle an den Stielen deutlich kleiner sind als an den plagiotropen Sprossen. Die nierenförmigen Sporangien bilden sich basal auf der Oberseite der Sporophylle (13). Sie öffnen sich mit einem Querriß.

3. Klasse: Lycopodiopsida (Bärlappgewächse) 127

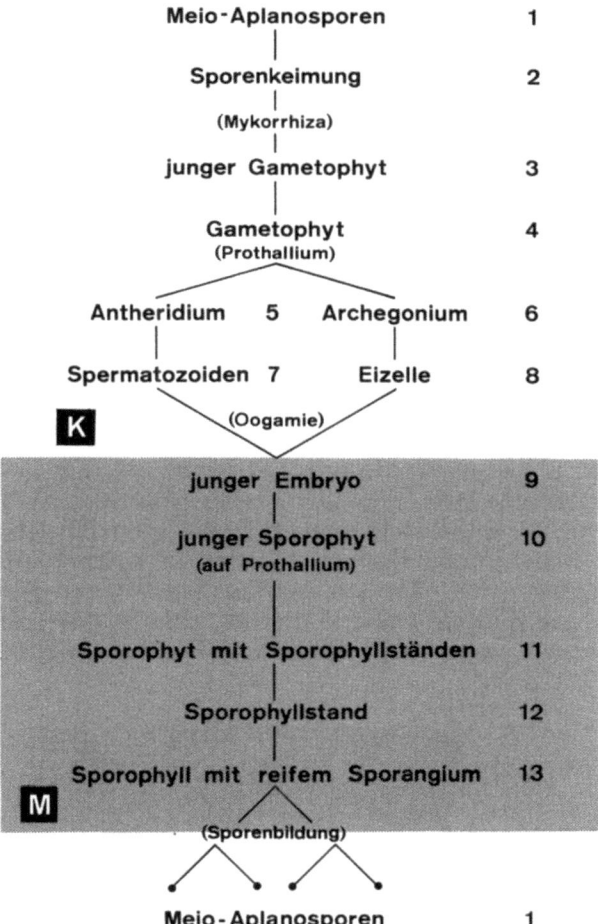

Material: Die heimischen Bärlappe bevorzugen kalkarme, humusreiche Wald- und Heideböden. Besonders in Nadelwäldern findet man *Lycopodium clavatum*, den Kolben- oder Keulenbärlapp. Die Sporophyllstände bilden sich im Juli bis August und sind infolge ihrer Orthotropie leicht zu erkennen. Relativ weit verbreitet ist auch *Huperzia selago* (syn. *Lycopodium selago*, Tannenbärlapp und andere regionale Trivialnamen), der keine deutlich abgesetzten Sporophyllstände hat, sondern dessen Sporangien in den Achseln normal gestalteter Mikrophylle stehen (Abb. 60b). *H. selago* bildet auch Brutknospen. In den Botanischen Gärten werden verschiedene Gattungen und Arten (meist aber keine heimischen) der Bärlappe kultiviert, so daß man auf dieses Material zurückgreifen sollte, da die heimischen Arten unter Naturschutz stehen.

Präparation und Aufgabe: Anhand des Habitus von *Lycopodium clavatum* und *Huperzia selago* den Unterschied zwischen anisotomer und isotomer Dichotomie

128   5. Abteilung: Pteridophyta (Farnpflanzen)

ansehen. Aus Querschnitten durch Sproß und Rhizom Deckglaspräparate herstellen und zunächst bei kleiner Vergrößerung Übersicht, dann bei großer Vergrößerung Ausschnitt und schließlich Übersicht bei mittlerer Vergrößerung zeichnen. Bei diesen Schnitten dürften im allgemeinen auch Blattquerschnitte anfallen. Medianer Längsschnitt durch einen reifen Sporophyllstand als Übersicht und dann bei mittlerer Vergrößerung Sporophophyll mit Sporangium zeichnen. Da Frischmaterial sehr weich ist, verwendet man hierzu besser fixiertes Material oder Dauerpräparate. Unter dem Präpariermikroskop einzelnes Sporophyll abnehmen und öffnen.

Beobachtungen: Durch die Anisotomie, die durch Übergipfelung entstanden ist (s. Abb. 56), wird bei *Lycopodium clavatum* ein monopodialer Wuchs vorgetäuscht. Dagegen ist die Dichotomie der isotom verzweigten *Huperzia spec.* klar zu erkennen (Abb. 60 b).

Bei der Übersicht des Querschnittes durch den Sproß (Abb. 61 a) wird die Gliederung in Zentralstrang und Rindengewebe deutlich. Im ersteren erkennt man nach Anfärbung mehrere gebogene oder ellipsoide Xylemstränge, die Ring-, Schrauben- und Treppentracheiden enthalten (Längsschnitt). Zwischen ihnen befindet sich das Phloem. Die Siebzellen sind deutlich größer als die die Zwischenräume füllenden Parenchymzellen (Abb. 61 b). Der Zentralzylinder ist von einer mehrschichtigen Scheide umgeben, deren äußere Zellreihen verholzt sind (Färbung!). Das Rindengewebe besteht aus großlumigen Zellen, die weiter außen zahl-

 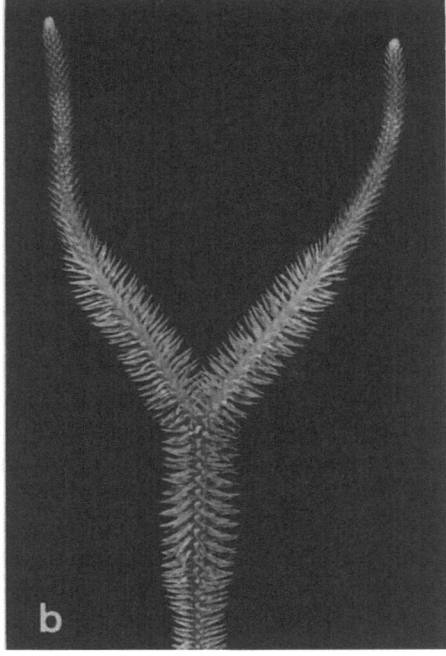

Abb. 60 a, b. a *Lycopodium clavatum,* anisotome Dichotomie; **b** *Huperzia spec.*, isotome Dichotomie

3. Klasse: Lycopodiopsida (Bärlappgewächse)

reiche Plastiden enthalten und in die als weiteres Festigungselement Collenchymzellen eingestreut sind (Abb. 61 c). Der Blattquerschnitt (Abb. 61 d) läßt keinerlei Differenzierung des Mesophylls erkennen, wie dies bei den höheren Pflanzen zumeist der Fall ist. Ein homogenes chloroplastenreiches Parenchym umschließt den zentralen Gefäßstrang. In der Epidermis, deren Außenwände verstärkt sind, findet man beidseitig Spaltöffnungen (Abb. 61 e). Im Zentralstrang des Rhizoms sind die Xylemstränge des Luftsprosses ebenfalls ausgeprägt (Abb. 61 f). Nach Präparation des Sporophyllstandes erkennt man von unten nach oben den unterschiedlichen Reifegrad der Sporangien. An der Basis der jungen Sporophylle beginnt die Entwicklung der Sporangien mit der Ausbildung kleiner pillenartiger Zellkomplexe, in denen sich dann nach Volumenzunahme das Archespor differenziert. Bei Sporenbildung schrumpft das Tapetum (Sekretionstapetum) (Abb. 61 g). Der Tetradenverband der jungen Sporen (Abb. 61 h) löst sich nach Öffnung des Sporangiums auf. Bei mittlerer Vergrößerung kann man an den reifenden Sporangien (Abb. 61 i) die präformierte Aufrißstelle sehen. Die reifen Sporen behalten aber ihre Tetraederstruktur. Im netzartig verdickten Perispor erkennt man die y-förmig (trilet) präformierte Öffnungsstelle für die spätere Sporenkeimung.

2. Ordnung: *Selaginellales* (Moosfarne)

Merkmale: Zu dieser Ordnung gehört nur eine rezente Familie (Selaginellaceae) mit der einzigen Gattung *Selaginella*, von deren etwa 500 Arten nur zwei in Mitteleuropa heimisch sind (*S. selaginoides* und *S. helvetica*). Es sind mehr oder minder plagiotrope, dichotom verzweigte, moosähnliche Kräuter mit einer Ligula an der Blattbasis und orthotropen Sporophyllständen.

Als Leitart dient *Selaginella helvetica*. Wie man dem Entwicklungs-Zyklus dieser Art entnehmen kann (Abb. 62), gibt es Mega- und Mikrosporen, die sich durch ihre Größe unterscheiden (1). In beiden Fällen erfolgt die Entwicklung der Prothallien in der Spore (2). Das männliche Prothallium besteht nur aus wenigen Zellen, einer linsenförmigen Fußzelle (F, der einzigen vegetativen Zelle), den 8 sterilen Wandzellen des Antheridiums und 2 bis 4 Zellen, aus denen sich nach weiteren mitotischen Teilungen die zweigeißeligen Spermatozoiden bilden (3). Die Wandzellen verschleimen zu diesem Zeitpunkt und lösen sich auf. Erst jetzt reißt die Wand der Mikrospore auf, um die Spermatozoiden (5) zu entlassen. In den Megasporen entsteht dagegen ein vielzelliges, farbloses Prothallium, unter dessen Druck die Wand der Megasporen dreizackig aufreißt. An der offenen Stelle entstehen neben den eingesenkten Archegonien in den drei Spitzen der Aufbruchstelle je ein Büschel einzelliger Rhizoide, die der Wasseraufnahme dienen (4). Im Gegensatz zu den Bärlappen erfolgt bei den Moosfarnen die Entwicklung der Prothallien stets epigäisch, und zwar zum Teil eingeschlossen in der Spore der Mutterpflanze. Von den in Mehrzahl vorhandenen Archegonien (6) entwickelt sich nach der Befruchtung nur aus einem Archegonium endoskopisch ein Embryo, der durch einen Embryoträger (Suspensor) (E) in das Prothallium gedrückt wird (7). Nach Aufkrümmen des Embryos werden Keimblätter (mit Ligula) (B) und Wurzel (W) frei, der Fuß (F) bleibt als Haustorium in der Spore (8). An den kriechenden Sprossen bilden sich an den Verzweigungen die blattlosen Wurzelträger (Rhizo-

130   5. Abteilung: Pteridophyta (Farnpflanzen)

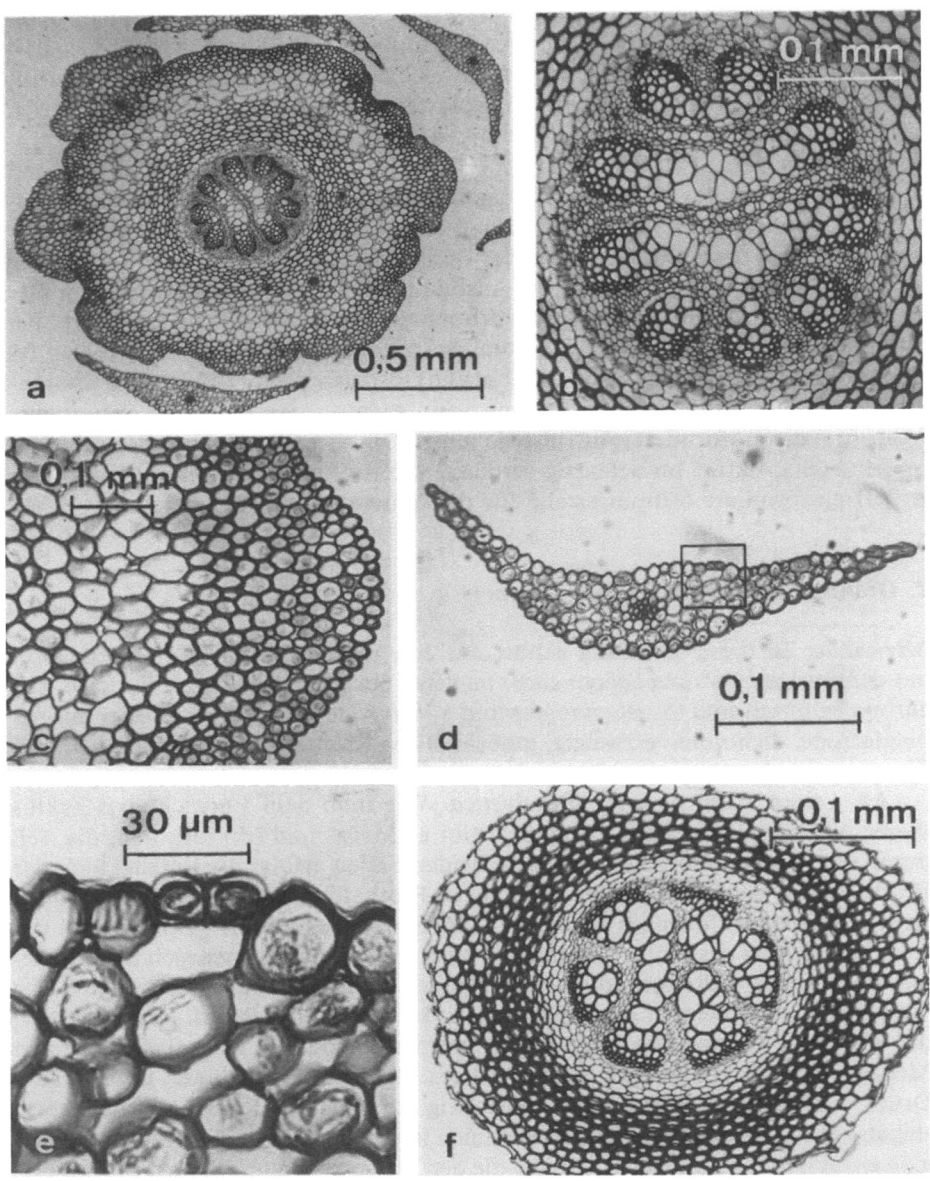

Abb. 61a–f

phoren), an deren Enden Wurzeln entstehen (9). In den meist aufrechten Sporophyllständen (10) entsteht oberseits an der Basis der Blätter jeweils nur ein Sporangium, das entweder zahlreiche Mikrosporen (11), oder nur vier Megasporen (12) enthält. Die Sporangienwand ist mehrschichtig. Bei der Sporenreife löst sich die innerste Schicht, das Tapetum, nicht auf (Sekretionstapetum). In den Sporo-

3. Klasse: Lycopodiopsida (Bärlappgewächse)

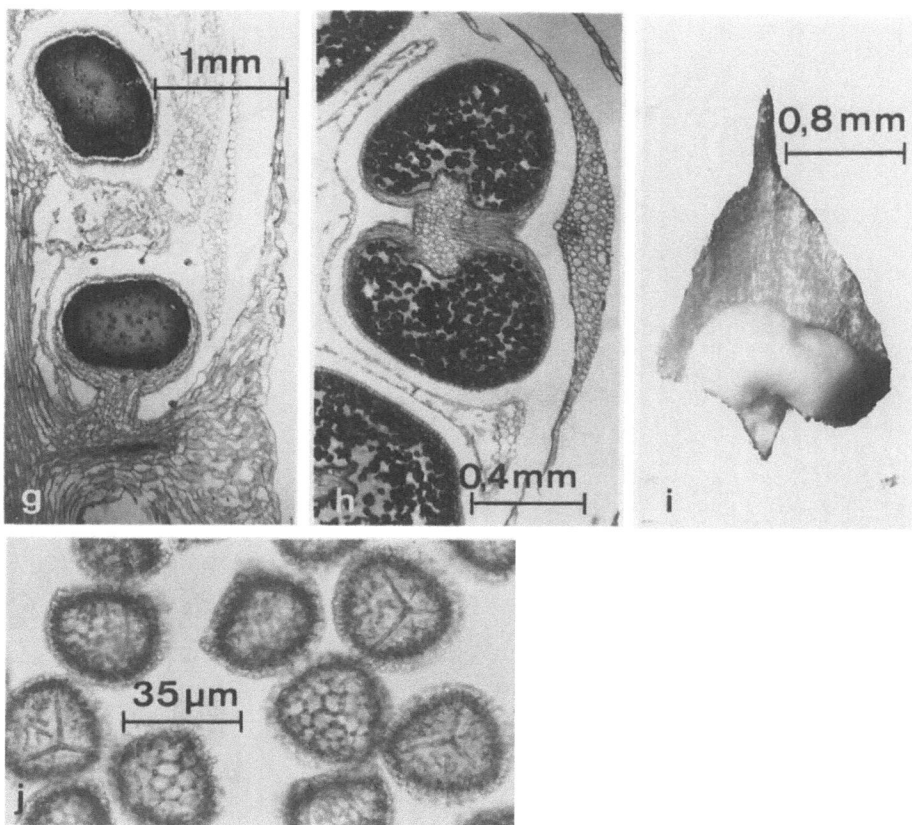

Abb. 61 a–j. *Lycopodium clavatum.* **a** Querschnitt durch Sproß mit angeschnittenen Blättchen; Ausschnitte aus a, Region des Zentralzylinders (**b**), Region des Rindengewebes (**c**); **d** Querschnitt durch Blatt; **e** Ausschnitt aus d, Epidermis mit Spaltöffnung; **f** Querschnitt durch Rhizom; Sporophyllstand: Ausschnitte aus medianem Längsschnitt (**g**) und Querschnitt (**h**); **i** Aufsicht auf reifes Sporangium; **j** reife Sporen

phyllständen tragen meist die unteren Blätter Megasporangien und die oberen Mikrosporangien.

Material: Selaginella helvetica (Schweizer Moosfarn) ist, wie schon der Name sagt, in der Alpenregion, und zwar in Höhen bis zu 2.100 m heimisch. Er wächst auch in einigen Mittelgebirgen als ein wärmeliebender Bodendecker auf alkalischen, aber nicht kalkhaltigen Lehmböden im Halbschatten. Reife Sporen findet man von Juni bis August. Der dornige Moosfarn *Selaginella selaginoides* bevorzugt Sonne. Man findet ihn auf alkalischen, kalkhaltigen Lehmböden, aber auch in Rieselfluren und Mooren der subalpinen und alpinen Stufe (bis zu 2.900 m) sowie in Mittelgebirgen. Sporangien reifen im Juni bis September. Da aber die Moosfarne als immergrüne Zierpflanzen beliebt sind, kann man sie, wenn man nicht auf das Potential eines Botanischen Gartens zurückgreifen kann, nicht sel-

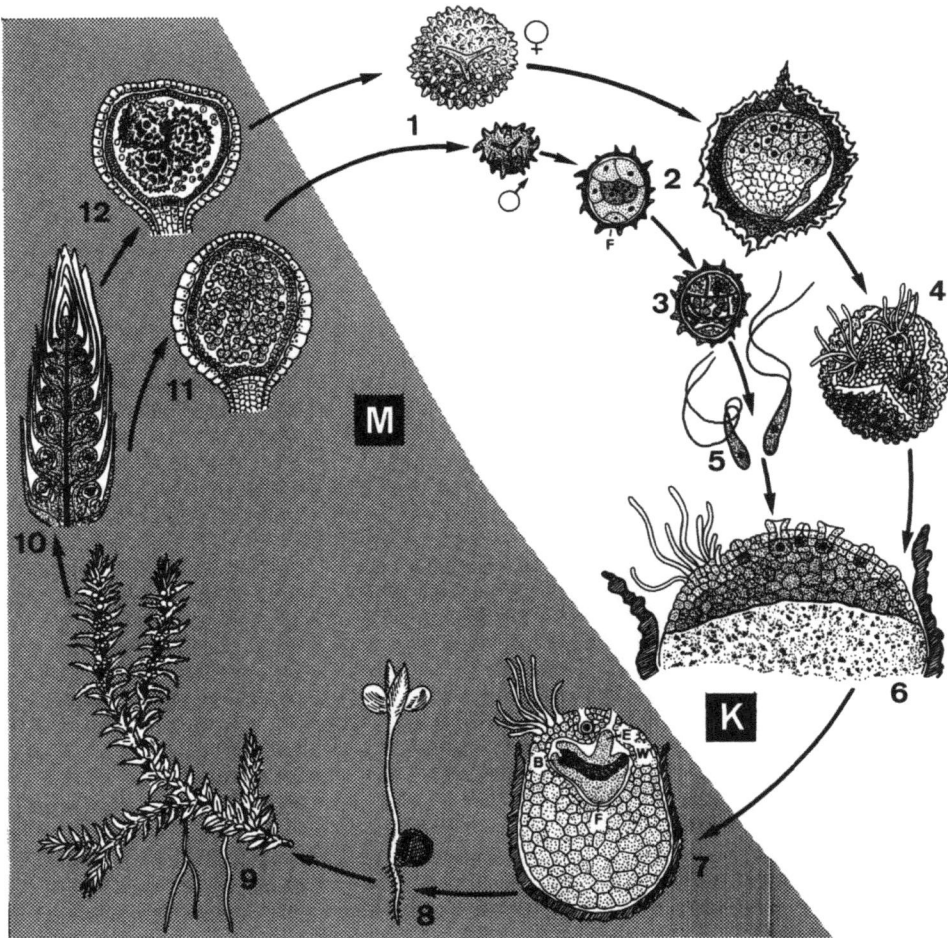

Abb. 62. Entwicklungs-Zyklus von *Selaginella helvetica* (Schweizer Moosfarn), Haplo-Diplont mit heteromorphem Generationswechsel; Befruchtungs-Modus: Oogamie; Fortpflanzungs-System: Morphologische Diözie. Aus Gründen der Übersichtlichkeit sind die Mikrosporen bzw. Mikroprothallien in Relation zu den Makrosporen bzw. Makroprothallien größer gezeichnet. Die Bezeichnungen in Nr. 7 bedeuten: *B* = Blatt, *E* = Embryoträger, *F* = Fuß, *W* = Wurzelträger. (Nach Walter, verändert)

ten im Blumengeschäft erwerben. Allerdings handelt es sich dabei meist um nicht genau definierte Arten. Natürlich läßt sich auch fixiertes oder Herbarmaterial verwenden, wenn keine reifen Sporophyllstände verfügbar sind.

Präparation und Aufgabe: Unter dem Präpariermikroskop Habitus betrachten und Ende eines vegetativen Zweiges skizzieren. Querschnitt durch Sproß und Wurzelträger (Rhizophor) in Übersicht und Ausschnitt zeichnen. Dabei fallen auch Blattquerschnitte an, die bei starker Vergrößerung gezeichnet werden. Tropho- und Sporophylle unter dem Präpariermikroskop vorsichtig abtrennen, um die Ligula und die Sporangien zu sehen. Reife Sporangien ausdrücken. Aus

3. Klasse: Lycopodiopsida (Bärlappgewächse) 133

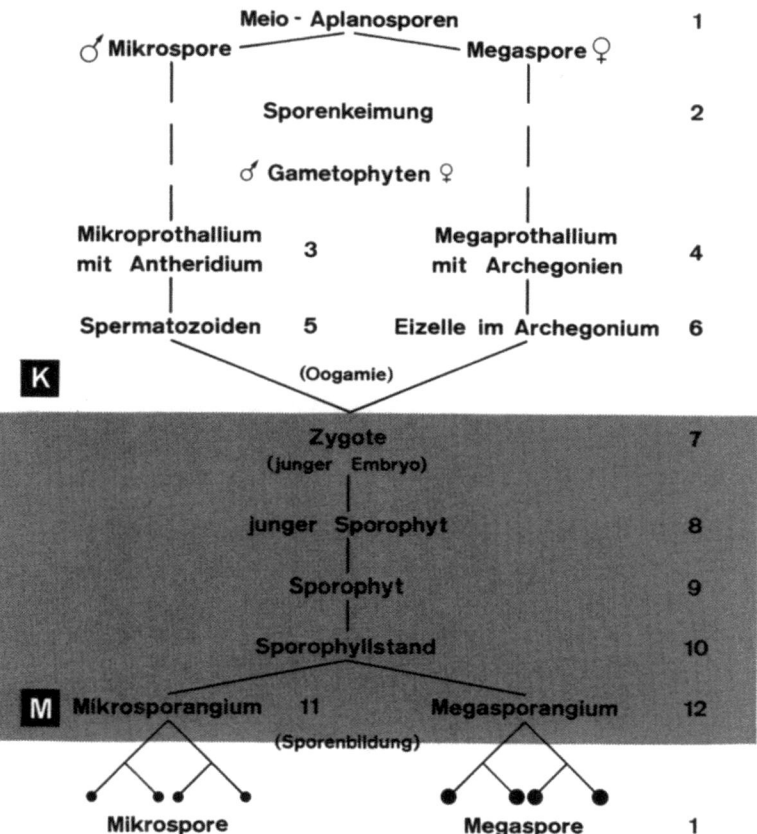

Deckglaspräparaten Sporen zeichnen. Längsschnitte durch Sporophyllstand anfertigen, Sporophylle mit Mikro- und Megasporangien zeichnen (Dauerpräparate). Bei starker Vergrößerung Mikro- und Megasporen zeichnen.

Nach Johansen (1940) kann man die Keimung der Sporen erreichen, wenn man diese unter sterilen Bedingungen in Petrischalen auf feuchtem Filterpapier aussät. Um das Wachstum der Prothallien zu fördern, wird nach einigen Tagen Knop'sche Nährlösung zugegeben. Wenn man dieses Material täglich fixiert und Mikrotomschnitte herstellt, ist es möglich die Prothallienbildung zu verfolgen. Da diese Technik für den Praktikumsbetrieb zu aufwendig ist, wird davon abgesehen, die Prothallienentwicklung bei *Selaginella* zu bearbeiten und auf Objekte verwiesen, die sich dazu besser eignen, wie z. B. der Schachtelhalm *Equisetum* (Abb. 70) und der Wurmfarn *Dryopteris* (Abb. 75).

Beobachtungen: Typisch für den Sproß der meisten *Selaginella*-Arten ist die Anisophyllie. Auf der Dorsalseite trägt der kriechende Sproß zwei Zeilen von kleinen, eiförmigen, eng anliegenden Blättern. Die Ventralblätter sind wesentlich größer und stehen rechtwinkelig vom Sproß ab (Abb. 63a,b). Im Blattquerschnitt sieht man, daß im Gegensatz zu den meisten höheren Pflanzen auch die Epidermiszellen Chloroplasten enthalten, und zwar an der Oberseite je einen und an der Unterseite mehrere, wie auch die Blattparenchymzellen (Abb. 63c). Spaltöffnungen sind

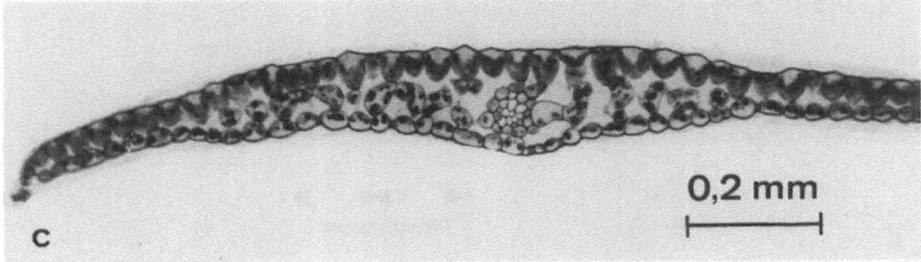
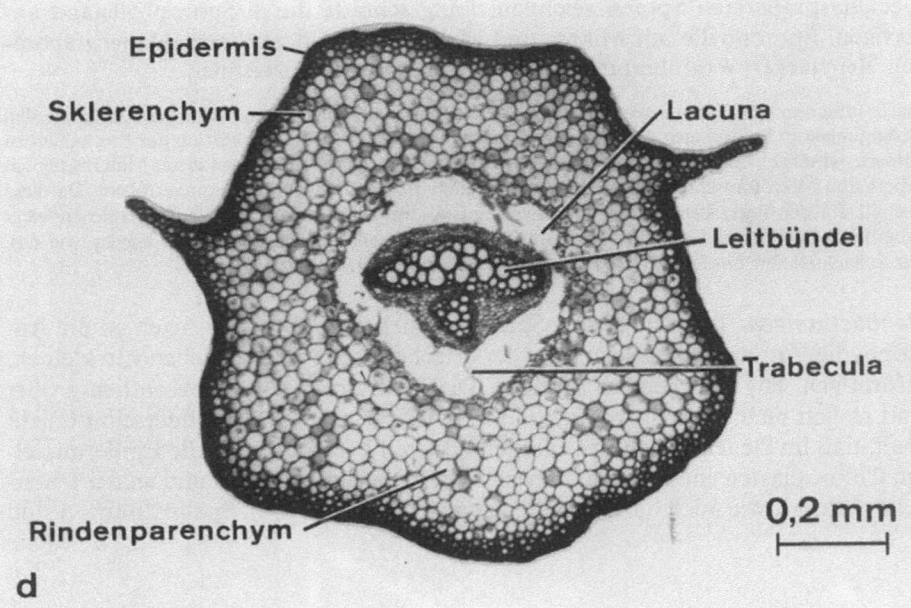

3. Klasse: Lycopodiopsida (Bärlappgewächse)

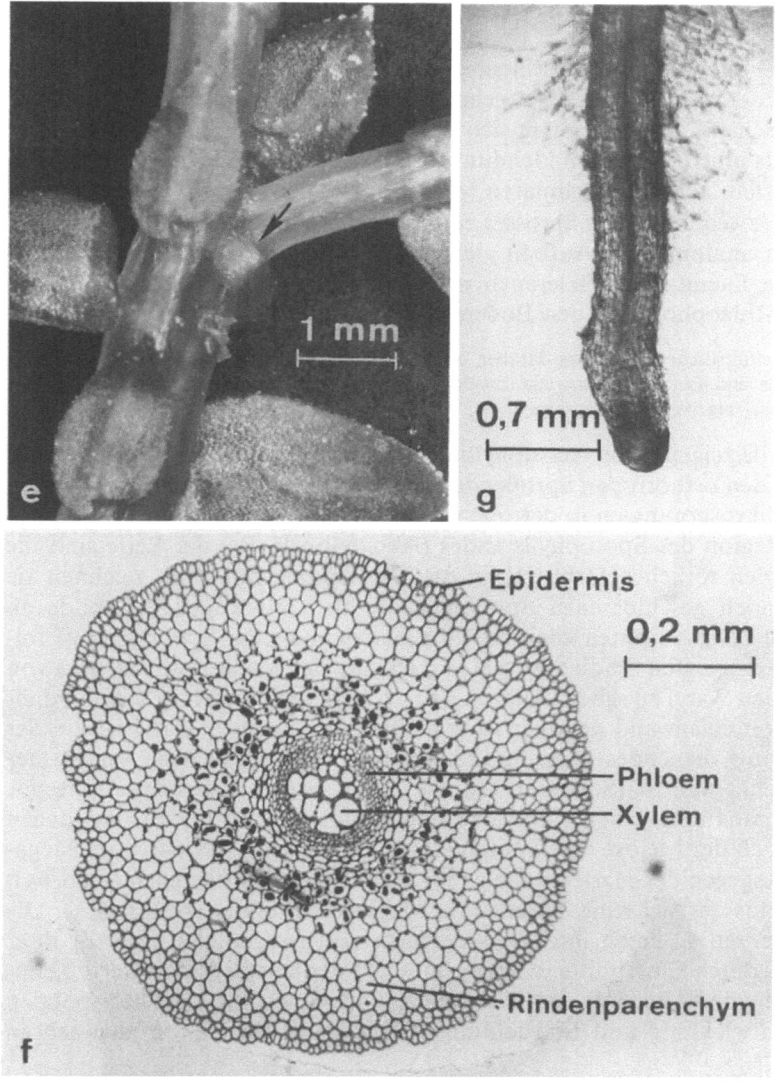

Abb. 63 a–g. *Selaginella spec.* **a** Habitus des Sprosses von dorsal; **b** Ausschnitt aus **a**; **c** Querschnitt durch Trophophyll; **d** Querschnitt durch Sproß; **e** Sproßabschnitt mit Wurzelträger (Rhizophor) in der Nähe einer Verzweigung, wie aus der Teilung des Leitbündels zu sehen ist, der sich nach hinten wegbiegt (Pfeil); **f** Querschnitt durch Wurzelträger; **g** Wurzelspitze mit Wurzelhaaren

nur an der Blattunterseite vorhanden. Die Sproßachse hat je nach Art ein bis mehrere konzentrische Leitbündel mit Innenxylem (Abb. 63 d). Der Zentralzylinder ist mit der Rinde durch Gewebestränge (Trabeculae) verbunden. Die auf diese Weise gebildeten interzellulären Hohlräume (Lacunae) sind bei den übrigen Pteridophyten nicht vorhanden (Abb. 63 d). Die Trabeculae können als eine umgebildete Endodermis angesehen werden, da sie in ihren Zellwänden Caspary'sche Streifen besitzen.

Die Rinde besteht aus der plastidenreichen Epidermis mit verdickten Zellwänden und darunter einer kleinlumigen, ebenfalls der Festigung dienenden, sklerenchymartigen Schicht. Daran schließt sich zunächst ein sehr großlumiges und dann unmittelbar als innere Rinde ein kleinlumiges Parenchym an. Beide enthalten keine Chloroplasten, aber Interzellularen (Abb. 63 d).

An den Verzweigungen des Sprosses entstehen oft Wurzelträger (Rhizophoren, Abb. 63 e). Ihr anatomischer Aufbau gleicht dem Sproß mit der Ausnahme, daß die Trabeculae, Lacunae und Sklerenchymzellen fehlen (Abb. 63 f). Erst nach Einwachsen der Rhizophoren in den Boden entstehen die Wurzeln (Abb. 63 g).

Es besteht keine einheitliche Auffassung darüber, ob die Rhizophoren als umgebildete Wurzeln oder Sprosse anzusehen sind. Einerseits entspricht ihre Funktion einer Wurzel, aber ihre Entstehung ist exogen und damit derjenige von Seitensprossen.

Die Sporophylle zeigen keine Anisophyllie. Sie bilden sich in vierzähligen Wirteln als Stände an den orthotropen Sproßenden (Abb. 64 a). Im allgemeinen entstehen die kleinen Mikrosporangien in der oberen und die größeren Megasporangien in der unteren Region des Sporophyllstandes (Abb. 64 b, c, d). Bei der Reife sind die Mikrosporangien rötlich gefärbt. Wenn die Megasporen reif sind, zeichnen sie sich in den noch geschlossenen Sporangien deutlich als kugelige Gebilde ab (Abb. 64 d). In Längsschnitten kann man die Entwicklung der Sporangien verfolgen. Schon in den ersten Stadien ist die Abgrenzung des späteren Archespors von der umgebenden Wand zu sehen (Abb. 64 e, h). In späteren Stadien ist die nun dreischichtige Sporangienwand deutlich zu erkennen. Die innerste Wand ist ein der Sporenernährung dienendes Tapetum (Abb. 64 f, j), das sich auch im Verlauf der Sporenreife nicht auflöst (Sekretionstapetum, Abb. 64 g, j). Aus dem Archespor des Mikrosporangiums gehen zahlreiche Sporenmutterzellen hervor, aus denen sich jeweils nach der Meiose eine Sporentetrade entwickelt (Abb. 64 g). Im Megasporangium dagegen degenerieren die zahlreichen Sporenmutterzellen (Abb. 64 i) bis auf eine, aus der sich eine Tetrade von Megasporen bildet (Abb. 64 j, k). Die reifen Megasporen verlieren ihre Tetraederform und runden sich ab. Auf ihrer Oberfläche ist durch Einschnitte in Form eines „Y" der trilete, präformierte Keimporus zu erkennen (Abb. 64 l), aus dem dann, nach Abschluß der intrasporalen Prothalliumentwicklung und Befruchtung, Wurzel und Keimsproß auswachsen (Abb. 64 m).

Abb. 64 a – m. *Selaginella helvetica.* Sporophyllstand: **a** Habitus, **b** Längsschnitt; **c** Mikrosporangium; **d** Megasporangium; Längsschnitte durch Mikrosporangien (jeweils seitlich die Ligula): **e** junges Stadium, Differenzierung in mehrschichtige Wand und Archespor; **f** älteres Stadium, Sporenmutterzellen, die Innenseite der Wand ist mit einem großzelligen Tapetum ausgekleidet; **g** Mikrosporangium mit Sporentetraden; Längsschnitte durch Megasporangien (jeweils seitlich die Ligula): **h** junges Stadium, Sonderung in Wand und Archespor; **i** älteres Stadium, um das Archespor hat sich bereits das Tapetum gebildet; **j** reifes Sporangium mit Megasporentetrade (die vierte Spore ist verdeckt); **k** Megasporentetrade; **l** Megaspore mit y-förmig präformiertem Keimporus; **m** junger Sporophyt nach Auswachsen aus dem in der Megaspore gebildeten Prothallium.

3. Klasse: Lycopodiopsida (Bärlappgewächse)

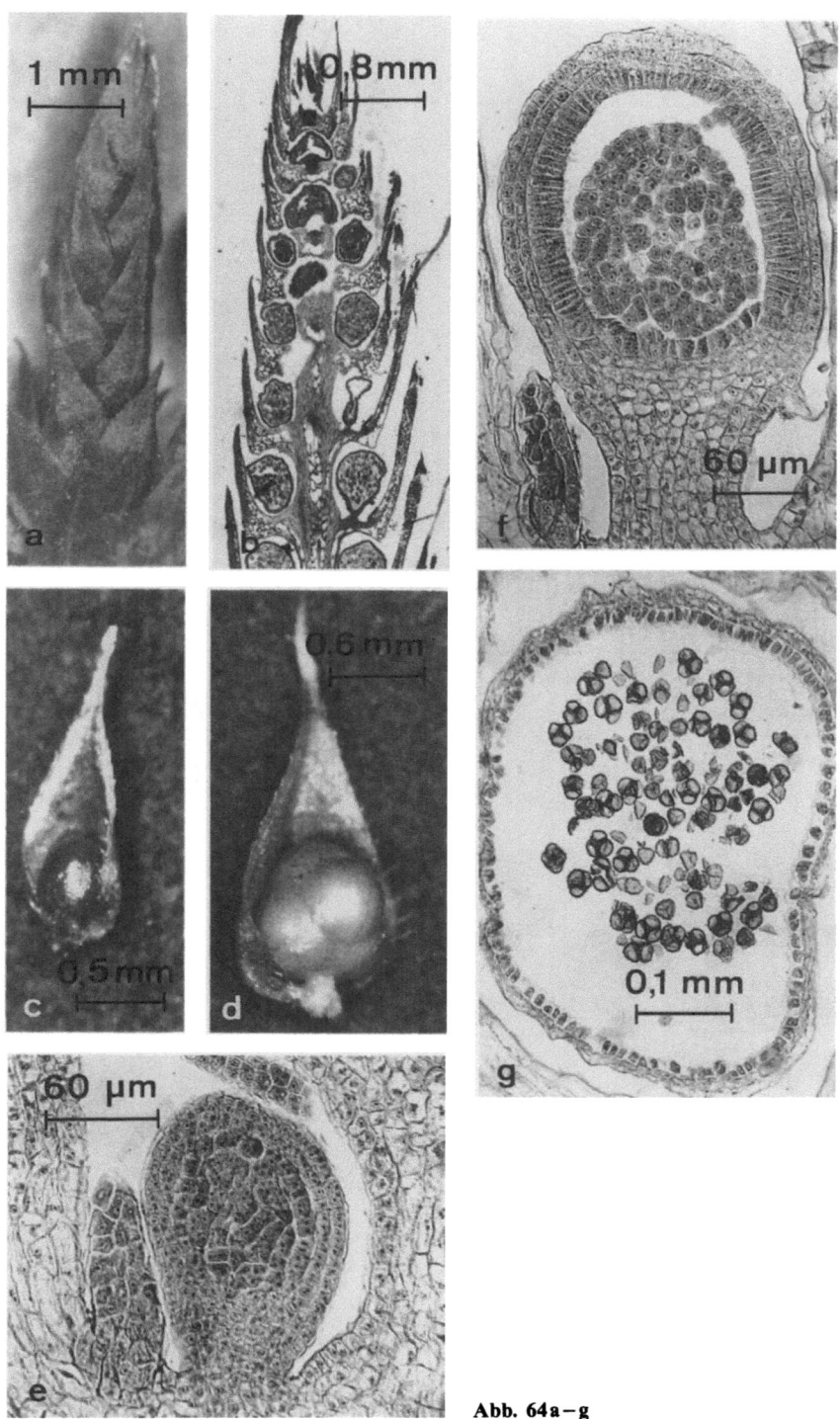

Abb. 64a–g

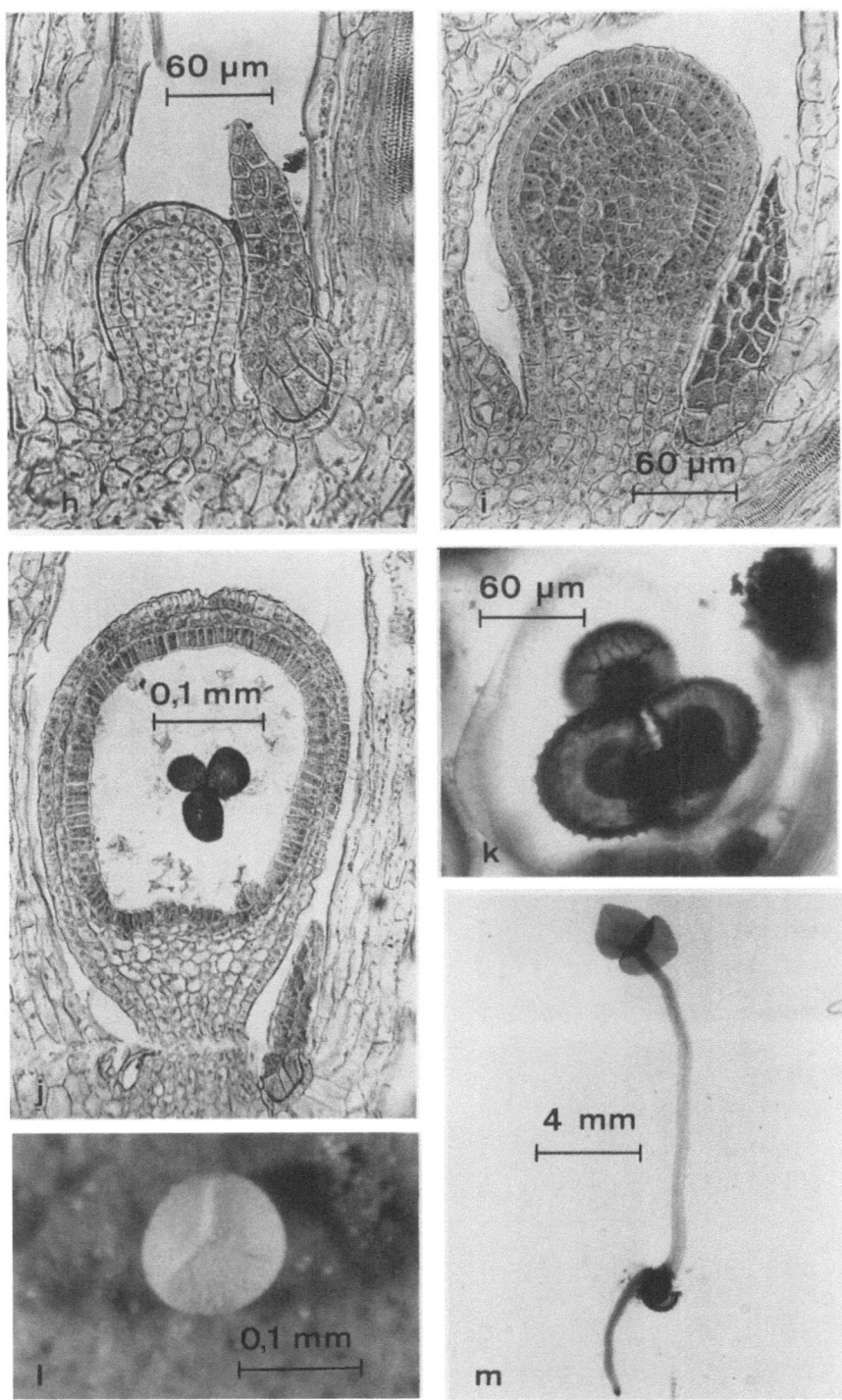

Abb. 64 h–m

3. Klasse: Lycopodiopsida (Bärlappgewächse)

3. Ordnung: *Lepidodendrales* (Bärlappbäume)

Merkmale: Die Bärlappbäume lebten vom Oberdevon bis zum Perm und hatten ihre Hauptverbreitung im Karbon und somit wesentlichen Anteil an der Kohlebildung. Da sie mit ihrem Wasserleitungs-System an feuchte Standorte angepaßt waren, wurden sie mit zunehmend trockenerem Klima von den Gymnospermen verdrängt. Die mächtigen Bäume erreichten eine Höhe bis zu 40 m, einen Stammdurchmesser bis zu 5 m und besaßen zum Teil eine dichotom verzweigte Krone. Ihre einnervigen, spiralig angeordneten Mikrophylle erreichten Längen bis zu 1 m und hinterließen nach Abfall an der Sproßachse typische Blattnarben. Diese gaben der Rinde eine schuppenartige Struktur bzw. hinterließen siegelartige Einprägungen. Die Bärlappbäume besaßen eine Ligula, deren Abdruck man deutlich in den Schliffen bzw. Abdrücken der Blattnarben erkennen kann*. Daneben sieht man die Leitbündelnarben und ein oder zwei Paar Narben, welche die Austrittstellen von Durchlüftungsgeweben markieren (Abb. 65a, b).

Typisch für den Sproß der Bärlappbäume ist die mächtige Rinde (Rindenbäume). Um den relativ kleinen Zentralzylinder (konzentrisches Leitbündel mit Innenxylem) liegt ein vielschichtiges Rindensystem (Abb. 65c) als Festigungsgewebe. Es war wahrscheinlich über das Ligularsystem auch an der Wasserversorgung beteiligt. An den rhizomartigen, gabelig verzweigten Wurzelträgern (Stigmarien) waren relativ kleine Wurzeln. Das Wurzelsystem hatte nämlich in erster Linie eine Haftfunktion und unterstrich somit die Anpassung dieser fossilen Bäume an feuchte Standorte. Die den Trophophyllen ähnlichen, aber meist kleineren Sporophylle trugen an ihrer Basis ein Sporangium, das entweder Megasporen oder Mikrosporen enthielt. Bei den höchstentwickelten Formen ist es sogar zu einer Samenbildung gekommen, bei der das Megasporophyll sich wie eine Hülle („Samenschale") um das Sporangium legte (Abb. 65d). Dieses Gebilde konnte offenbar durch eine apikale Öffnung die Mikrosporen aufnehmen. Die beiden Prothallien müssen sich dann innerhalb der „Samenschale" entwickelt haben, denn in den Schliffen findet man den Embryo wie in einem Samen von mehreren Wänden eingehüllt.

Die Megasporophylle waren bei diesen Lepidodendrales zu Zapfen zusammengewachsen, eine Entwicklung, die zu den rezenten Coniferen überleitet (s. auch Abb. 54). Anhand zahlreicher Fossilien ist es möglich, die Lepidospermae taxonomisch zu gliedern:

1. Familie: Sigillariaceae (Siegelbäume); Blattpolster in Längsreihen (Abb. 65a); Mikrophylle bis zu 1 m lang, aber nur 10 cm breit, endständig als Schopf an den nur selten verzweigten Sproßachsen; Sporophyllzapfen.

2. Familie: Lepidodendraceae (Schuppenbäume); rhombische Blattpolster (Abb. 65b). Blätter 10 cm lang; Stämme dichotom verzweigt; Sporophyllzapfen.

3. Familie: Lepidocarpaceae und *4. Familie: Miadesmiaceae*; werden vielfach wegen ihrer Samenbildung als Samenbärlappe zusammengefaßt. Im ersten Fall handelt es sich, wie bei *Lepidocarpon*, um baumartige und im zweiten Falle, wie bei *Miadesmia*, um krautige Farnpflanzen mit ähnlichem Habitus wie *Selaginella*.

4. Ordnung: *Isoëtales* (Brachsenkräuter)

Merkmale: Wie bei den Bärlappen und Moosfarnen gibt es bei den Brachsenkräutern nur eine rezente Familie, die Isoëtaceae, mit nur zwei Gattungen. *Isoëtes* ist, obwohl weltweit 150 Arten bekannt sind, in Mitteleuropa fast ausgestorben. Es gibt nur 2 Arten (*I. lacustris* und *I. setaca*). Die Gattung *Stylites* (zwei Arten in Peru) wird vielfach wieder in die Gattung Isoëtes eingegliedert.

---

* Material kann von den entsprechenden Anbietern (S. 207) käuflich erworben werden. Es besteht natürlich auch die Möglichkeit, sich bei den wenigen noch in Betrieb befindlichen Zechen nach Fossilien zu erkundigen. Eine umfangreiche Sammlung findet man in Europas einzigem Bergbaumuseum: Deutsches Bergbaumuseum, Am Bergbaumuseum 28, D-4630 Bochum 1.

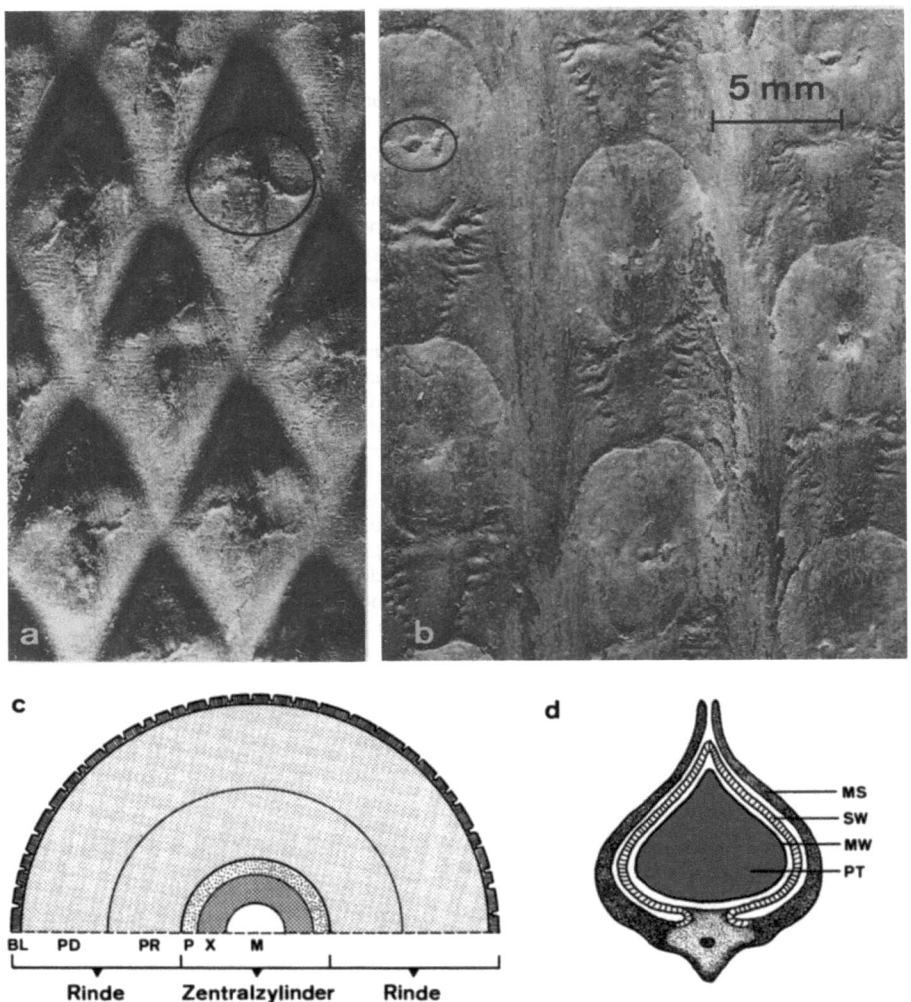

BL-Blattpolster, PD-Periderm, PR-primäre Rinde, P-Phloem, X-Xylem, M-Mark

MS-Megasporophyll, SW-Sporangienwand, MW-Megasporenwand, PT-Prothallium

Abb. 65a–d. Lepidodendrales (Bärlappbäume): Blattpolsterabdrücke aus Steinkohle. **a** *Lepidodendron spec.* (Schuppenbaum); **b** *Sigillaria spec.* (Siegelbaum), Leitbündelnarben sind umrandet; **c** *Lepidodendron spec.* Stammquerschnitt, schematisch (nach Hirmer verändert); **d** *Lepidocarpon lomaxi* Längsschliff durch Megasporangium, schematisch. (Nach Scott verändert)

Die Brachsenkräuter sind Bärlappgewächse, die sekundär „ins Wasser zurückgegangen sind". Sie leben entweder submers oder an Standorten, die periodisch von Wasser überflutet sind oder auch rein terestrisch. Die gestauchte Sproßachse dieser Kräuter lebt unterirdisch. Ausgehend von einem zentralen Leitbündel gibt es in begrenztem Maße ein sekundäres Dickenwachstum. Die Wurzeln sind dicho-

3. Klasse: Lycopodiopsida (Bärlappgewächse)

tom verzweigt. Die pfriemförmigen Tropho- und Sporophylle weisen keine morphologischen Unterschiede auf, wenn man von den an der Basis der Blattoberseite unterhalb der Ligula in einer Grube (Fovea) eingesenkten Sporangien absieht. Die Mega- und Mikroprothallien entwickeln sich, ähnlich wie bei *Selaginella*, innerhalb der Sporenwände. Der Embryo entsteht exoskopisch, ein Suspensor ist nicht vorhanden.

Die Brachsenkräuter leiten sich über Zwischenformen von den Siegelbäumen des Karbons ab und hatten in der Kreide ihre größte Entfaltung. Die zahlreichen Formen waren wesentlich größer als die rezenten Kräuter. So erreichte die als Bindeglied zu den Sigillariaceae anzusehende *Pleuromeia* im Trias eine Größe bis zu 2 m, bei einem Durchmesser von nur 10 cm.

Der Name Brachsenkraut leitet sich ab von einem Fisch, der Brachse (*Abramis brama*), der dem Karpfen verwandt ist. Da dieser in Pommerschen Seen mit starken Isoëtes Populationen gefischt wurde, kam er zusammen mit dem Brachsenkraut auf den Markt.

Material: *Isoëtes lacustris* (See-Brachsenkraut) lebt in Mitteleuropa submers in kleinen oligo- bis dystrophen Seen mit Schlammgrund, selten in Teichen. *Isoëtes setaca* (Zartes Brachsenkraut) ist ebenfalls ein Hydrophyt und wächst in der oberen Sublitoralzone, nahe der Niedrigwasserlinie, in oligotrophen Seen, auf schlammigem oder torfhaltigem Grund. Das Zarte Brachsenkraut kann in kälteren Seen flächendeckende Populationen bilden, ist aber in Mitteleuropa noch seltener anzutreffen als das See-Brachsenkraut.

Da die Brachsenkräuter sich leicht submers in Gewächshäusern kultivieren lassen, kann man das Untersuchungsmaterial auch selbst in Kultur halten. In jedem Falle sollte man die Möglichkeit schaffen, auf fixiertes Material zurückgreifen zu können.

Präparation und Aufgabe: Mit dem unbewaffneten Auge zunächst den Habitus eines Brachsenkrautes anschauen, dann vorsichtig eines der größeren Blätter abpräparieren und mit der Lupe oder unter dem Präpariermikroskop nach der Fovea an der oberseitigen Blattbasis suchen. Die kleineren inneren Blätter sind meist steril. Unter dem Präpariermikroskop sieht man, daß der obere Teil der Fovea mit einem dünnen Häutchen (Velum) bedeckt ist. Dieses wegpräparieren und Fovea mit darüberliegender Ligula skizzieren. Von einem Querschnitt durch das Blatt oberhalb der Fovea Deckglaspräparat herstellen und Übersicht zeichnen. Nach einem medianen Längsschnitt durch die Blattbasis aus Deckglaspräparat (Handschnitt oder Dauerpräparat) eine Detailzeichnung der Region Ligula/Fovea anfertigen. Um die Megasporangien zu erhalten, eines der äußeren Blätter entnehmen. Mikrosporangien findet man an den etwas weiter innen gelegenen Blättern.

Nach Johansen (1940) ist es möglich, die Sporen von Isoëtes zur Keimung zu bringen, wenn man diese in Petrischalen auf Erde ihres natürlichen Standortes aussät. Da einerseits die Keimrate sehr gering sein soll und zum anderen wegen der unsterilen Bedingungen mit Pilz- und Bakterieninfektionen zu rechnen ist, wird — aus den gleichen Gründen wie schon bei *Selaginella* (S. 133) erwähnt — die Aufgabenstellung nicht weiter verfolgt.

Beobachtungen: Wenn man ein Brachsenkraut, z. B. *Isoëtes lacustris,* betrachtet (Abb. 66a), sieht man, daß an der Sproßbasis je nach Alter aus 2 bis 3 Längsfurchen Reihen von dichotom verzweigten hohlen Wurzeln entspringen. Die zahlreichen Blätter können 5 bis 20 cm lang werden. Sie sind an der Basis abgeflacht,

142 5. Abteilung: Pteridophyta (Farnpflanzen)

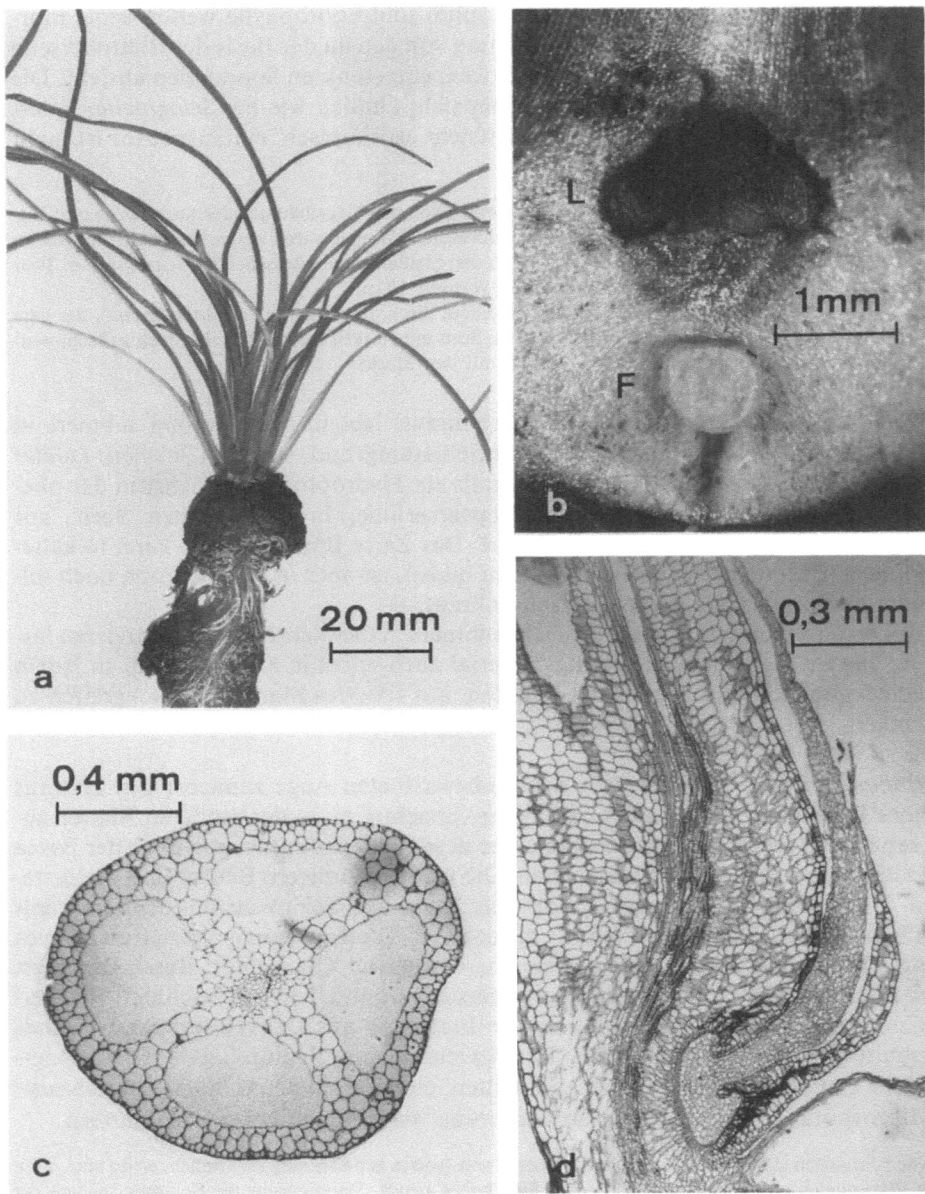

Abb. 66a–d

4. Klasse: *Equisetopsida* [Articulatae] (Schachtelhalme)

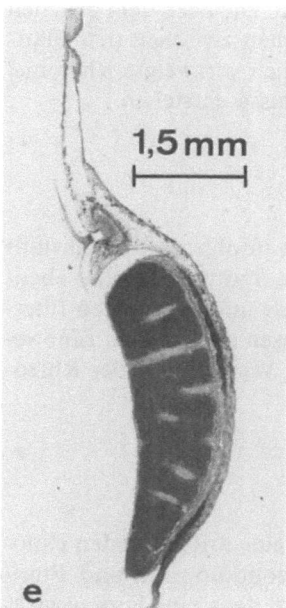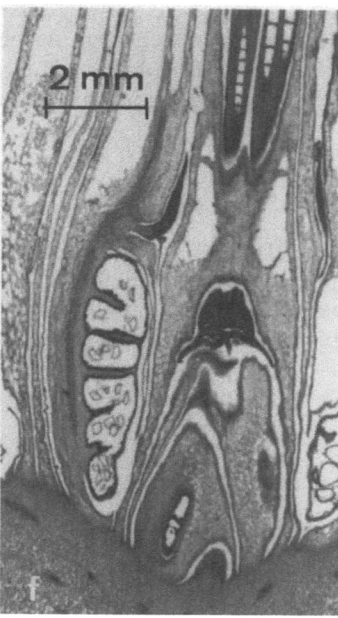

Abb. 66a–f. *Isoëtes lacustris.* **a** Habitus; **b** Aufsicht auf Oberseite der Basis eines Sporophylls mit Fovea (*F*) und Ligula (*L*); **c** Querschnitt durch Blatt oberhalb der Fovea-Region; **d** Medianer Längsschnitt durch Basis eines Trophophylls mit Ligula; Längsschnitte durch Basis von Sporophyllen mit: **e** Mikrosporangium; **f** Makrosporangium

weiter oben fast stielrund und zugespitzt. Nach Abpräparieren eines der dunkelgrün gefärbten Blätter sieht man die über der Fovea eingesenkte Ligula (Abb. 66b), die vor allem im Längsschnitt deutlich zu sehen ist (Abb. 66d). Im Querschnitt erkennt man, daß die Blätter ein zentrales Leitbündel besitzen und von je zwei ventralen und dorsalen Hohlräumen (Luftkammern) durchzogen sind (Abb. 66c). Spaltöffnungen sind nicht vorhanden. Die Sporangien (Abb. 66e, f), die eine Länge von bis zu 0,5 cm erreichen können, sind von Strängen aus sterilem Gewebe durchzogen (Trabeculae). Ihre Wand ist mehrschichtig und wird nach innen von einem Sekretionstapetum abgeschlossen. Die Sporen werden erst nach Verwesung der Sporangienwand frei. Die Megasporen haben einen Durchmesser von 500 bis 700 μm und die Mikrosporen von etwa 30 μm.

4. Klasse: *Equisetopsida* [Articulatae] (Schachtelhalme)

A. Allgemeine Einführung

I. Merkmale

Die Sproßachse der Schachtelhalme ist, mit Ausnahme einiger fossiler Formen, deutlich in Nodien und Internodien gegliedert. An den Nodien bilden sich quirlförmig Mikrophylle, die an der Blattbasis verwachsen sind. Die nach dem gleichen Prinzip aufgebauten Seitenzweige entstehen an den Nodien zwischen den Blättchen. Die rezenten Schachtelhalme überdauern durch reich verzweigte Rhizome, an denen zu Beginn der Vegetationsperiode die Luftsprosse entstehen.

II. Fortpflanzung

Die gestielten, meist schildförmigen Sporophylle tragen infolge einer Einkrümmung (s. Abb. 56) die Sporangien an der Unterseite. Die Sporophylle sind ebenfalls als Quirle angeordnet, bilden aber ährenartige Stände mit gestauchten Internodien. Die grünen, lappig verzweigten Prothallien wachsen oberirdisch. Eine vegetative Fortpflanzung – außer durch Bruchstücke und Verzweigung der Rhizome – ist nicht bekannt.

III. Klassifizierung

Wie aus Abb. 54 zu ersehen, sind die Schachtelhalme als eine dritte von den Psilophytopsida abzuleitende Evolutionslinie neben den Lycopodiopsida und Pteridopsida aufzufassen. Allerdings endet diese Linie „blind", denn eine Fortentwicklung zu den Spermatophyta ist nicht nachzuweisen. Die Schachtelhalme hatten ihre Hauptverbreitung im Karbon und bildeten dort bis zu 30 m hohe Bäume. Im Gegensatz zu der damaligen Formenfülle sind die heute noch lebenden Formen sehr einheitlich gebaut. Sie werden in einer einzigen Familie, Equisetaceae, mit der einzigen Gattung *Equisetum* zusammengefaßt, von der es je nach Autor 15 bis 30 Arten gibt. Die Equisetopsida lassen sich wie folgt klassifizieren:

1. Ordnung: Sphenophyllales (Keilblattgewächse), fossil, Oberdevon bis Perm. Auffallend dünner Stamm, krautig bis 1 m hoch, keilförmige Quirle. Durchmesser wenige cm, triarches, zentrales Leitbündel, teilweise sekundäres Dickenwachstum.
Mikrophylle: in 6- oder 9-zähligen Wirteln, keilförmige Lamina, wird gedeutet als Reduktion und Verwachsungen dichotomer Verzweigungs-Systeme (s. Thelomthrie, Abb. 56).

2. Ordnung: Equisetales, vorwiegend fossile Formen. Sproßachse: mit zentralem Hohlraum (anstelle des Marks), bei den fossilen Bäumen sekundäres Dickenwachstum, neben den Luftsprossen auch Erdsprosse (Rhizome).
Mikrophylle: gabelteilig oder pfriemförmig, meist zu gezähnten Scheiden verbunden, welche die Nodien umschließen. Sporophylle tischförmig mit Sporangien an der Unterseite.

1. Familie: Archaeocalamitaceae, fossil, Unterkarbon, einzige Gattung *Archaeocalamites* mit dichotom verzweigten Mikrophyllen.

2. Familie: Calamitaceae (Röhrenbäume), fossil, Oberkarbon bis Perm. Sproß: deutlich in Nodien und Internodien gegliedert (Abb. 67). Baumförmig, Höhe 20 bis 30 m, Durchmesser bis 1 m, sekundäres Dickenwachstum, teilweise Bildung von Borke.
Mikrophylle: lanzettförmig, an den fertilen Sproßenden alternierende Quirle mit Sporophyllen und Trophophyllen, Isosporie und Heterosporie. Die im Oberkarbon weit verbreitete Gattung *Calamites* war zusammen mit den Schuppen- und Siegelbäumen (S. 139) wesentlich an der Bildung der Steinkohle beteiligt.

4. Klasse: *Equisetopsida* [Articulatae] (Schachtelhalme)

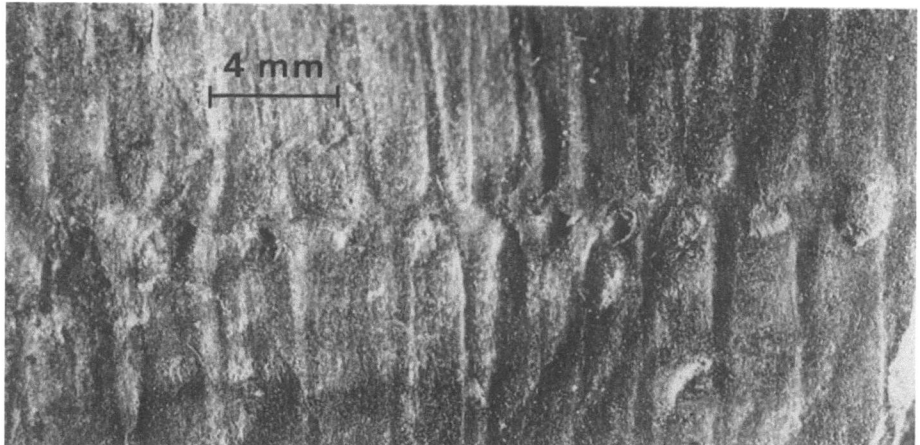

Abb. 67. *Calamites spec.* Abdruck eines Röhrenbaumes auf Steinkohle, quer über die Bildmitte verlaufend erkennt man deutlich ein Nodium mit den Narben eines Blattquirls.

3. Familie: Equisetaceae (Schachtelhalme) seit Karbon bis heute. Abgrenzung zu den Calamitaceae: kein sekundäres Dickenwachstum, Sporophyllstände nicht von Trophophyllwirteln unterbrochen; Sporen mit Hapteren [Abb. 68(1)]. Einzige Gattung *Equisetum* (Schachtelhalm) mit 15 bis 30 Arten.

B. Übungsanleitungen

Unterrichtsfilm Nr. 52: Entwicklung des Schachtelhalmes, *Equisetum*.
Unterrichtsfilm Nr. 53: Chemotaxis der Schachtelhalm-Spermatozoiden (*Equisetum hyemale*).
Unterrichtsfilm Nr. 54: Hygroskopische Bewegung, Hapteren der *Equisetum*-Spore.

Als Leitart der rezenten Schachtelhalme dient *Equisetum arvense*, der Ackerschachtelhalm, dessen Entwicklungs-Zyklus in Abb. 68 dargestellt ist. Die Meiosporen (1) zeigen keine morphologischen Unterschiede. Auf die aus Exospor und Endospor bestehende Wand ist ein Perispor aufgelagert. Dieses besteht aus vier Bändern (Hapteren), die sich in feuchtem Zustand um die Spore winden und sich bei Trockenheit entrollen. Die Sporen keimen zunächst mit einem Rhizoid (2), dann erst erfolgt die Bildung der chloroplastenreichen gelappten Vorkeime (3). An den dorsiventralen, epigäisch wachsenden Prothallien bilden sich meist entweder nur Antheridien oder Archegonien (4). In den Antheridien (5) entstehen zahlreiche polycilate Spermatozoiden (7). Die Archegonien (6) enthalten noch mehrere Halskanalzellen. Nach der Befruchtung (8) entwickelt sich der Embryo (9) exoskopisch, ein Suspensor ist nicht vorhanden. Der Sproß des Sporophyten, der mit einer dreischneidigen Scheitelzelle wächst, ist beim Verlassen des Archegoniumhalses schon von dem ersten Blattquirl umschlossen. Die Wurzel durchwächst das Prothallium nach basal (10). Der Sporophyt wächst hypogäisch als perennierendes Rhizom und bildet, je nach Jahreszeit, oberirdische Triebe als fertile bzw.

146   5. Abteilung: Pteridophyta (Farnpflanzen)

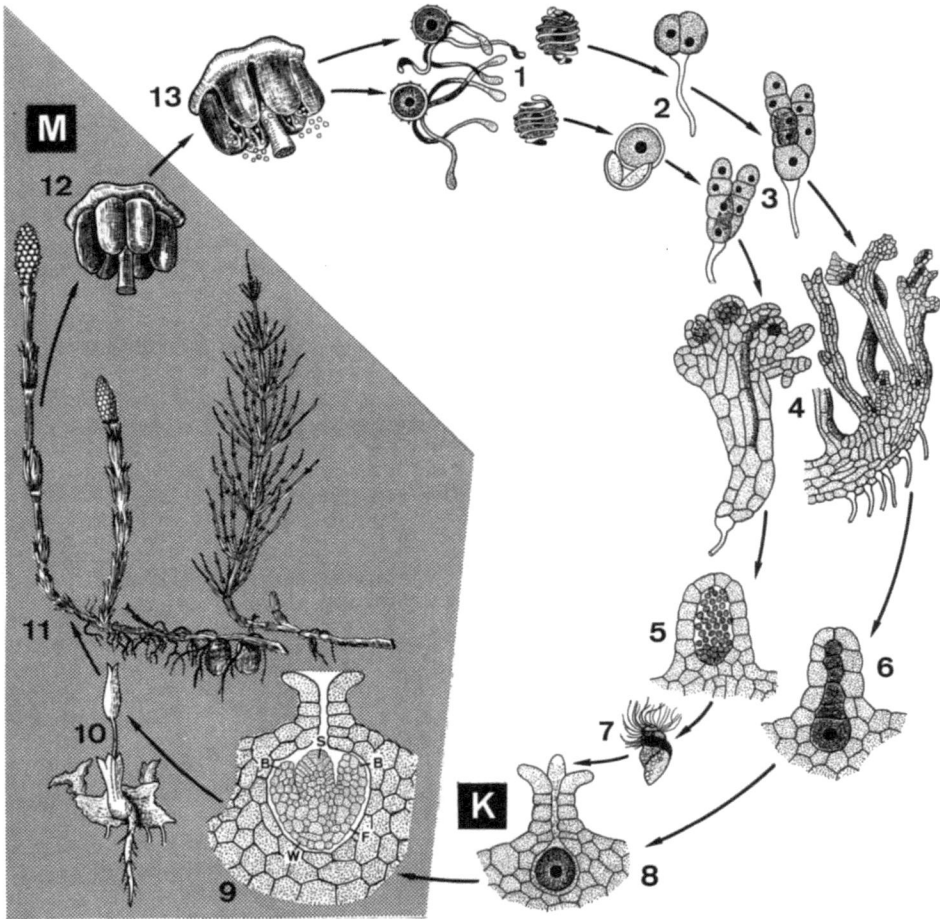

Abb. 68. Entwicklungs-Zyklus von *Equisetum arvense* (Ackerschachtelhalm), heteromorpher Haplo-Diplont. Befruchtungs-Modus: Oogamie; Fortpflanzungssystem: Monözie. Allerdings hängt es von äußeren Bedingungen ab, ob sich an den Prothallien Antheridien und/oder Archegonien bilden. Bei Nahrungsmangel entstehen nämlich ausschließlich Antheridien. Durch diese unterschiedliche Art der Gametangiendifferenzierung wird oft morphologische Diözie vorgetäuscht. Die Bezeichnungen in Nr. 9 bedeuten: B = Blatt, S = Sproß, F = Fuß, W = Wurzel. (Nach Walter, verändert)

sterile Luftsprosse aus. Die nur im Frühjahr entstehenden unverzweigten, bräunlichen, fertilen Sprosse tragen apikal zapfenförmige Sporophyllstände. Die photosynthetisch aktiven, sterilen Sprosse (Sommersprosse) sind vielfach verzweigt und dienen der Nährstoffversorgung. Die Bevorratung erfolgt in Knollen, die als Seitensprosse aus den Rhizomen wachsen. Sowohl Frühjahrssprosse als auch Sommersprosse sind annuell (11). Die tischförmigen Sporophylle tragen an der Unterseite die Sporangien (12), welche sich mit einem Längsriß bei der Reife öffnen (13).

4. Klasse: *Equisetopsida* [Articulatae] (Schachtelhalme)

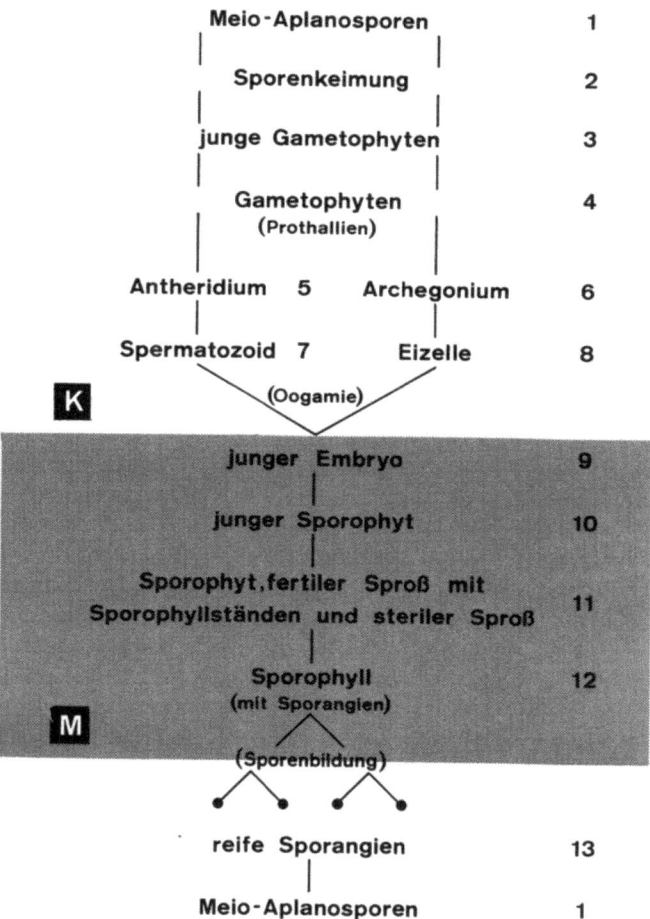

Material: Equisetum arvense, der Ackerschachtelhalm, hat eine zirkumpolare Verbreitung. Man findet ihn in mäßig warmen und auch in kühlen Zonen, allerdings nicht in den Tropen. Er stellt geringe Ansprüche an Boden und Klima und ist daher als ein ubiquitäres Wildkraut anzusehen. Die fertilen Frühjahrssprosse bilden sich, je nach den klimatischen Bedingungen, im März oder April. Danach entstehen bis zum späten Herbst die sterilen Sommersprosse. Eine ähnlich weite Verbreitung haben der Sumpfschachtelhalm *(Equisetum palustre)* und der Wiesenschachtelhalm *(Equisetum pratense),* die allerdings beide seltener zu finden sind. Wie schon der Name sagt, bevorzugt der Sumpfschachtelhalm feuchte Biotope. Der Wiesenschachtelhalm ist eine Halbschattenpflanze.

Der weit verbreitete immergrüne Winter-Schachtelhalm *(Equisetum hyemale)* ist ebenfalls eine Halbschattenpflanze. Mit seinen bis zu 150 cm langen, meist unverzweigten Sprossen bildet er dichte Rasen. Da er relativ anspruchslos ist, findet man den Winter-Schachtelhalm in den unterschiedlichsten Biotopen von der Ebene bis zu 2.600 m Höhe in den Alpen. Die Materialbeschaffung der sterilen Sprosse bedeutet keinerlei Schwierigkeiten. Für die Untersuchung der fertilen Sprosse, die man bei einigen Arten, z. B. *Equisetum arvense*, nur im Frühjahr findet, empfiehlt es sich, fixiertes Material bereit zu halten.

Praktische Bedeutung: *Equisetum hyemale* und andere Arten haben in hohem Maße Kieselsäure in die Zellwände der Sproßepidermis eingelagert. Ihre getrockneten Sprosse wurden früher zum Putzen von Zinngeschirr verwendet, was zu dem Trivialnamen „Zinnkraut" geführt hat. Ackerschachtelhalm und Sumpfschachtelhalm waren in früheren Jahren als *Herba Equisetis majoris* offizinell und wurden zur Heilung von Diarrhoe und Gonorrhoe verwendet. Dies mag wohl an ihren verschiedenen Inhaltsstoffen, unter anderen Alkaloide und Glykoside, liegen. Genauere Analysen stehen aus. Jedenfalls entwertet eine starke Verunkrautung mit Schachtelhalm das Heu von Mähwiesen.

Präparation und Aufgabe: Mit dem unbewaffneten Auge und mit der Lupe oder unter dem Präpariermikroskop den Habitus von fertilen und sterilen Sprossen vergleichen. Sowohl die Hauptsprosse als auch die Seitensprosse lassen sich leicht an den Nodien auseinanderreißen. Man betrachte die Bewurzelung und die Bildung von Knollen an den Erdsprossen bei *Equisetum arvense*. Querschnitt durch Internodium eines sterilen Sprosses anfertigen und aus Deckglaspräparat bei schwacher Vergrößerung Übersicht zeichnen. Danach bei starker Vergrößerung Ausschnitt mit Leitbündel und Rindenregion zeichnen. Die verholzten Gewebeelemente durch Anfärbung mit Phloroglucin-Salzsäure identifizieren. Die Kieselsäureskelette durch Zerstörung der übrigen Zellbestandteile mit Schwefelsäure sichtbar machen. Dies kann auf dem Objektträger erfolgen, indem man auf den tangentialen Flächenschnitt aus der Rinde einen Tropfen konzentrierter Schwefelsäure aufbringt. Nach ca. 30 Minuten mit Filterpapier die Flüssigkeit absaugen und nach Zugabe eines Wassertropfens das Deckglas auflegen.

Aus Deckglaspräparaten von Flächenschnitten an Internodien bei starker Vergrößerung Spaltöffnungen zeichnen (diese fehlen bei den fertilen Sprossen von *E. arvense*). Für die Sproßquerschnitte gefärbte Dauerpräparate aus Mikrotomschnitten verwenden. Dies hat den Vorteil, daß man auf diese Weise dünnere Schnitte erhält, die vor allem in der Übersicht leichter zu zeichnen sind. Ebenfalls aus Dauerpräparaten von Längsschnitten die Scheitelzellen bei starker Vergrößerung zeichnen.

Von den fertilen Sprossen mit der Pinzette ein Sporophyll abnehmen und dessen Morphologie unter dem Präpariermikroskop betrachten. Nach Aufreißen eines Sporangiums den Inhalt auf einen Objektträger bringen und ohne ein Deckglas aufzulegen das Austrocknen der Sporenmasse und die damit verbundene Entfaltung der Hapteren beobachten. Da dies ein rein mechanischer Vorgang ist, kann man das Entrollen der Hapteren auch an fixiertem Material erkennen.

Die Anzucht von Farn- und Schachtelhalmprothallien auf Agar-Medien (S. 5) erfolgt im Prinzip wie die Anzucht der Moosprotonemen (S. 78).

Die chlorophyllhaltigen Sporen durch Abstreifen mit einer Nadel oder durch Klopfen erst auf einen Objektträger und dann auf eine Agarplatte bringen. Sie sind nur wenige Tage keimfähig und keimen nach ca. 1 Woche. Sollten Infektionen auftreten, nichtinfizierte Bereiche auf frische Agarplatten überimpfen.

4. Klasse: *Equisetopsida* [Articulatae] (Schachtelhalme)

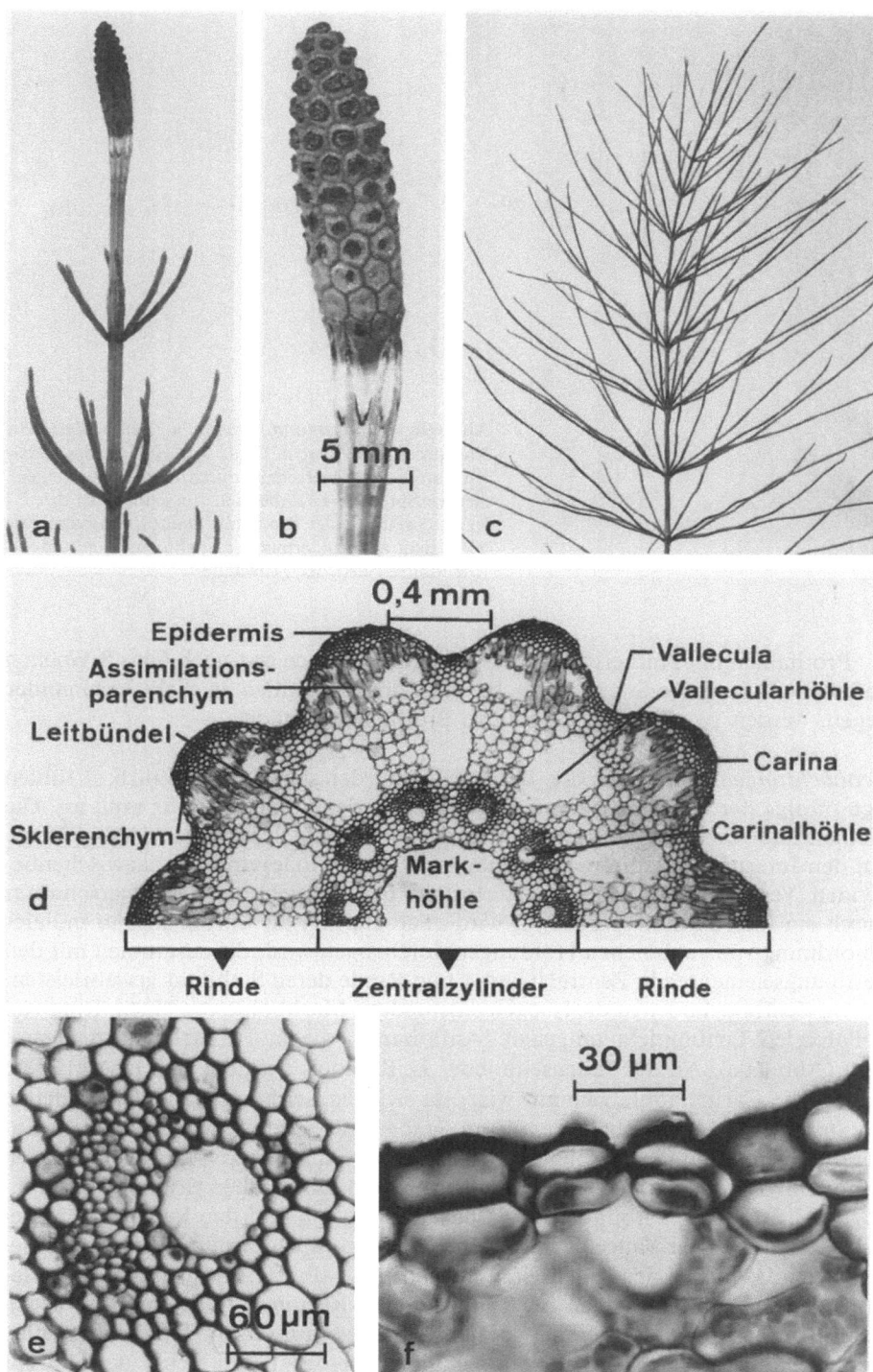

Abb. 69 a–f

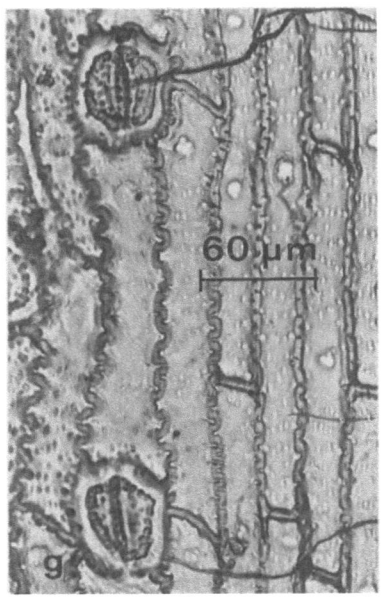

Abb. 69 a – g. *Equisetum palustre*. **a** Habitus des fertilen Sprosses; **b** Ausschnitt aus a; **c** Habitus des sterilen Sprosses: **d** Querschnitt durch Internodium eines sterilen Sprosses; **e** Leitbündel, Ausschnitt aus d; **f** Ausschnitt aus der Rinde mit Spaltöffnungsapparat; **g** Aufsicht auf Epidermis mit Spaltöffnungen und Kieselsäureskelett der Zellwände

Prothallien mit Antheridien und Archegonien treten erst nach 6 bis 8 Wochen auf. Unter Mangelbedingungen, z. B. wenn die Prothallien zu dicht beieinander liegen, werden vornehmlich männliche Prothallien gebildet.

Beobachtungen: Beide Sprosse, der fertile und der sterile (Abb. 69 a, b, c) fühlen sich infolge der Einlagerung von Kieselsäure in der Epidermis sehr rauh an. Die Nodien sind von einem Quirl pfriemförmiger Mikrophylle umgeben (Abb. 69 a, b). An den Internodien kann man die Längsriefen (Carinae) und die dazwischenliegenden Vertiefungen (Valleculae) ertasten. Bei Betrachtung des Querschnittes durch ein Internodium (Abb. 69 d) wird deutlich, daß die Sproßachse in radialer Anordnung von zahlreichen Höhlungen durchzogen wird, die zusammen mit den Festigungselementen in Zentralzylinder und Rinde deren Stabilität gewährleisten.

Im Zentralzylinder ist die lysogen entstandene Markhöhle von einem Ring von kollateralen Leitbündeln umgeben (Anfärbung), die in Parenchym eingebettet sind (Abb. 69e). An der Innenseite jedes Leitbündels befindet sich eine kleinere Höhle, die Carinalhöhle genannt wird, da sich die Leitbündel auf dem gleichen Radius wie die Carinae befinden. Zum Rindengewebe hin wird der Zentralzylinder durch eine Endodermis abgeschlossen, in der man Casparysche Streifen sehen kann. Das Rindengewebe wird von einem System sehr großer Höhlungen durchzogen, die mit den Leitbündeln auf Lücke stehen, d. h. auf den Radien der Valleculae, und die daher Vallecularhöhlen heißen. Die äußere Rinde besteht aus Sklerenchym, das nur an den Innenseiten der Carinae halbringförmig durch Assimilationsarenchym durchbrochen ist. Nur in diesen Regionen findet man natürlich Spaltöffnungsapparate, die eine spezielle Struktur aufweisen. Die Schließzellen werden nämlich von Nebenzellen vollständig überdeckt. Bei steigendem Turgor

4. Klasse: *Equisetopsida* [Articulatae] (Schachtelhalme) 151

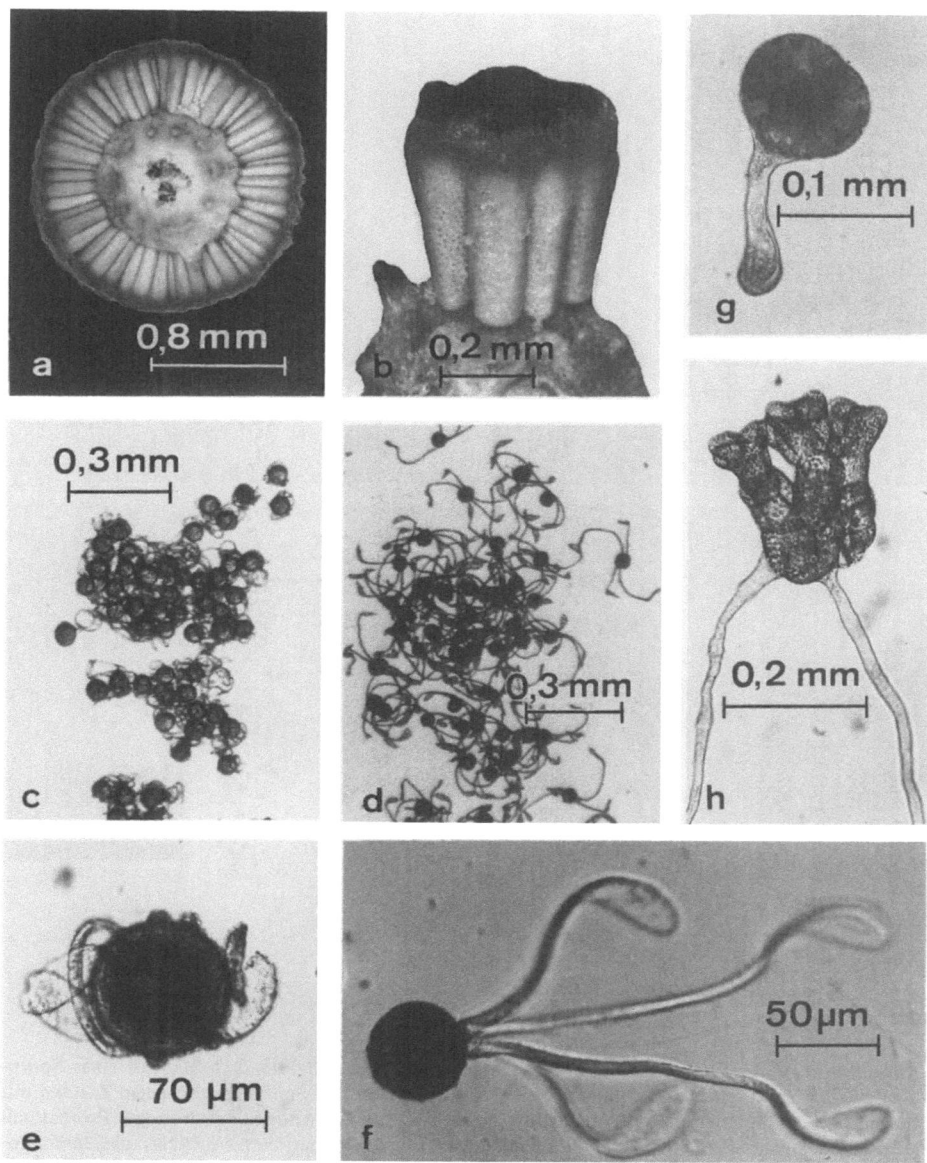

Abb. 70 a–f

runden sich die Schließzellen ab. Diese Bewegung wird über Verdickungsleisten auf Nebenzellen übertragen, die dann zur Öffnung des Spaltes auseinanderweichen (Abb. 69 f). Nach Zerstörung des organischen Materials ist in der Epidermis das Kieselsäureskelett der Zellwände zu erkennen (Abb. 69 g).

An den Sporophyllständen sind die Sporophylle seitlich inseriert (Abb. 70a). Die tischförmigen Sporophylle tragen an der Unterseite infolge einer Einkrüm-

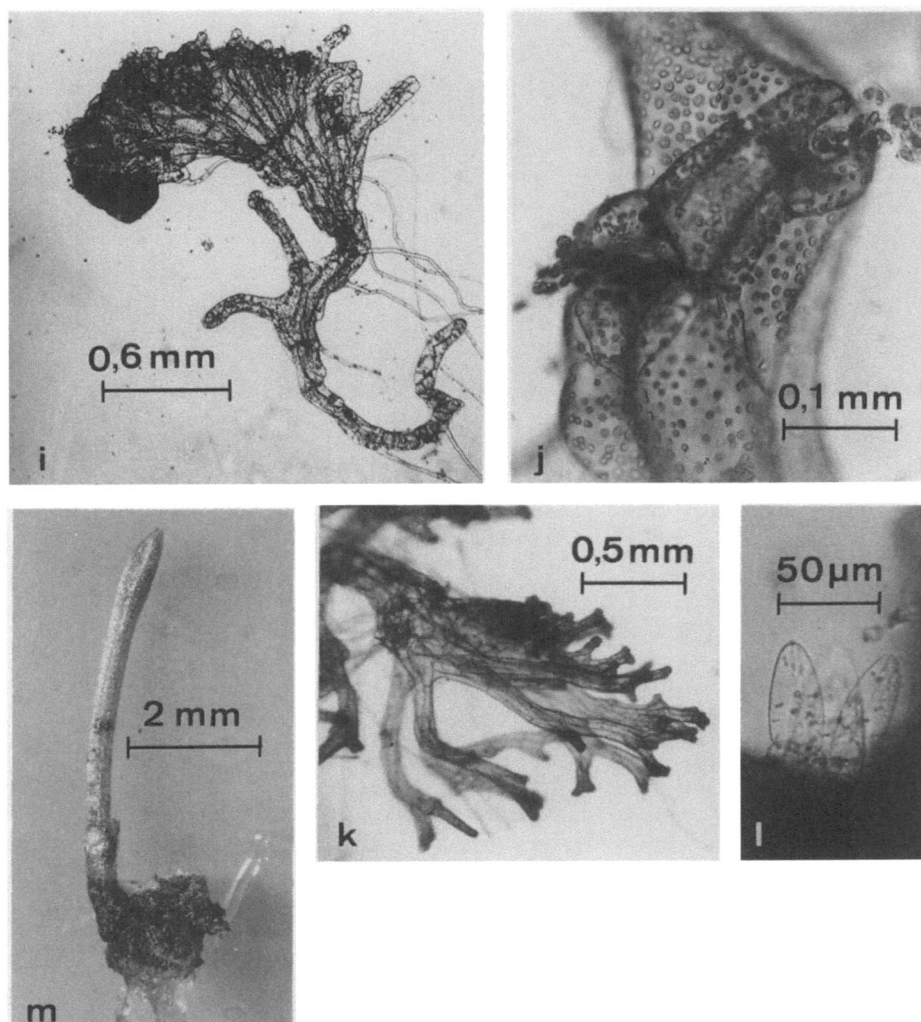

Abb. 70a–m. *Equisetum hyemale.* **a** Querschnitt durch Sporophyllstand; **b** Habitus eines Sporophylls; **c** Sporen in feuchtem Zustand mit eingerollten Hapteren; **d** Sporen in trockenem Zustand mit ausgebreiteten Hapteren; **e** und **f** Ausschnitte aus c bzw. d; **g** keimende Spore; **h** junges Prothallium mit Rhizoiden; **i** „männliches" Prothallium mit Antheridien; **j** Antheridium (Aufsicht), das Spermatozoiden entläßt; „weibliches" Prothallium: **k** Habitus mit jungem Sporophyt; **l** Spitze eines eingesenkten Archegoniums; **m** junger Sporophyt nach Auswachsen aus Archegonium

mung (s. Telomtheorie, Abb. 56) eine wechselnde Zahl von (meist 8) Sporangien (Abb. 70b), die sich bei Reife mit einem Längsriß an der Innenseite öffnen. Die im trockenen Zustand befindlichen Sporen sind durch ihre entrollten Hapteren verfilzt (Abb. 70d). Die bandförmigen Hapteren werden aus der äußersten Schicht eines mehrschichtigen Perispors gebildet, das dem Endo- und Exospor aufgelagert ist. Nach Aufnahme von Feuchtigkeit, ein Anhauchen genügt meist, erfolgt wieder eine Entflechtung der Sporen (Abb. 70c). Dieser mechanische Vorgang des Auf- und Einrollens der Hapteren ist nicht an die lebende Zelle gebunden, er kann auch an fixiertem Material beobachtet werden. Bei stärkerer Vergrößerung erkennt man an den Sporen die spatelförmigen Enden der Hapteren (Abb. 70e, f).

Die Keimung der durch den Besitz von Chloroplasten grün gefärbten Sporen erfolgt schon nach wenigen Tagen (Abb. 70g). Sie wird von einer inäqualen Zellteilung eingeleitet. Aus der kleineren Zelle, die keine Chloroplasten enthält, entsteht das erste Rhizoid. Aus der größeren chloroplastenhaltigen Zelle entsteht das Prothallium, an dem sich sekundär noch weitere Rhizoide bilden (Abb. 70h). Die Abschnürung der Rhizoidzelle erfolgt stets an der dem Licht abgewandten Seite. Die Prothallien sind potenziell monözisch. Je nach Art und in axenischen Kulturen abhängig von den Ernährungsbedingungen können an einem Prothallium entweder nur Antheridien (Abb. 70i, j) oder nur Archegonien (Abb. 70k, l) entstehen oder auch in sukzessiver Folge beide. Zwischen den rötlich gefärbten (Carotineinlagerungen) „männlichen" Prothallien und den weiblich determinierten gibt es auch morphologische Unterschiede. Die letzteren sind etwas stärker verzweigt (vgl. Abb. 70i und k). Die Reife der Gametangien ist ebenfalls artspezifisch und von den Ernährungsbedingungen abhängig. Im allgemeinen werden 3 bis 5 Wochen benötigt. An den „weiblichen" Prothallien bildet sich, ähnlich wie bei den Farnen (S. 174), meist nur ein Sporophyt (Abb. 70m).

5. Klasse: *Pteridopsida* [Filices] Farne

A. Allgemeine Einführung

I. Merkmale

Die Farne kommen von allen Pteridophyta den Spermatophyta in ihrem Aufbau am nächsten. Ihre Sproßachse (vielfach auch nur als Rhizom ausgebildet) trägt Megaphylle (Farnwedel). Diese sind vieladrig und werden von verzweigten Telomen abgeleitet, die nach Planation verwachsen sind (s. Abb. 56). Die Farnwedel sind deutlich in Blattstiel und Blattspreite gegliedert. Die jungen Wedel sind oft zur Oberseite hin schneckenförmig eingerollt und zeigen nach der Entfaltung noch Spitzenwachstum. Sie tragen zum Teil Epidermisanhängsel, die flächig als Spreuschuppen entwickelt sein können, aber auch eine Vielzahl trichomartiger Bildungen (z. B. Drüsenhaare) umfassen. Abgesehen von wenigen Ausnahmen haben die rezenten Farne kein sekundäres Dickenwachstum. Neben Stauden gibt es auch Schopfbäume, die als rezente Formen nur in den Tropen und Subtropen vorkommen.

II. Fortpflanzung

Die Sporangien entstehen im allgemeinen an der Unterseite der Wedel. Auch zur Erklärung dieser Besonderheit wird die Telomtheorie (Abb. 56) herangezogen.

Man nimmt nämlich an, daß im Verlauf der Evolution die Blattoberseite eine Wuchsförderung erhalten hat. Fossile Zwischenformen mit randständigen Sporangien scheinen diese Auffassung zu bestätigen.

Neben Formen, bei denen Blätter ausschließlich als Sporophylle ausgebildet sind, gibt es auch solche, deren Wedel einen sterilen und einen fertilen Bereich haben und nicht zuletzt auch heterophylle Farne mit Trophophyllen und Sporophyllen. Wie aus Abbildung 54 ersichtlich, gibt es Heterosporie und damit morphologische Diözie der Prothallien nur bei den fossilen Protopteridiidae und bei den Salviniidae. Die übrigen Farne bilden monözische Prothallien. Zu Samenbildung, wie bei den Lycopodiatae, ist es bei den Pteridopsida nicht gekommen. Abgesehen von der Regeneration von Rhizombruchstücken gibt es bei einer Reihe von Farnen eine vegetative Fortpflanzung durch Brutsprosse (Bulbillen), Stolone oder Brutknospen.

Die fossilen Samenfarne (Pteridospermae), die den Übergang zu den Spermatophyta bilden, werden neuerdings als Klasse der Lyginopteropsida den Cycadophytina zugeordnet.

Da es bei den Pteridopsida keine prinzipiellen Unterschiede in den Entwickluns-Zyklen innerhalb der einzelnen Unterklassen und Ordnungen gibt, wird an dieser Stelle auf die Besprechung einer Leitart verzichtet. Es wird auf einen der verbreitetsten und bekanntesten heimischen Farne, *Dryopteris filix-mas* (Gemeiner Wurmfarn), verwiesen, dessen Zyklus der Behandlung der echten Farne (Pterididae) vorangestellt ist (Abb. 74).

III. Klassifizierung

Über eine taxonomische Untergliederung der Pteridopsida in Unterklassen herrscht zur Zeit keine Einigkeit. Selbst die Einteilung in Ordnungen wird, je nach Autor, verschieden beurteilt. Es gibt mehrere Möglichkeiten, diesem Dilemma gerecht zu werden. Kramer* verzichtet auf eine Unterteilung in Ordnungen und gibt einen künstlichen Schlüssel für die rezenten Familien. Bresinsky** beschränkt sich darauf, anstelle der früher üblichen Unterklassen, von Entwicklungsstufen zu sprechen, behält dagegen deren Unterteilung in Ordnungen bei.

Da in diesem Buch, vor allem auch in seinem ersten Teil, bei der Klassifizierung stets die Übersichtlichkeit im Vordergrund stand – und zwar im Hinblick auf die Ausbildung von Studenten – soll auch im folgenden die früher im „Strasburger" übliche Klassifizierung in Unterklassen beibehalten werden.

Wie aus Abb. 54 hervorgeht, gibt es innerhalb der Pteridopsida drei parallele Entwicklungsreihen, von denen zwei – nämlich die fossilen Protopteridiidae und die Pterididae-Salviniidae – „blind" enden. Die Ophioglossidae dagegen sind über die Pteridospermae und Cycadophytina als die Vorstufe der Angiospermae anzusehen.

Für die Unterteilung der Pteridopsida in vier Unterklassen gibt es drei wesentliche Kriterien:

– Sporangienbildung,
– Sporangienwand,
– Modus der Sporenbildung.

---

* Kramer KU (Hrsg) (1984) In: Hegi G Illustrierte Flora von Mitteleuropa. Pteridophyta, Spermatophyta. B I Pteridophyta. Teil 1, 3. Aufl. Paul Parey, Berlin Hamburg
** Denffer von P, Ziegler H, Ehrendorfer F, Bresinsky A (1983) Lehrbuch der Botanik für Hochschulen. 32. Aufl. Fischer, Stuttgart New York

5. Klasse: *Pteridopsida* [Filices] Farne

Auf dieser Basis ergibt sich dann folgendes Klassifizierungsschema.

Unterklasse	Sporangium		Modus der Sporenbildung
	Bildung	Wand	
Protopteridiidae (Primofilices)	?	mehrschichtig	isospor/heterospor
Ophioglossidae (Eusporangiatae)	aus einer oder mehreren Zellen	mehrschichtig	isospor
Pterididae (Leptosporangiatae)	aus einer Zelle	einschichtig	isospor
Salviniidae (Hydropterides)	aus einer Zelle	einschichtig	heterospor

Für die Ophioglossidae ist wegen ihrer mehrschichtigen Sporenwand auch der Name „Derbgehäusige" üblich, im Gegensatz dazu werden die Pterididae, deren Sporenwand einschichtig ist, „Zartgehäusige" genannt. Eine weitere Unterscheidung bei den rezenten Unterklassen ist die Öffnung des Sporangiums, die bei den Pterididae mit einem Anulus und bei den Ophioglossidae durch Aufreißen oder Lochbildung erfolgt. Die Sporangien der Salviniidae dagegen sind von Hüllblättern umgeben (Sporokarpien).

B. *Übungsanleitungen*

Wie bei den übrigen Klassen der Pteridophyta werden auch bei den Pteridopsida experimentell nur Vertreter rezenter Arten bearbeitet. Aus didaktischen Erwägungen wird jedoch den drei rezenten Unterklassen eine kurze Beschreibung der fossilen Protopteridiidae vorangestellt.

Unterklasse: Protopteridiidae [Primofilices]

Die Primofilices haben vom Ende des Mitteldevons bis zum Perm gelebt und können von den Psilophytopsida abgeleitet werden (Abb. 54). Je nach Autor werden manche Formen auch bei den Psilophytopsida bzw. umgekehrt eingeordnet. Ihre wesentlichen Merkmale sind endständige Sporangien mit mehrschichtiger Wand und dreidimensional verzweigte Megaphylle („Raumwedel"). Die sehr heterogene Unterklasse wird in vier Ordnungen unterteilt. In dieser Gruppierung kommt einerseits ihr Alter zum Ausdruck, aber auch die parallel zu den Pterididae-Salviniidae erfolgte Progression von der Isosporie zur Heterosporie.

1. Ordnung: Protopteridiales, Unter-Mitteldevon, zum Teil Bäume, mit sekundärem Dickenwachstum, fraglich ob iso- oder heterospor.

2. Ordnung: Cladoxylales, Mitteldevon-Unterkarbon, isospor, strauchförmig.

3. Ordnung: Zygopteridales, Oberdevon-Unterkarbon, isospor, zum Teil heterospor, krautig.

4. Ordnung: Archeopteridales, Oberdevon, heterospor, Bäume mit sekundärem Dickenwachstum.

Unterklasse: *Ophioglossidae* **[Eusporangiatae]**

1. Ordnung: Ophioglossales (Rautenfarngewächse)

Merkmale: Die drei Gattungen (*Ophioglossum, Botrychium* und *Helminthostachys*) dieser rezenten Ordnung sind in der Familie der Ophioglossaceae zusammengefaßt. Es sind Kräuter, die mit Rhizomen wachsen, an denen sich jährlich meist nur ein Blatt oder nur wenige Blätter entwickeln. Diese sind in der Jugend nicht eingerollt. Aus dem basalen ungeteilten oder gefiederten Teil des Blattes wächst ein dazu mehr oder weniger senkrecht stehender, fertiler Abschnitt mit randständigen Sporangien, die nicht von einem Indusium bedeckt sind. Die Öffnung der mehrschichtigen Sporangienwand erfolgt durch einen Querriß. Die meist walzenförmigen, monözischen Prothallien leben hypogäisch und enthalten keine Chloroplasten. Sie sind nur durch Mykorrhizapilze lebensfähig und erreichen ein Alter bis zu 20 Jahren

Material: Von den etwa 30 meist tropischen Arten der Gattung *Ophioglossum* ist die Gemeine Natternzunge (*Ophioglossum vulgatum*) in Europa und Asien weit verbreitet. Man findet sie in feuchten Wiesen, an Bachufern und auf basenreichen kalkhaltigen Tonböden in Höhen bis zu 1.400 m. Reife Sporangien findet man von Juni bis Juli.

Im Mittelalter benutzte man die Natternzunge als Therapeutikum nach Schlangenbissen.

Von den etwa 50 ebenfalls meist tropischen Arten der Gattung *Botrychium* hat die Gemeine Mondraute (*Botrychium lunaria*) in Mitteleuropa eine relativ weite Verbreitung. Sie wächst in lichten Wäldern, trockenen Wiesen und mageren Bergwiesen und erreicht Höhenlagen bis zu 3.100 m. Im Flachland ist sie seltener zu finden. Auch in Botanischen Gärten gibt es Schwierigkeiten, diesen Farn zu halten. Die Mondraute gehört zu den „Kompaßpflanzen", d. h. sie stellt in sonnigen Lagen ihre Blätter in Nord/Süd-Richtung. Reife Sporangien findet man von Juni bis Juli.

Die Alchemisten glaubten, daß die Mondraute unedle Metalle in edle verwandeln könne und auch verborgene Edelmetalle anzeigen könne. Der Volksglaube brachte sie als ein Zauber- und Hexenkraut in Verbindung zum Mond.
Die Gattung *Helminthostachys* ist mit einer Art, *H. ceylanica*, in den Tropen zu finden.

Da in unseren Breiten wie bei den meisten Farnen auch bei *Ophioglossum* und *Botrychium* mit Eintritt der kalten Jahreszeit die Blätter absterben, sollte man stets fixiertes Material vorrätig haben, falls nicht tropische Arten aus dem Gewächshaus zur Verfügung stehen.

Präparation und Aufgabe: Zunächst mit dem unbewaffneten Auge oder mit Hilfe einer Lupe den Habitus von *Ophioglossum* und *Botrychium* mit ausdifferenzier-

---

Abb. 71a–f. *Ophioglossum spec.* **a** Habitus; **b** Blattstiel,quer; **c** steriler Teil des Blattes, quer; **d** Ausschnitt aus **a**, fertiler Blattabschnitt; **e** Längsschnitt durch fertilen Blattabschnitt mit Sporangien; **f** Querschnitt durch Sporangium

5. Klasse: *Pteridopsida* [Filices] Farne

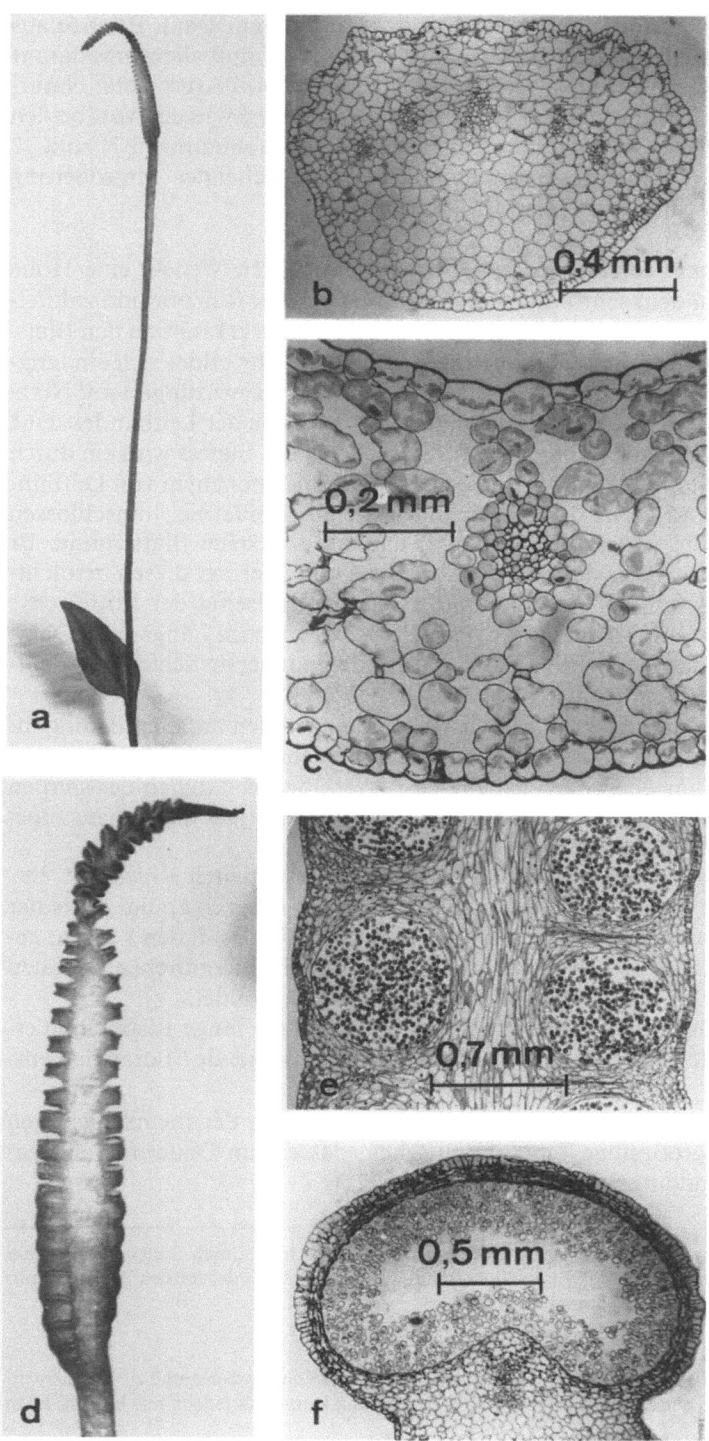

ten Blättern betrachten und eine Übersichtsskizze anfertigen. Dann Pflanze aus dem Erdreich entfernen und die Rhizome anschauen. Hier muß allerdings darauf hingewiesen werden, daß alle *Ophioglossum*- und *Botrychium*-Arten unter Naturschutz stehen. Man ist daher auf Gewächshausmaterial angewiesen. Von beiden Farnen von Längs- bzw. Querschnitten entsprechend den Abbildungen 71 und 72 Deckglas- bzw. Dauerpräparate herstellen und bei entsprechender Vergrößerung Übersicht bzw. Ausschnitte zeichnen.

Beobachtungen: *Ophioglossum vulgatum* erreicht mit ihren Wedeln eine Höhe von 10 bis 20 cm. An dem sehr kurzen, meist unverzweigten Rhizom sind zahlreiche fleischige Wurzeln, die oft Adventivsprosse bilden. Man erkennt an den Blattresten, daß die Blätter schraubig angeordnet sind. Jedes Jahr bildet sich ein langgestieltes Blatt mit zungenförmigem sterilem Abschnitt (Natternzunge!) mit Netznervatur (Abb. 71 a). Im Blattstiel findet man mit Ausnahme der Leitbündel keine weiteren Festigungselemente (Abb. 71 b). Im sterilen Teil des Blattes wird ein durch große Interzellularräume gekennzeichnetes Assimilationsparenchym von Leitbündeln durchzogen und von der stark kutinisierten Epidermis umschlossen (Abb. 71 c). Der fertile Abschnitt (Abb. 71 d) hat faktisch keine Blattlamina. Er entsteht median an der Basis des sterilen Abschittes und überragt diesen beträchtlich (Abb. 71 a). Am fertilen Blattabschnitt entstehen beidseitig der Mittelachse bis zu fünfzig 3 bis 4 mm breite Sporangien, die – wie man im Längs- und Querschnitt sieht – eine mehrschichtige Wand haben, deren innerste Schicht ein deutlich zu erkennendes Tapetum ist (Abb. 71 e, f).

Botrychium lunaria erreicht mit ihren Wedeln je nach den äußeren Bedingungen eine Höhe bis zu 30 cm. Der Blattstiel wird scheidenartig von den Resten des vorjährigen Blattes umgeben. Den gabelig geäderten Fiederblättchen des sterilen Blattabschnittes kann mit einiger Phantasie ein mondartiges Aussehen zugeschrieben werden (Mondraute) (Abb. 72 a).

Aus dem konzentrischen Leitbündel des kurzen, gestauchten Rhizoms* entwickelt sich im Blattstiel ein röhrenförmiges Leitbündel, das sich an der Basis der Verzweigung des Blattwedels in zwei Stränge teilt (Abb. 72 b). An den kurzen, gedrungenen Rhizomen entstehen fleischige Wurzeln mit einem tetrarchen, radialen Leitbündel (Abb. 72 c, d). Adventivsprosse werden nicht gebildet.

Der fertile Abschnitt des Wedels bildet eine bis zu 9 cm lange Rispe ohne erkennbare Blattspreite, an der randständig zahlreiche freistehende Sporangien entstehen (Abb. 72 e).

Im Querschnitt durch ein junges Sporangium ist neben der mehrschichtigen Wand deutlich das großzellige Tapetum zu sehen, das die im Dauerpräparat geschrumpften Sporenmutterzellen umgibt (Abb. 72 f).

Abb. 72 a–f. *Botrychium lunaria.* **a** Habitus eines Blattes; **b** Querschnitt durch Blattstiel unterhalb der Verzweigung; **c** Querschnitt durch Wurzel; **d** Ausschnitt aus c; **e** Habitus des fertilen Blattabschnittes; **f** Querschnitt durch junges Sporangium

---

* Beim Rhizom von *Botrychium* ist der Beginn eines sekundären Dickenwachstums zu beobachten. Diese für rezente Farne einmalige anatomische Differenzierung kann man jedoch nur bei sehr alten Rhizomen finden.

5. Klasse: *Pteridopsida* [Filices] Farne

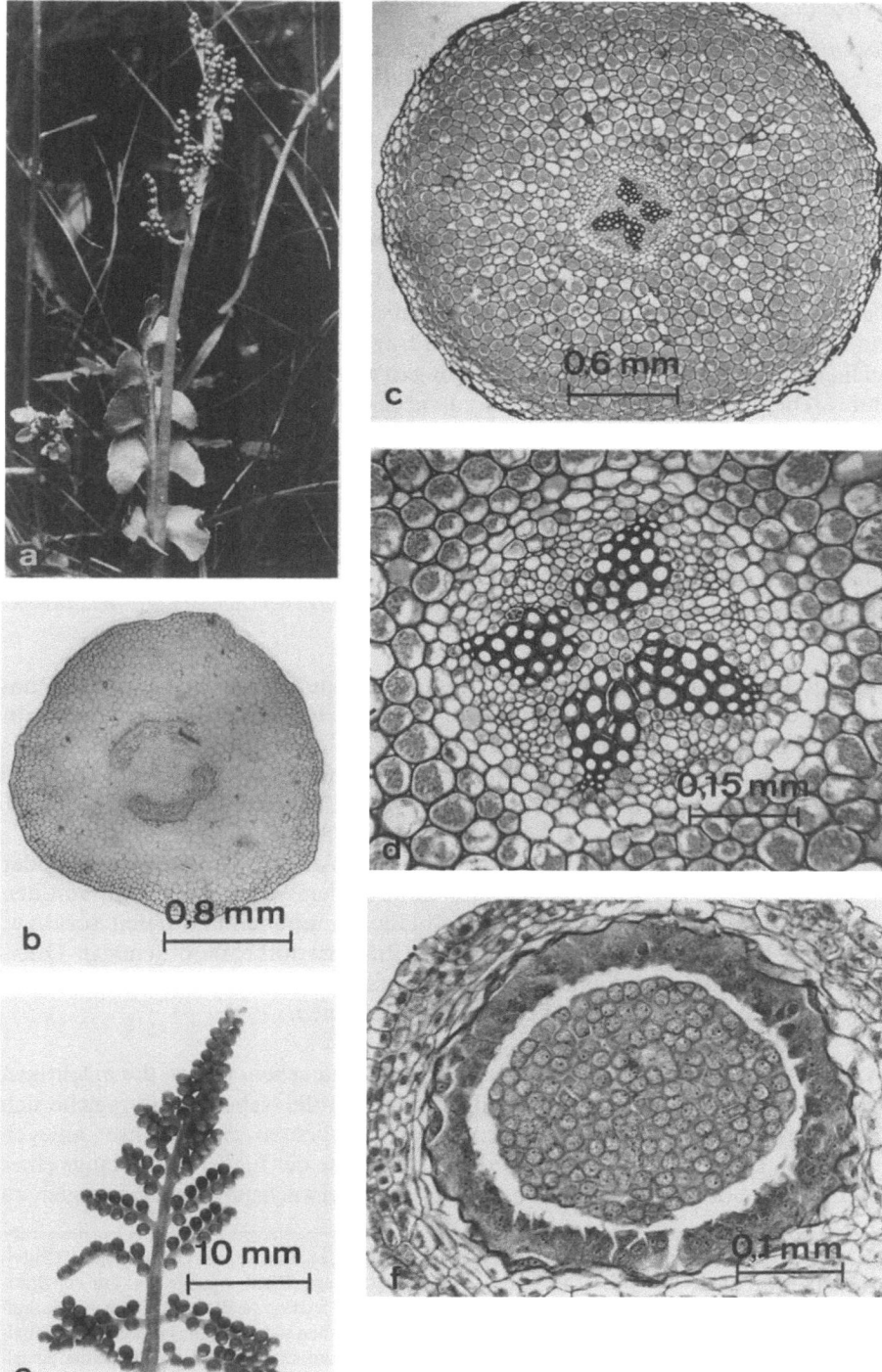

2. Ordnung: Marattiales

Merkmale: Die Marattiales waren ein wichtiger Bestandteil der Flora im oberen Karbon und im Rotliegenden des Perm. Sie bildeten dort bis zu 10 m hohe Bäume, die allerdings kein sekundäres Dickenwachstum besaßen. Ihre Stabilität erhielten sie durch eine Ummantelung mit aufrecht wachsenden Adventivwurzeln und Blatteile (Blattwurzelbäume).

Die Klassifizierung ist nicht einheitlich. Außer der früher einzigen Familie der Marattiaceae werden heute von manchen Autoren bis zu drei weitere Familien genannt.

Die 200 rezenten Arten leben in den tropischen Regenwäldern. Der kurze, knollige Sproß bzw. das Rhizom trägt gefiederte Blattwedel, die in der Jugend eingerollt sind und an der Basis ein Paar Nebenblätter tragen. Tropho- und Sporophylle sind gleich gestaltet, es gibt also keine Gliederung in einen sterilen und fertilen Blattabschnitt. Die Sporangien sind entweder zu vielen zu Synangien verwachsen oder in Gruppen angeordnet (Sori). Die thallosen Prothallien wachsen, obwohl mit Pilzen vergesellschaftet, epigäisch und sind autotroph.

Die Marattiales werden als ein Bindeglied zwischen den Ophioglossidae und den Pterididae angesehen (s. Abb. 54), und zwar wegen folgender Merkmale:
– thallose Prothallien;
– Bildung von gefiederten Wedeln;
– die Nebenblätter werden als homolog zu den sterilen Abschnitten des Ophioglossales-Blattes angesehen.

Material: Hier ist man ausschließlich auf Gewächshauspflanzen angewiesen. Zum Studium der Synangien kann man allerdings auch Herbarmaterial verwenden. In vielen Botanischen Gärten findet man *Angiopteris evecta* (Marattiaceae), die bis zu 5 m lange Wedel bildet. Als weiteres Objekt kommt noch *Marattia* (etwa 70 Arten, Marattiaceae) und *Danaea* (etwa 30 Arten, Marattiaceae) in Frage.

Präparation und Aufgabe: Ein Gewächshausexemplar z. B. von *Angiopteris* oder *Marattia* in Bezug auf Entwicklung und Habitus der Wedel anschauen; von den auf der Unterseite der Fiederblättchen befindlichen unreifen und reifen Sori bzw. Synangien Habituszeichnungen anfertigen (Präpariermikroskop genügt). Querschnitte durch Sori *(Angiopteris)* bzw. Synangien *(Marattia)* aus Deckglas- oder Dauerpräparaten bei mittlerer Vergrößerung zeichnen.

Beobachtungen: Wie in natura oder aus Abb. 73a zu sehen, tragen die mächtigen Wedel von *Angiopteris evecta* an der Basis relativ große Nebenblätter, welche sich schalenförmig der stark verdickten und gestauchten Sproßachse anlegen (Abb. 73b). Die Sporangien stehen auf der Unterseite der Fiederblätter längs einer Seitenader in Sori zusammen (Abb. 73c, d). Eine Verwachsung der Sporangien zu

---

Abb. 73 a–g. *Angiopteris evecta.* **a** Habitus einer jungen Pflanze, Blätter mit Gelenkpolster (Pulvinus, Pfeil); **b** Basis der Wedel mit Nebenblättern, junge Blattanlage (Pfeil); **c** junge Sori auf der Blattunterseite; **d** reife Sori, die Sporangien sind geöffnet. *Marattia fraxina.* **e** Blattunterseite mit Synangien; **f** Ausschnitt aus e, innerhalb des geöffneten Synangiums haben sich auch die einzelnen Sporangien durch Längsriß geöffnet; **g** Längsschnitt durch reifes Synangium, mehrschichtige Wände der einzelnen Sporangien (Photo a: FWU D-8022 Grünwald)

5. Klasse: *Pteridopsida* [Filices] Farne

einem Synangium kann man bei *Marattia fraxina* sehen (Abb. 73 e). Bei der Reife öffnet sich das Synangium median. Die einzelnen Sporangien öffnen sich mit einem Längsspalt (Abb. 73 f). Im Längsschnitt erkennt man deutlich die mehrschichtige Sporangienwand (Abb. 73 g).

Unterklasse: *Pterididae* **[Leptosporangiatae]**

Ordnung: Pteridales (Farne)

Merkmale: In dieser einzigen Ordnung sind mit etwa 9000 Arten aus 250 Gattungen rund 90 % aller Pteridopsida zusammengefaßt. Sie sind meist schattenliebende Pflanzen, die ihr Hauptverbreitungsgebiet in den Tropen haben. Die Mannigfaltigkeit ihrer Formen reicht von kleinen krautigen Farnen bis zu 20 m hohen Schopfbäumen (Baumfarnen). Die einheimischen Farne dagegen sind ausschließlich krautig. Sie haben meist keine Luftsprosse sondern unterirdische Rhizome, die jährlich ein oder mehrere Wedel bilden. Die Farne wachsen mit einer Scheitelzelle. Sekundäres Dickenwachstum fehlt auch bei Schopfbäumen. Die Stabilität wird außerdem durch ein System von Siphono- und Polystelen (mit zentralem Xylem) durch zusätzliche Sklerenchymplatten und bei den Baumfarnen oft durch Umhüllung mit sproßbürtigen Wurzeln erreicht (ähnlich wie oben für die fossilen Marattiaceae beschrieben S. 160). Die Megaphylle besitzen eine Mittelrippe, von der zahlreiche geäderte Verzweigungen ausgehen. Nach der Telomtheorie (Abb. 56) sollen diese durch Planation und Verwachsung aus Urtelomen entstanden sein. Die Wedel zeigen, im Gegensatz zu den Blättern der Samenpflanzen, auch nach Entrollen noch ein Spitzenwachstum mit zweischneidiger Scheitelzelle. In Übereinstimmung mit den Samenpflanzen besitzen sie ein Schwamm- und Palisadenparenchym. Allerdings, wieder im Gegensatz zu den Laubblättern der meisten Blütenpflanzen, finden sich in der Blattepidermis Chloroplasten.

Die Sporangien entstehen meist laminal oder marginal an der Unterseite der Trophophylle, die gleichzeitig auch als Sporophyll dienen. Es gibt allerdings auch Arten, die, wie die Ophioglossales (Abb. 71), eine Gliederung der Wedel in einen fertilen und sterilen Abschnitt haben und auch solche, die neben den Trophophyllen spezielle morphologisch abweichende Sporophylle ausbilden. Die in Sori vereinigten Sporangien öffnen sich meist mit einem Anulus. Die Prothallien sind, abgesehen von wenigen Ausnahmen, monözisch.

Vegetative Fortpflanzung kann durch Brutsprosse (Bulbillen) und Rhizome des Sporophyten erfolgen. Aber auch Gametophyten (Prothallien) können sich durch Bulbillen vegetativ vermehren. Einige Farne bilden Stolone oder Brutknospen.

Es gibt zwar fossile Pteridales aus dem Oberkarbon (Paläozoicum); die meisten Farne haben sich jedoch erst im Mesozoicum entwickelt.

Als Leitart dient einer der weit verbreiteten heimischen Farne, *Dryopteris filixmas* (Gemeiner Wurmfarn), dessen Entwicklungs- Zyklus in Abb. 74 dargestellt ist.

Wie aus Abb. 74 zu sehen, entsteht aus einer Spore (1) der mit einer zweischneidigen Scheitelzelle wachsende junge Gametophyt, an dessen basalem Ende

5. Klasse: *Pteridopsida* [Filices] Farne

sich auf der Unterseite zahlreiche Rhizoide bilden (2). Am ausdifferenzierten, herzförmigen Gametophyt (Prothallium) sind die Rhizoide in der Region zu finden, welche der Scheitelzelle entgegengesetzt ist (3). Die Gametangien bilden sich an der dem Licht abgewandten Seite des Prothalliums, und zwar die Antheridien unterhalb der Scheitelzelle und die Archegonien im Bereich der Rhizoide. Durch eine trichterförmige Wandbildung wird die von einer Epidermiszelle durch Querteilung abgegrenzte Antheridienanlage in eine ringförmige Wandzelle, eine Deckelzelle und eine Innenzelle geteilt (4). Im weiteren Verlauf der Entwicklung unterteilt sich die Wandzelle nochmals, so daß — abgesehen vom Deckel — das Antheridium von zwei ringförmigen Wandzellen umgeben ist. Aus der Innenzelle bildet sich das spermatogene Gewebe (5). In jeder dieser Zellen (Spermatide) entsteht ein polyciliates Spermatozoid. Nach Ablösung der Deckelzelle gelangen die Spermatiden ins Freie und entlassen die Spermatozoiden (8). Das Archegonium geht ebenfalls aus einer Epidermiszelle hervor. Nach einer ersten Querteilung folgen weitere perikline Teilungen, so daß sich schon frühzeitig Wandzellen und zwei Innenzellen absondern (6). Die in der Abbildung nach unten gerichtete Innenzelle wird zur Halskanalzelle und aus der oberen entsteht nach erneuter Teilung die größere Eizelle und die kleinere Bauchkanalzelle (7). Nach Verschleimung von Hals- und Bauchkanalzelle öffnet sich das mittlerweile von einer 6- bis 7-reihigen Hülle umgebene Archegonium an der Spitze (keine Deckelzelle) (9). Die Spermatozoiden werden chemotaktisch angelockt. Schon nach den ersten beiden Zellteilungen ist die Differenzierung des Embryos in seine Organe Sproß (**S**), Wurzel (**W**), Primärblatt (**B**) und Haustorium (**F**) festgelegt (10). Bei der weiteren Entwicklung des endoskopisch angelegten Embryos krümmt sich der Sproßscheitel mit dem ersten Blatt nach oben. Der junge Sporophyt bleibt noch durch das Haustorium mit dem Gametophyt solange verbunden, bis letzterer abstirbt (11). Der ausdifferenzierte Sporophyt hat ein relativ kurzes, gedrungenes Rhizom, an dem sich trichterförmig die sommergrünen Wedel bilden. Auf der Unterseite der Fiederblätter befinden sich auf der Blattader die Sori, die bis zur Reife von einem Indusium bedeckt bleiben (18,19). Die Sporangien entstehen in ähnlicher Weise wie die Gametangien aus je einer Epidermiszelle. Nach der ersten Bildung von Zellwänden ist eine Differenzierung in die einschichtige Hülle und die Innenzelle festgelegt (13). Während die Hülle durch weitere Zellteilungen an Größe zunimmt, differenziert sich im Innenraum das sporogene Gewebe, welches von einem zweischichtigen Tapetum umgeben ist (14,15). Nach Meiose und Auflösen der Tapetumzellen (16) reißt das Sporangium infolge einer Kontraktion des Anulus, der das Sporangium wie eine Helmraupe umgibt (17), an einer präformierten Stelle auf. Dadurch werden die Sporen aktiv abgeschleudert, wie genauer im Schema der Abb. 86 dargestellt ist.

Klassifizierung: Die wesentlichen Kriterien für die Unterteilung der Pteridales in Familien sind: Habitus und Nervatur der Blätter; Bildung (simultan, basipetal, sukzedan); Anordnung (marginal, laminal) und Öffnungsmechanismus (z. B. Lage des Anulus) der Sporangien.

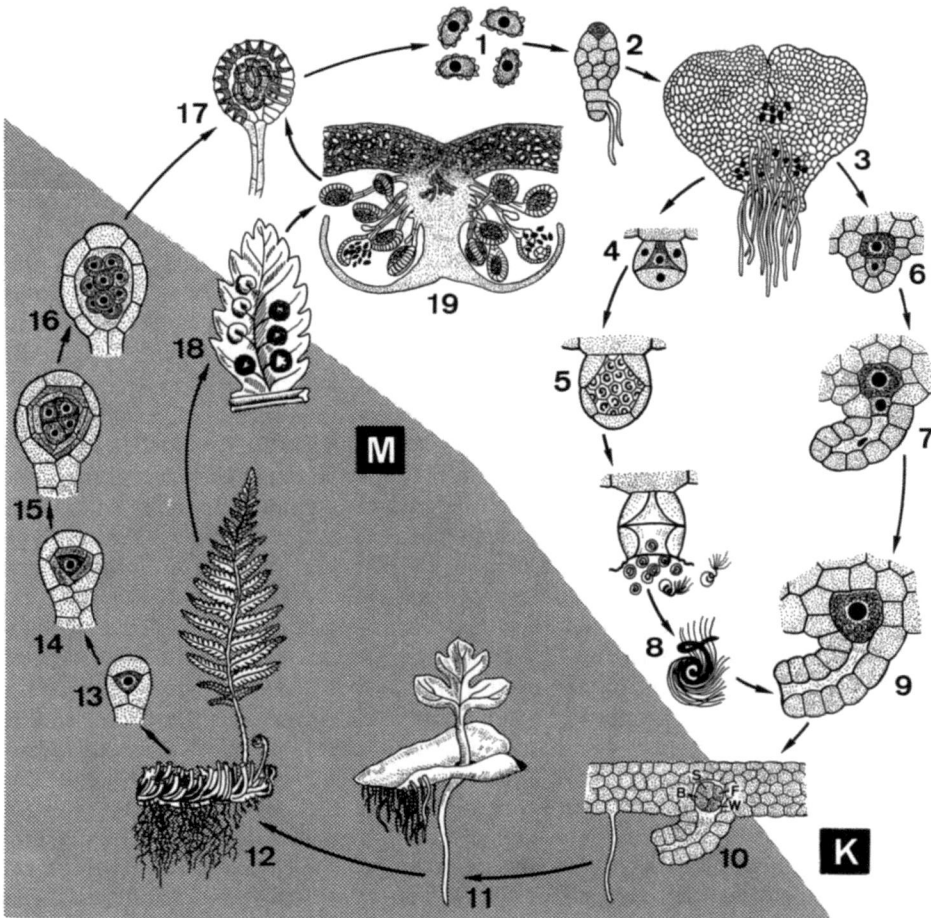

Abb. 74. Entwicklungs-Zyklus von *Dryopteris filix-mas* (Gemeiner Wurmfarn). Haplo-Diplont mit heteromorphem Generationswechsel; Befruchtungs-Modus: Oogamie; Fortpflanzungs-System: Monözie. Die Bezeichnungen in Nr. 10 bedeuten: S = Anlagen für Sproß, W = Wurzel, B = Primärblatt, F = Haustorium. (Nach Walter verändert)

Die schon von Bower (1908)[*] vorgeschlagene Einteilung in 16 Familien basiert auf Bildung und Anordnung der Sporangien. Diese künstliche Klassifizierung ist später oft abgewandelt worden, indem eine Zusammenfassung von Familien erfolgte, z. B. bei von Wettstein (1935)[**].

Im „Strasburger" werden derzeit 10 Familien besprochen, jedoch ohne eine numerische Anordnung vorzunehmen. Da die Vertreter einiger dieser Familien ausschließlich in den Tropen leben und auch, wie schon mehrfach erwähnt (S. 111, S. 162), viele Arten der übrigen Familien in den Tropen beheimatet sind, soll im

---

[*] Bower FO (1908) The Origins of a Land Flora. Macmillan & Co, London
[**] Wettstein F von (1962) Handbuch der systematischen Botanik. 4. umgearbeitete Aufl. Asher, Amsterdam

5. Klasse: *Pteridopsida* [Filices] Farne

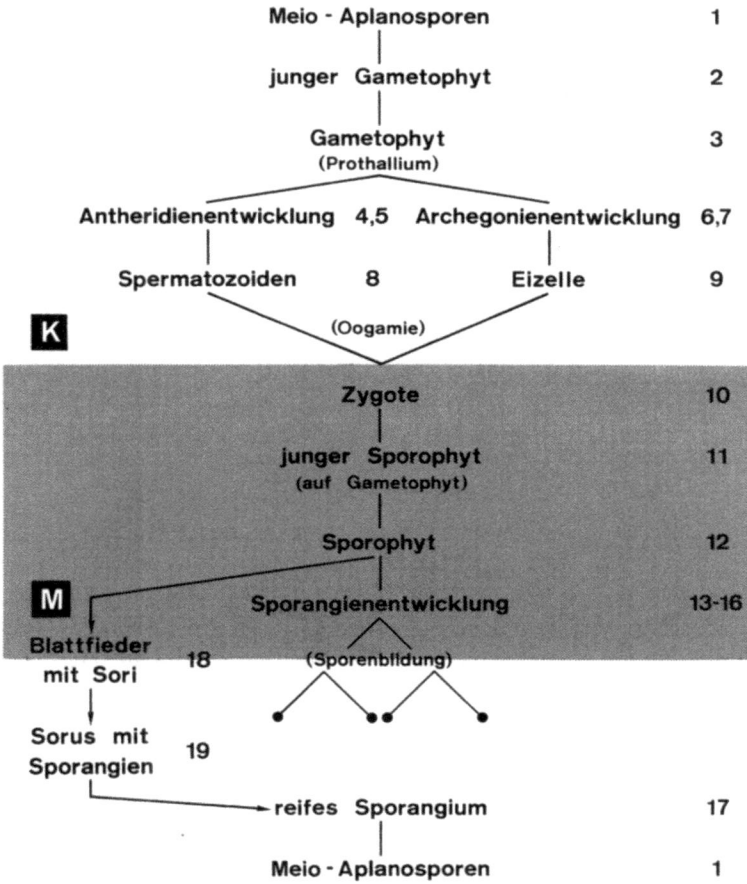

folgenden nur eine Kurzbeschreibung der Familien erfolgen, deren heimische Vertreter als Kursobjekt dienen.

Familie: Osmundaceae (Rispenfarngewächse). Abzuleiten von den Ophioglossidae: Sporangium entsteht nicht aus einer, sondern aus mehreren Zellen; Sporangienwand zweischichtig; Sporangien nicht in Sori; Indusium fehlt; Prothallien epigäisch, leben mehrere Jahre; fossile Formen schon im Oberkarbon. Von den etwa 15 rezenten Arten aus drei Gattungen lebt in unserer Region nur eine Art: *Osmunda regalis*, der Königsfarn.

Familie: Polypodiaceae* (Tüpfelfarne). Sori meist mit zahlreichen Sporangien, zum Teil mit unterschiedlich gestalteten Indusien; Anulus vorhanden. Formenreichste Familie (bekannt seit der Unterkreide) mit 7.000 vorwiegend tropischen

---

* Neuerdings werden die Polypodiaceae von einigen Autoren als eine unnatürliche Einheit angesehen und in mehrere Familien aufgeteilt.

Arten und bekannten Gattungen wie z. B. *Adiantum, Athyrium, Asplenium, Blechnum, Dryopteris, Matteuccia, Phyllitis, Polypodium, Pteridium.*

Material: Die Besprechung der Materialbeschaffung der für die folgenden Versuche und Beobachtungen erforderlichen Farne erfolgt in einem Block, da einzelne Objekte mehrfach verwendet werden.

Adiantum capillus-veneris (Lappenfarn, Frauenhaar, Polypodiaceae) (Abb. 83 h, i) hat sein Hauptverbreitungsgebiet in den Tropen, ist aber auch im Mittelmeerraum zu finden. An den kriechenden Rhizomen entstehen zweizeilig Blätter mit einer im Umriß keilförmigen Spreite und am Rande gelappten Fiedern und randständigen Sori (Reife: Juni bis September). Die Blattstiele sind schwarz gefärbt. Da die *Adiantum*-Arten ebenfalls beliebte Zimmerpflanzen sind, dürfte ihre Beschaffung aus Gärtnereien nicht schwerfallen.

In der Volksmedizin wurde er zu Infusionen (Tee) gegen Brustleiden verwendet. Wegen ihrer Schwarzfärbung verglich man im Altertum die Blattstiele mit Frauenhaaren und schrieb dem Farn Heilkräfte zur Erhaltung des Haarwuchses zu. Offiziell: Folium Adianti seu Herba capilli Veneris.

Athyrium filix-femina (Wald-Frauenfarn, Polypodiaceae) (Abb. 82a, 83d) ist eine Halbschattenpflanze und wie der Wurmfarn eine Art, die in Europa weit verbreitet ist. Man findet diesen Farn besonders in Buchenwäldern, aber auch in Nadelwäldern und Gebüschen, auf nährstoffreichen aber kalkarmen Böden. Er besiedelt auch Lehmböden und erreicht in alpinen Regionen Höhenlagen bis zu 2.500 m. Reife Sporangien von Juli bis September.

Da die Wedel nach der Welke einen penetranten Geruch entwickeln, wurden sie auf dem Lande zur Vertreibung von Flöhen benutzt.

Asplenium nidus (Vogelnestfarn, Polypodiaceae) (Abb. 80g) kommt in den Tropen der Alten Welt vor. Die ungeteilten Wedel bilden einen Trichter, in dem sich Humus sammelt. Er ist leicht in Gewächshäusern zu halten und wird auch von den meisten Gärtnereien angeboten. Sein Vorteil als Kursobjekt besteht darin, daß man in den streifenförmigen Sori alle Stadien der Sporangienentwicklung finden kann.

Asplenium ruta-muraria (Mauerraute, Mauer-Streifenfarn, Polypodiaceae) ist eine kalkliebende Lichtpflanze, die man auf Kalkgestein oder auch in den Mörtelfugen alter Mauern findet. Ihr Verbreitungsgebiet ist zirkumpolar, in Europa atlantisch-submeridional. Sporenreife im Juli und August. Da die Sporangien sukzedan entstehen, kann man über einen längeren Zeitraum die verschiedenen Reifungsstadien der Sporangien erhalten.

Asplenium daucifolium (syn. *A. viviparum*, Polypodiaceae) besitzt dreifach gefiederte Wedel und ist in den Tropen heimisch (z. B. Insel Mauritius). Wegen seiner Bulbillenbildung (deshalb auch der Artname) wird er gerne als Zierpflanze gehalten und daher auch von Gärtnereien angeboten.

Blechnum spicant (Gemeiner Rippenfarn, Polypodiaceae) (Abb. 80b, 82d) ist weit verbreitet in Europa, Japan und an der Westküste von Nordamerika. Diese Schattenpflanze wächst auf Humusböden, aber auch auf sandig-steinigen Lehmböden, in Erlenbrüchen, in artenarmen Tannen-, Birken- und Eichenwäldern. Tro-

5. Klasse: *Pteridopsida* [Filices] Farne

phophylle bilden eine Rosette, in deren Mitte die Sporophylle entstehen. Sporenreife Juli bis September.

Dryopteris filix-mas (Gemeiner Wurmfarn, Polypodiaceae) (Abb. 80c, 82b, 83a, b) ist als Schattenpflanze weit verbreitet im gesamten europäischen Raum. Obwohl dieser wohl bekannteste Farn keine besonderen Ansprüche an die Bodenbeschaffenheit stellt, gilt er als Anzeiger guter Mineral- und Lehmböden. Auf Sandböden ist er dagegen nicht zu finden. Er erreicht in der alpinen Region Höhenlagen bis zu 2.600 m. Reife Sporangien findet man, je nach Lage, von Juli bis September. Parallel zum Blattfall der Laubbäume sterben die in jedem Jahr gebildeten zahlreichen Wedel ab.

Matteuccia struthiopteris (Deutscher Straußenfarn, Polypodiaceae) (Abb. 82e) hat eine zirkumpolare Verbreitung in der gemäßigten Zone. Man findet diese Halbschattenpflanze in Auenwäldern, an Ufern von Waldbächen und Flüssen, auf nährstoffreichen, aber kalkarmen Böden, vielfach mit Eschen und Erlen vergesellschaftet; sie vermehrt sich durch hypogäische Stolone. Deutlicher ausgeprägt als bei *Blechnum* bilden sich die morphologisch anders gestalteten Sporophylle in den Trichtern der Trophophylle. Sporenreife von Juli bis September, aber Öffnung der Sporangien an den überwinternden Sporophyllen erst im Frühjahr.

Osmunda regalis (Königsfarn, Osmundaceae) (Abb. 82c, 83e) ist eine Halbschattenpflanze, die in Erlenbruchwäldern oder in Weidenbruchwaldgebüschen an Gräben auf kalkarmen, torfigen Sand- und Tonböden wächst. Man findet diesen Farn, der fast kosmopolitisch verbreitet ist, häufig in warmen und gemäßigten Zonen. Sporenreife im Juni und Juli.

In der Volksmedizin wird das Rhizom des Königsfarns gegen Schwielen und Rachitis angewendet. Im Mittelalter glaubte man, daß Sporen, die in der Walpurgisnacht gesammelt wurden, bei der Schatzsuche helfen würden.

Phyllitis scolopendrium (Gemeine Hirschzunge, Polypodiaceae) (Abb. 80a, 83g) ist zwar in ganz Europa verbreitet, aber in Deutschland relativ selten zu finden, und zwar in feuchten, schattigen Wäldern, in Felsschluchten auf nährstoffreichen Lehm- oder Steinböden. Die ungeteilten, büschelig angeordneten Blätter erreichen – je nach Standortbedingungen – Längen von 10 bis 60 cm. Sporenreife Juli bis September. Der Farn wird auch häufig von Gärtnereien angeboten.

Platycerium bifurcatum (Hirschgeweihfarn, Polypodiaceae) (Abb. 80f, 83f) ist ein tropischer Epiphyt. Aufgrund seines sehr dekorativen Habitus (humussammelnde Nischenblätter und gabelig verzweigte Tropho- und Sporophylle) ist er eine beliebte Zimmerpflanze und wird von Gärtnereien angeboten.

Polypodium vulgare (Gemeiner Tüpfelfarn, Polypodiaceae) (Abb. 83c) wächst in nicht zu dunklen Eichenwäldern in humosen Böden, aber auch an schattigen Felsen und Mauern, wenn genügend Humus vorhanden ist. Sein Verbreitungsgebiet reicht von der Ebene bis in die Alpenregion, mit Höhen bis weit über 2.000 m. Die Rhizome wachsen vielfach oberirdisch und besitzen zahlreiche Spreuschuppen. Die Wedel erreichen eine Länge bis zu 35 cm. Reife Sporangien im Juli und August.

Pteridium aquilinum (Gemeiner Adlerfarn, Polypodiaceae) (Abb. 80d) ist eine weltweit verbreitete, kalkmeidende Licht- bis Halbschattenpflanze, die man in lichten Wäldern, aber auch auf Lichtungen und an Waldrändern findet. Er bevorzugt magere Böden und erreicht Höhenlagen bis zu 2.100 m. Die reich verzweigten, bis zu 50 cm tief wachsenden Rhizome bilden jährlich an jedem Vegetationspunkt nur einen sommergrünen Wedel, der sich zunächst noch sehr langsam (1 bis 2 Jahre) hypogäisch entwickelt aber nach Verlassen des Erdreiches bis zu 2 m lang werden kann. Er stirbt dann am Ende der Vegetationsperiode ab. Sporenreife von Juli bis September.

Die mächtigen Wedel des Adlerfarns erfuhren in früheren Jahren mannigfache praktische Nutzung, z. B. zur Abdeckung von Kartoffel- und Rübenmieten, als Viehstreu und für Strohdächer. In Notzeiten wurden die sehr stärkehaltigen Rhizome als Nahrungsmittel verwendet. In der Volksmedizin glaubte man, daß Schlafen auf einem mit den Wedeln des Adlerfarns gefüllten Sack gegen Rachitis und Rheumatismus helfen würde. Vor allem in süddeutschen Regionen erblickte man vielfach in der schon mit der Lupe in den Rhizomquerschnitten erkennbaren Anordnung der Leitbündelstränge und Sklerenchymplatten die Buchstaben „JC" (seitliche Betrachtung von Abb. 78c), daher der Name „Jesus Christus Wurzel". Andere glaubten, in diesen Querschnitten die Figur eines Adlers zu erkennen, daher „Adlerfarn".

Da die heimischen Farne sich leicht kultivieren lassen, ist es zweckmäßig – wenn kein Botanischer Garten zur Verfügung steht – das Versuchsmaterial in einem kleinen Beet selbst heranzuziehen. In jedem Fall muß man für eine Kursdurchführung im Winter fixiertes Material bereithalten, das durch eine Sammlung von Dauerpräparaten ergänzt werden sollte. Natürlich kann man auch auf käufliches Material aus Gärtnereien zurückgreifen.

I. Gametophyt (Prothallium)

1. Sporenkeimung, Prothalliumbildung [Abb. 74 (1–3)]

Präparation und Aufgabe: Reife Sporangien des Wurmfarns findet man in der Natur im Sommer und Frühherbst, jedoch bei Pflanzen, die im Gewächshaus gehalten werden, unabhängig von der Jahreszeit. Um Sporen in größeren Mengen zu erhalten, Teile eines Farnwedels, die reife, aber noch weitgehend ungeöffnete Sporangien tragen, mit den Sori nach unten auf ein Blatt weißes Papier legen. Im Verlauf des Austrocknens öffnen sich die Sporangien, und man findet schon nach wenigen Stunden auf dem Papier eine für die weitere Bearbeitung ausreichende Menge von Sporen. Eine Sporenprobe zunächst auf einen trockenen Objektträger bringen, bei mittlerer Vergrößerung beobachten und erst nach Auflegen eines Deckglases Wasser zugeben.

Um die Sporen zur Keimung zu bringen und sterile Prothallienkulturen zu erhalten, verfährt man ähnlich, wie vorhergehend (S. 78) schon für die Sporen der Laubmoose beschrieben: Trockene Farnsporen auf Bopp- oder Duckett-Medium in Petrischalen bringen und die Kulturen bei etwa 20 °C im 16 Stunden Tag bei etwa 4.000 Lux (2 Watt/m^2) halten. Unter diesen Bedingungen keimen die Spo-

---

Abb. 75 a–h. *Dryopteris filix-mas.* **a, b** Sporen in trockenem bzw. gequollenem Zustand; **c** keimende Spore; **d** gekeimte Spore nach Abwurf des Perispors; **e** junges Prothallium mit Rhizoid und zweischneidiger Scheitelzelle (*Pfeil*); **f** junges Prothallium von oben mit Blick auf zweischneidige Scheitelzelle; **g** Prothallium von dorsal. *Matteuccia struthiopteris.* **h** Junge Prothallien mit anhaftenden Sporenwänden, zweischneidige Scheitelzelle (*Pfeil*)

5. Klasse: *Pteridopsida* [Filices] Farne

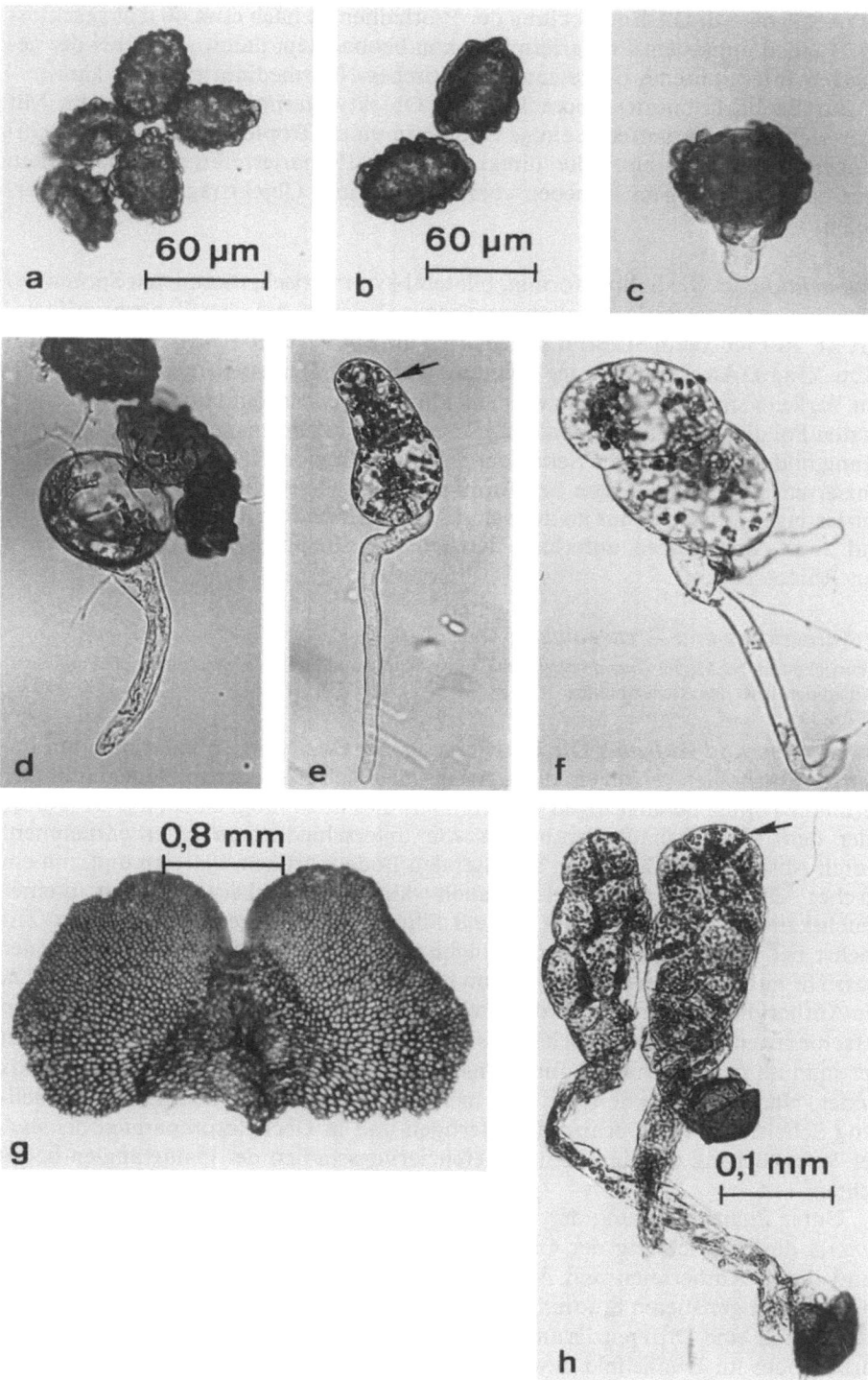

ren nach 6 bis 8 d. Die Entwicklung der Prothallien ist nach etwa 40 d abgeschlossen. Täglich unter dem Präpariermikroskop beobachten, damit schon bei der geringsten Infektion eine Umsetzung auf frisches Nährmedium erfolgen kann.

Zur Beobachtung der Sporenkeimung Objektträgerpräparate herstellen. Mit einer sterilen Präparierfeder einige Sporen in einen Tropfen steriles Wasser einbringen. Prothallien entweder direkt mit dem Präpariermikroskop betrachten oder nach vorsichtigem Abheben vom Agarmedium Objektträgerpräparate herstellen.

Beobachtungen: Die bohnenförmig, bilateral-symmetrisch, monoleten Sporen besitzen ein mit flügelartigen Falten versehenes Perispor, das dem Exospor aufgelagert ist. Auf feuchtem Substrat runden sich die Sporen durch Wasseraufnahme ab (Abb. 75a,b). An dem nach der Keimung (Abb. 75c,d) entstehenden hantelförmigen Vorkeim sind deutlich die zweischneidigen Scheitelzellen und am entgegengesetzten Pol die ersten Rhizoiden (Abb. 75 e, f, h) zu erkennen. Infolge von Übergipfelung bilden sich an beiden Seiten der Scheitelzellregion Flügel, die dem ausdifferenzierten Prothallium einen herzförmigen Habitus verleihen (Abb. 75g). Differenzierungen entstehen nur an der dem Licht abgewandten Seite des Prothalliums, und zwar Archegonien unterhalb der Scheitelzellregion, Antheridien zwischen den Rhizoiden.

2. Antheridien und Archegonien [Abb. 74 (4–9)]

Unterrichtsfilm Nr. 55, 56: *Anemia phyllitidis*, Entwicklung und Funktion von Antheridien und Spermatozoiden bzw. des Archegoniums.

Präparation und Aufgabe: Die Entwicklung der Gametangien kann man am besten an Prothallien verfolgen, die in axenischen Kulturen oder in kleinen mit Torf gefüllten Töpfen herangezogen werden. Falls dies nicht möglich ist, aus der Natur oder dem Gewächshaus Prothallien von unterschiedlichem Alter entnehmen. Durch Abspülen in Wasser von anhaftenden Bodenpartikeln befreien und, um ein rasches Austrocknen zu vermeiden, auch während der Arbeiten im Kurs in einer Feuchtkammer (Petrischale mit nassem Filterpapier auslegen) aufbewahren. Zunächst bei verschiedenen Vergrößerungen unter dem Präpariermikroskop in der Aufsicht auf der Unterseite die Region der Gametangienbildung beobachten. Da die Antheridien sich früher als die Archegonien entwickeln, muß man Prothallien verschiedenen Alters untersuchen. Es gibt nämlich nur eine kurze Zeitspanne, in der man an den Prothallien funktionsfähige Gametangien beiderlei Geschlechts findet. Nach Aufeinanderlegen von mehreren Prothallien Querschnitte in Richtung Scheitelzellregion/Rhizoide anfertigen und in Deckglaspräparaten bei starker Vergrößerung die einzelnen Differenzierungsstadien der Gametangien beobachten.

Unter Zugrundelegung der Darstellungen im Entwicklungs-Zyklus von *Dryopteris* die Entwicklung der Gametangien anhand von Längsschnitten (Mikrotom) durch Antheridien und Archegonien verschiedenen Alters zeichnerisch erfassen. Zum genaueren Studium der Spermatozoiden benötigt man Deckglaspräparate. Um eine Differenzierung zu erreichen, entweder mit Lugolscher Lösung färben oder im Dunkelfeld bzw. im Phasenkontrastmikroskop betrachten.

5. Klasse: *Pteridopsida* [Filices] Farne

Die Anlockung der Spermatozoiden durch die Archegonien erfolgt chemotaktisch. Dieser Vorgang kann wie folgt demonstriert werden: Zunächst in einem Deckglaspräparat feststellen, ob sich die Spermatozoiden bewegen, dann eine mit 0,05% DL-Dinatriummalat (Äpfelsäure) gefüllte Glaskapillare an den Deckglasrand eines Präparates bringen. Bei starker Vergrößerung kann man die Wanderung der Spermatozoiden in Richtung der Kapillaröffnung deutlich sehen.

Da die Bildung der Gametangien stets an der Licht abgewandten Seite des Prothalliums erfolgt, kann man, ähnlich wie bereits für die Rhizoidbildung der Thalli von *Marchantia* (Abb. 18f) beschrieben, in axenischen Kulturen durch Unterlicht die Entstehung der Gametangien auf der Oberseite induzieren.

Beobachtungen: In der Aufsicht auf die Ventralseite des Thallus erkennt man die Antheridien als kugelige Gebilde (Abb. 76a) und die Archegonien an ihren über das Prothallium herausragenden Hälsen (Abb. 76b). Mit einiger Geduld kann man bei starker Vergrößerung unter dem Präpariermikroskop auch das Austreten der Spermatozoiden beobachten, wenn sich die Antheridien im richtigen Alter befinden. Die bereits entleerten Antheridien sind an ihrer apikalen Öffnung (Abb. 76c, Pfeil) deutlich von den jüngeren zu unterscheiden. Man sieht ferner auch innerhalb der Antheridienpopulation einen „Altersgradienten", und zwar von der Basis des Prothalliums in Richtung Vegetationspunkt. Dies trifft auch für die Archegonien zu, die jüngsten liegen in der Nähe des übergipfelten Vegetationspunktes, die älteren, an ihrer braunen Farbe zu erkennen, mehr lateral.

In den Querschnitten durch die Prothallien (Abb. 76d–f) sieht man, daß die Differenzierung der ungestielten Antheridien von einer Epidermiszelle ausgeht. Nach Abgrenzung von der Epidermiszelle wird infolge einer trichterförmigen Wandbildung in zwei Teilungsschritten die Innenzelle von einer ringförmigen unteren Zelle und einer Deckelzelle umgeben.

Beim Verlassen des Antheridiums sind die Spermatozoiden zunächst noch von einer dünnen Hülle umgeben (Abb. 76g). Aus diesen Spermatiden werden die Spermatozoiden aber schon nach wenigen Sekunden freigesetzt. Sie sind schraubig gewunden und besitzen endständig zahlreiche Geißeln (Abb. 76h). Gelegentlich kann man auch in diesen Präparaten ein Eindringen der Spermatozoiden in die Archegonien beobachten. Dies dauert allerdings manchmal mehr als eine Stunde, und erfordert vor allem ein Feuchthalten des Präparates.

Die Archegonien dagegen besitzen keine Deckelzellen. Gleichzeitig mit dem Verschleimen der Bauchkanal- und Halskanalzelle öffnen sie sich an der Spitze, um den Spermatozoiden Einlaß zu gewähren (Abb. 76i–m).

Die Tatsache, daß in den meisten Lehrbüchern, wenn von Prothallien der Pterididae die Rede ist, als Beispiel die herzförmigen Vorkeime des Wurmfarns besprochen werden, darf nicht darüber hinwegtäuschen, daß es auch eine Vielzahl anderer Formen gibt.
Als Beispiele sind zu nennen die den Moosprotonemen ähnlichen, reich verzweigten fädigen Prothallien von Vertretern der Hymenophyllaceae (Hautfarngewächse), von denen weltweit etwa 600 Arten ist nur *Hymenophyllum tunbrigense* (syn. *Trichomanas tunbrigense*) in Mitteleuropa zu finden. Die zunächst herzförmigen Prothallien des Königsfarns (*Osmunda regalis*, Osmundaceae) wachsen zu lappigen, mehrere Jahre lebensfähigen Vorkeimen aus. Bei den wenigen diözischen Farnen sind die männlichen Prothallien zum Teil wesentlich kleiner als die weiblichen, wie z. B. bei der in Australien vorkommenden *Platyzoma microphyllum* (Pteridiaceae).

5. Abteilung: Pteridophyta (Farnpflanzen)

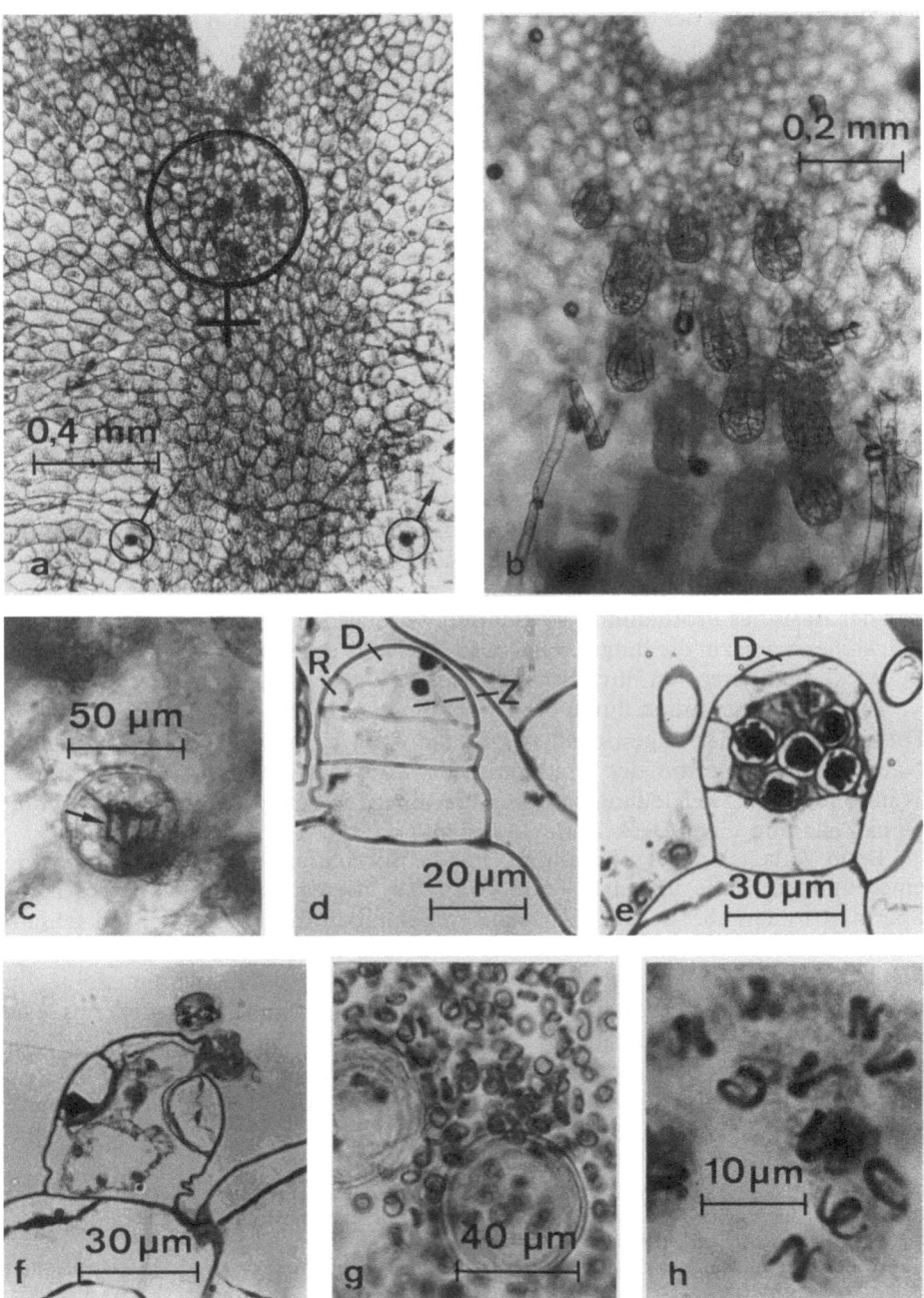

Abb. 76a–h

5. Klasse: *Pteridopsida* [Filices] Farne

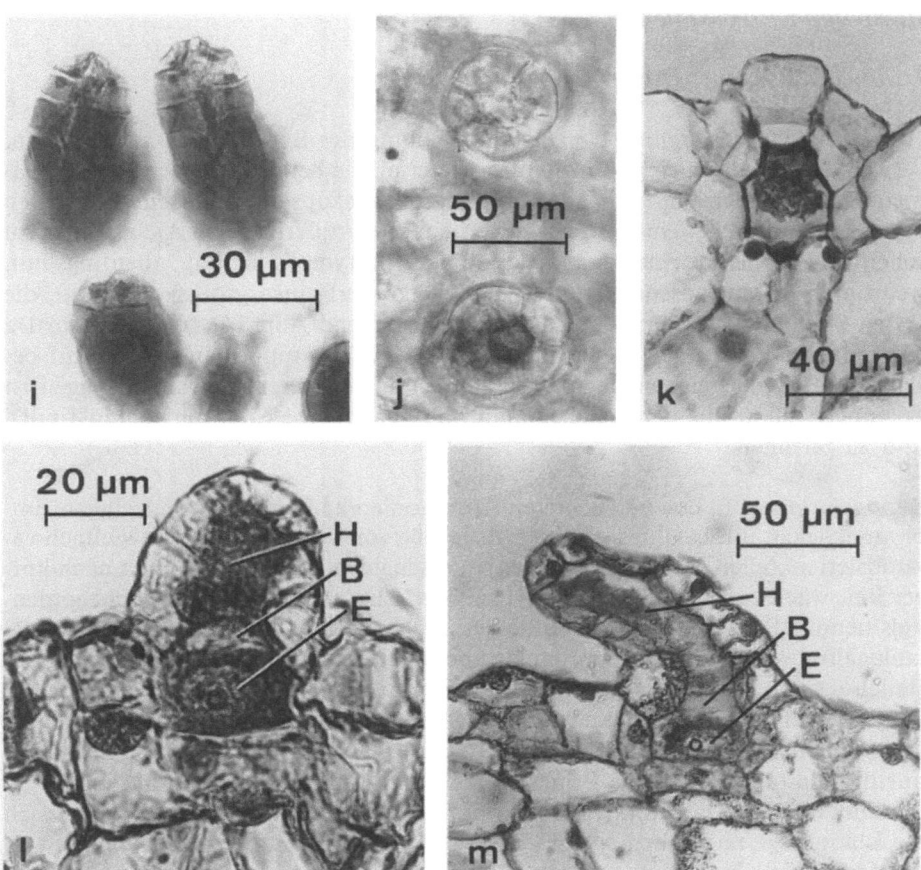

Abb. 76a–m. *Dryopteris filix-mas.* **a** Ventralseite des Prothalliums mit Aufsicht auf Antheridien (♂) und Archegonien (♀); **b** Ausschnitt aus **a**, Aufsicht auf Archegonien; **c** Antheridium nach Entlassen der Spermatozoiden, Pfeil weist auf die Öffnung hin; **d–f** Antheridienentwicklung anhand von Längsschnitten (Z = Zentralzelle, D = Deckelzelle, R = Ringzelle); **g** Spermatiden nach Verlassen des Antheridiums; **h** Spermatozoiden; **i** Aufsicht auf junge Archegonien; **j** Aufsicht auf reife Archegonien nach apikaler Öffnung; **k–m** Archegonienentwicklung anhand von Längsschnitten (E = Eizelle, B = Bauchkanalzelle, H = Halskanalzelle). Zum besseren Verständnis der Entwicklung von Antheridium und Archegonium wird auf die Schemazeichnung der Abb. 74 verwiesen.

II. Sporophyt (Farnpflanze)

1. Junger Sporophyt [Abb. 74 (10–1)]

Präparation und Aufgabe: Um die Entwicklung des Sporophyten zu studieren, verwendet man das gleiche Prothallien-Material wie bei der Bearbeitung der Gametangien. Zunächst mit Hilfe des Präpariermikroskops die Unterseite betrachten und nach Prothallien suchen, bei denen eine Vergrößerung der Archegonien zu sehen ist. Diese eignen sich zum Studium der Embryoentwicklung, allerdings nur, wenn man Mikrotomschnitte anfertigt. Es erfordert einen großen Aufwand, die ersten Stadien der Embryoentwicklung entsprechend Abb. 74(10) zu finden. Da dieser im Rahmen eines Kurses nicht zu vertreten ist, muß man sich darauf beschränken, wenigstens einige spätere Stadien zu skizzieren. Leichter dagegen ist es, junge, schon aus dem Archegonium ausgewachsene Sporophyten zu finden und zu zeichnen.

Beobachtungen: In den befruchteten Archegonien kann man die vielzelligen Embryonen leicht infolge ihrer geringen Zellgröße von den umgebenden, vielfach vakuolisierten Zellen des Gametophyten unterscheiden (Abb. 77a). Schon nach kurzer Zeit wächst der junge Sporophyt mit der Blattanlage aus dem Archegonienhals heraus. Dabei zerreißt die Hülle des Archegoniums, so daß auch die Wurzelanlage frei wird. Fuß und Sproßanlage befinden sich in diesem Stadium noch im Bauch des Archegoniums (Abb. 77b). Im Verlauf der weiteren Entwicklung wird deutlich, daß von den zahlreichen Archegonien eines Prothalliums nur aus einem einzigen ein Sporophyt hervorgeht (Abb. 77c). Bei diesem erkennt man allerdings nur die Blattanlage und die Primärwurzel. Fuß und Sproßanlage sind in diesem Stadium noch im Gametophyt. Im Verlauf der weiteren Entwicklung krümmt sich die Blattanlage nach oben und wächst aus dem Einschnitt des Prothalliums heraus (Abb. 77d), das dann bald abstirbt.

Aus der Sproßanlage entwickeln sich Blätter und der Erdsproß (Rhizom), der mit einer für die Pterididae typischen dreischneidigen Scheitelzelle wächst, die aber in diesem Stadium noch nicht erkennbar ist. Die sproßbürtige Primärwurzel bleibt nur begrenzte Zeit funktionsfähig. Die Folgewurzeln sind daher ebenfalls sproßbürtig.

Man bezeichnet dies als primäre Homorrhizie. Der Embryo ist unipolar, da er als einzigen Vegetationspunkt die Sproßanlage besitzt. Aber auch bei bipolarer Embryobildung kann die aus einem eigenen Vegetationspunkt hervorgehende Primärwurzel (Radicula) nur kurze Lebensdauer haben. Die Folgewurzeln sind dann ebenfalls sproßbürtig (sekundäre Homorrhizie, bei vielen Monokotyledonen). Im Gegensatz dazu haben die Gymnospermen und viele Angiospermen eine allorrhize Bewurzelung, d. h. die Primärwurzel wird zur Hauptwurzel, die zahlreiche Seitenwurzeln bildet.

Der wesentliche Unterschied zwischen den beiden hypogäisch wachsenden Organen Rhizom und Wurzel besteht darin, daß nur die Wurzel eine Kalyptra (Wurzelhaube) trägt und daher mit einer vierschneidigen Scheitelzelle wächst (Abb. 79c). Am Rhizom erfolgt die Blattbildung.

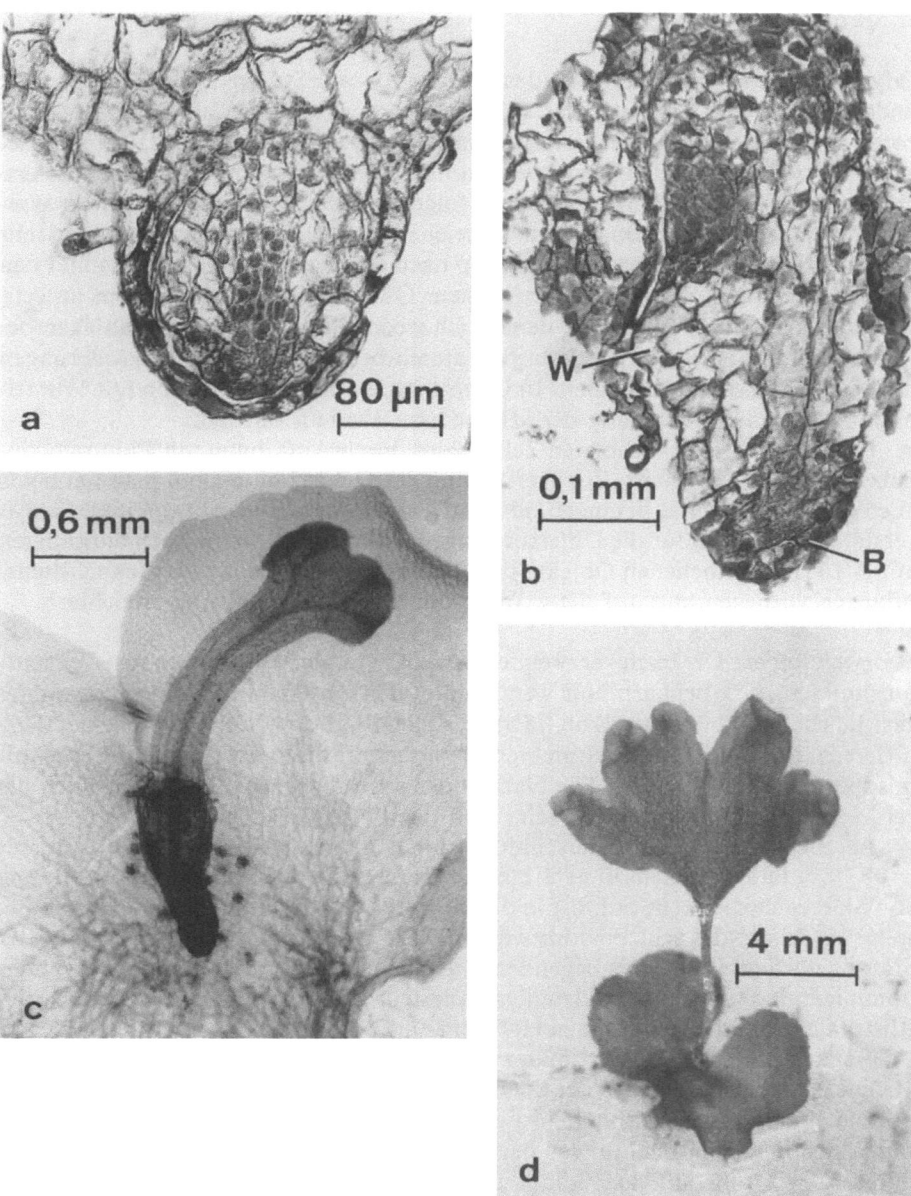

Abb. 77a–d. *Dryopteris filix-mas.* Verschiedene Stadien der Entwicklung des jungen Sporophyten. **a** Längsschnitt durch Archegonium mit Embryo; **b** der sich zum Sporophyten differenzierende Embryo wächst mit der Blattanlage (*B*) aus dem Archegonium, seitlich ist die Keimwurzel (*W*) zu erkennen; **c** junger Sporophyt mit beginnender Blatt- und Wurzeldifferenzierung; **d** Prothallium von dorsal mit herauswachsendem Blatt des Sporophyten. Die Abb. a–c stammen von der Ventralseite des Prothalliums.

2. Sproßachse

Präparation und Aufgabe: Das ideale Material zum Studium von Morphologie und Anatomie des Sprosses, der bei den meisten Pterididae als Erdsproß (Rhizom) ausgebildet ist, bietet der Adlerfarn (*Pteridium aquilinum*, Polypodiaceae)*. Die weit verzweigten Rhizome vom Fundort entnehmen (dies kann mit Ausnahme von Frostperioden ganzjährig erfolgen) und sorgfältig mit Hilfe von Wasser von anhaftenden Erdpartikeln befreien. Dann Habitus betrachten und mit Hilfe von Lupe bzw. Präpariermikroskop nach Blatt- und Wurzelanlagen und den Narben der abgestorbenen Blätter suchen. Querschnitte durch Rhizom anfertigen, und zwar durch Zonen, in denen sich weder Blatt- noch Wurzelanlagen befinden, um mit Hilfe von Deckglaspräparaten bei verschiedenen Vergrößerungen die Sproßanatomie zu studieren. In Querschnitten durch eine Region mit Wurzelbildung wird die Entstehung der sekundären Wurzeln verfolgt.

Das Erkennen der verholzten Zellen wird durch Anfärbung mit Phlorogluzin-Salzsäure (S. 8) erleichtert. Zur Herstellung der Querschnitte kann man natürlich auch fixiertes Material benutzen oder auf Dauerpräparate zurückgreifen. Selbstverständlich können für die Untersuchungen der Sproßanatomie auch die anderen auf S. 166 f. besprochenen Objekte benutzt werden, wenn diese als Gewächshauspflanzen vorliegen und auf diese Weise die Materialbeschaffung erleichtern.

Beobachtungen: Die reich verzweigten Rhizome (Abb. 78a) sind an den Vegetationspunkten stark behaart. Nur wenig hinter den einzelnen Rhizomspitzen bildet sich jährlich nur ein Blatt (Abb. 78b), das allerdings drei Jahre bis zu seiner Ausdifferenzierung benötigt und mehrere Jahre, oberirdisch aber nur eine Vegetationsperiode, lebensfähig ist. Die Narben der abgestorbenen Blätter, wie auch die zahlreichen sproßbürtigen Wurzeln, sind deutlich zu erkennen.

Bei Betrachtung des Querschnittes durch ältere Regionen des Erdsprosses (Abb. 78c) fällt vor allem in gefärbten Präparaten die überaus starke Ausbildung von Sklerenchymgewebe auf, die in den jüngeren Rhizomabschnitten fehlt. So besteht die Rinde des Rhizoms im wesentlichen aus einem unmittelbar unter der braun gefärbten Epidermis liegenden Sklerenchymring. Auch im Zentralzylinder dominieren zwei mächtige Sklerenchymplatten, von denen die in der natürlichen Rhizomlage basal liegende einen Halbring bildet, während die obere etwas kleiner ist. Bei den Leitbündeln kann man zwischen inneren und äußeren unterscheiden.

Die ersteren sind in etwa der Struktur der zentralen Sklerenchymplatten angepaßt, d. h. das basale Leitbündel ist größer als das obere. Die äußeren Leitbündel fügen sich in die Ausbuchtungen der Sklerenchymplatten ein; hier fällt das obere durch seine Größe auf. Der Raum zwischen den Festigungs- und Leitelementen ist mit Parenchymgewebe gefüllt, das der Stärkespeicherung dient.

Die Einzelheiten der konzentrischen Leitbündel mit Innenxylem werden bei stärkerer Vergrößerung deutlich (Abb. 78d). Das Xylem ist durch weitlumige Trep-

---

* Alternativ kann auch *Polypodium vulgare* verwendet werden, dessen Rhizome oft epigäisch wachsen.

5. Klasse: *Pteridopsida* [Filices] Farne

pentracheen* oder Treppentracheiden charakterisiert (typisch für den Adlerfarn!), deren Zwischenräume durch englumigere Tracheiden und Xylemparenchym ausgefüllt werden. Die weitlumigen Siebröhren des Phloems sind ebenfalls in Parenchymzellen eingebettet. Das Leitbündel wird von einer Endodermis umschlossen, unter der sich nach innen hin eine Schicht stärkehaltiger Parenchymzellen befindet. Die Verzweigungen des Rhizoms entstehen aus der Rindenschicht (Abb. 78 f), und zwar meist in der Nähe von Blattbasen. Diese Region eignet sich gut dazu, die dreischneidige Scheitelzelle der Rhizome zu finden (Abb. 78 g).

Die Wurzeln bilden sich endogen, und zwar aus der innersten Schicht des Rindengewebes (Abb. 78 j). Die Anlage der Verzweigungen des Rhizoms bzw. der Bildung von Wurzeln geht eine Verzweigung der Leitbündel voraus (Abb. 78 e).

Bei einigen Farnen (z. B. *Polypodium vulgare*) findet man an den Rhizomen Spreuschuppen, welche den mehrzelligen Schuppenhaaren der höheren Pflanzen homolog sind (Abb. 78 h, i).

Die Besprechung des Farnsprosses wäre unvollständig, wenn nicht wenigstens in einigen Worten auch solche Farne erwähnt würden, die epigäische Sprosse haben. Dies sind z. B. die rezenten tropischen Baumfarne. Die Vertreter der Gattungen *Cyathea* (Cyatheaceae) und *Dicksonia* (Dicksoniaceae) bilden Schopfbäume, die ohne sekundäres Dickenwachstum Durchmesser bis zu 40 cm und eine Höhe bis zu 20 m erreichen können.

Apikal tragen sie Rosetten von Wedeln, die mehrere Meter lang sein können. Ähnlich wie bei den Palmen hinterlassen die nur wenige Jahre lebensfähigen Blätter am Sproß typische Narben.

3. Wurzel

Präparation und Aufgabe: Für das Studium der Farnwurzel bietet sich ebenfalls *Polypodium vulgare* als günstiges Objekt an, da wegen der vielfach oberirdisch wachsenden Rhizome auch die Wurzeln hier leicht zugänglich sind. Quer- und Längsschnitte durch die Wurzel anfertigen. Im ersten Falle kann man sich mit Handschnitten begnügen. Im zweiten Falle dagegen ist man für das Erkennen von Einzelheiten, z. B. der Scheitelzelle, auf Mikrotomschnitte angewiesen. Bei unterschiedlichen Vergrößerungen Einzelheiten der Wurzelanatomie erarbeiten. In diesem Zusammenhang ist zu erwähnen, daß sich ausdifferenzierte Wurzeln wegen ihrer starken Verholzung schwer schneiden lassen. Dies trifft auch für Mikrotomschnitte zu.

Beobachtungen: Der Querschnitt zeigt das Bild einer für die Gefäßpflanzen typischen Wurzel, d. h. ein zentrales radiales Leitbündel ist von einer relativ dicken Rindenschicht umgeben (Abb. 79a). Das Abschlußgewebe der Rinde ist an der Wurzelspitze eine mit zahlreichen Wurzelhaaren durchsetzte Rhizodermis. Diese wird in den älteren Wurzelregionen von der Exodermis abgelöst. Darunter liegt ein mehrschichtiger Sklerenchymring als Festigungselement. Als inneres Abschlußgewebe der Rinde dient eine Endodermis mit den typischen nach innen verdickten Zellwänden und den Durchlaßzellen mit unverdickten Zellwänden (Abb. 79b), die allerdings in gefärbten Präparaten wegen Überfärbung des Skler-

---

* Im Gegensatz zu den insgesamt höher entwickelten Coniferophytina, denen die Tracheen fehlen, muß das Vorhandensein dieser Wasserleitelemente beim Adlerfarn und wenigen anderen Farnen als Charakteristikum einer relativ hohen Entwicklung des Pteridophyten-Kormus angesehen werden.

178 5. Abteilung: Pteridophyta (Farnpflanzen)

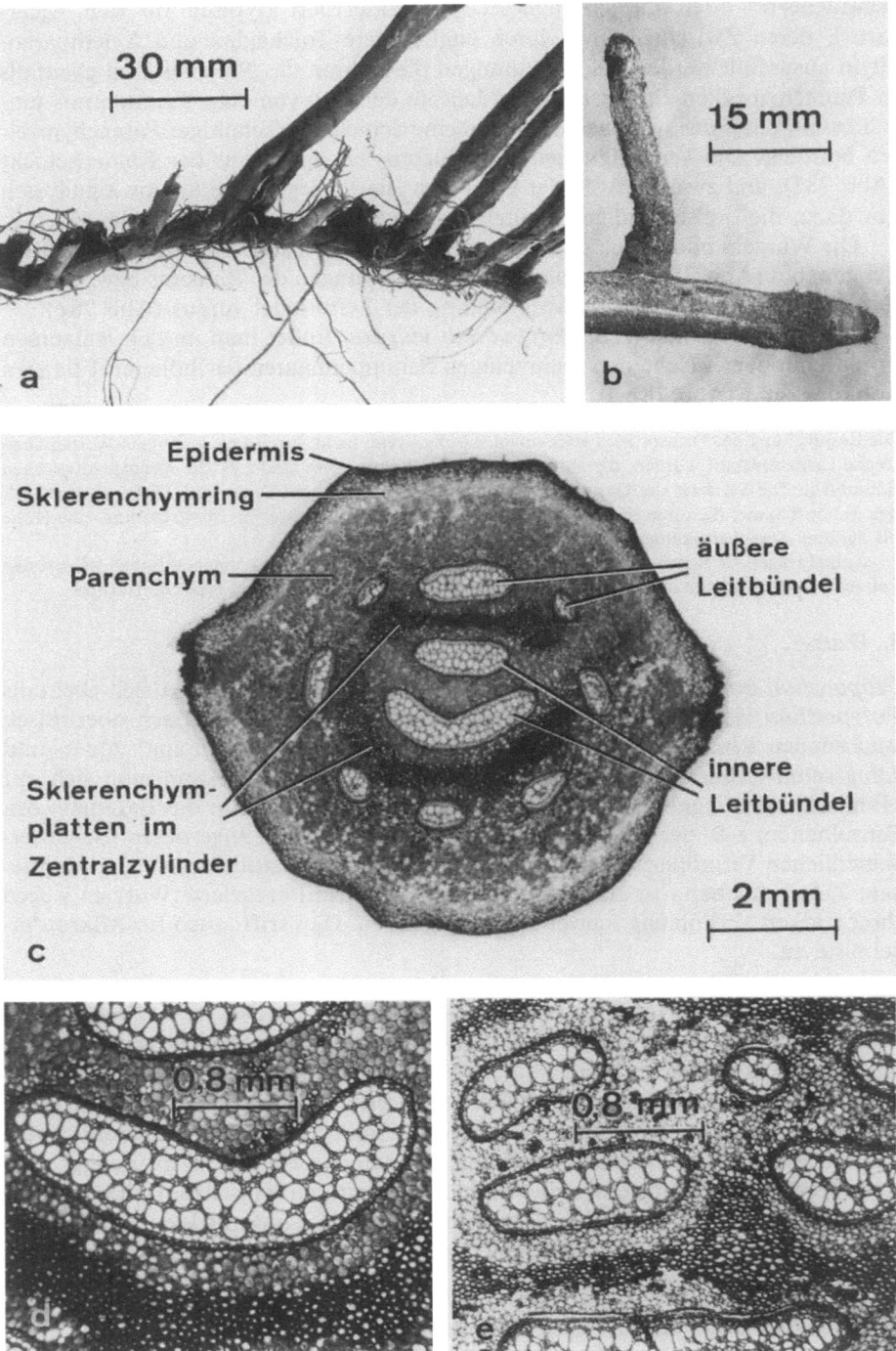

Abb. 78 a–e

5. Klasse: *Pteridopsida* [Filices] Farne

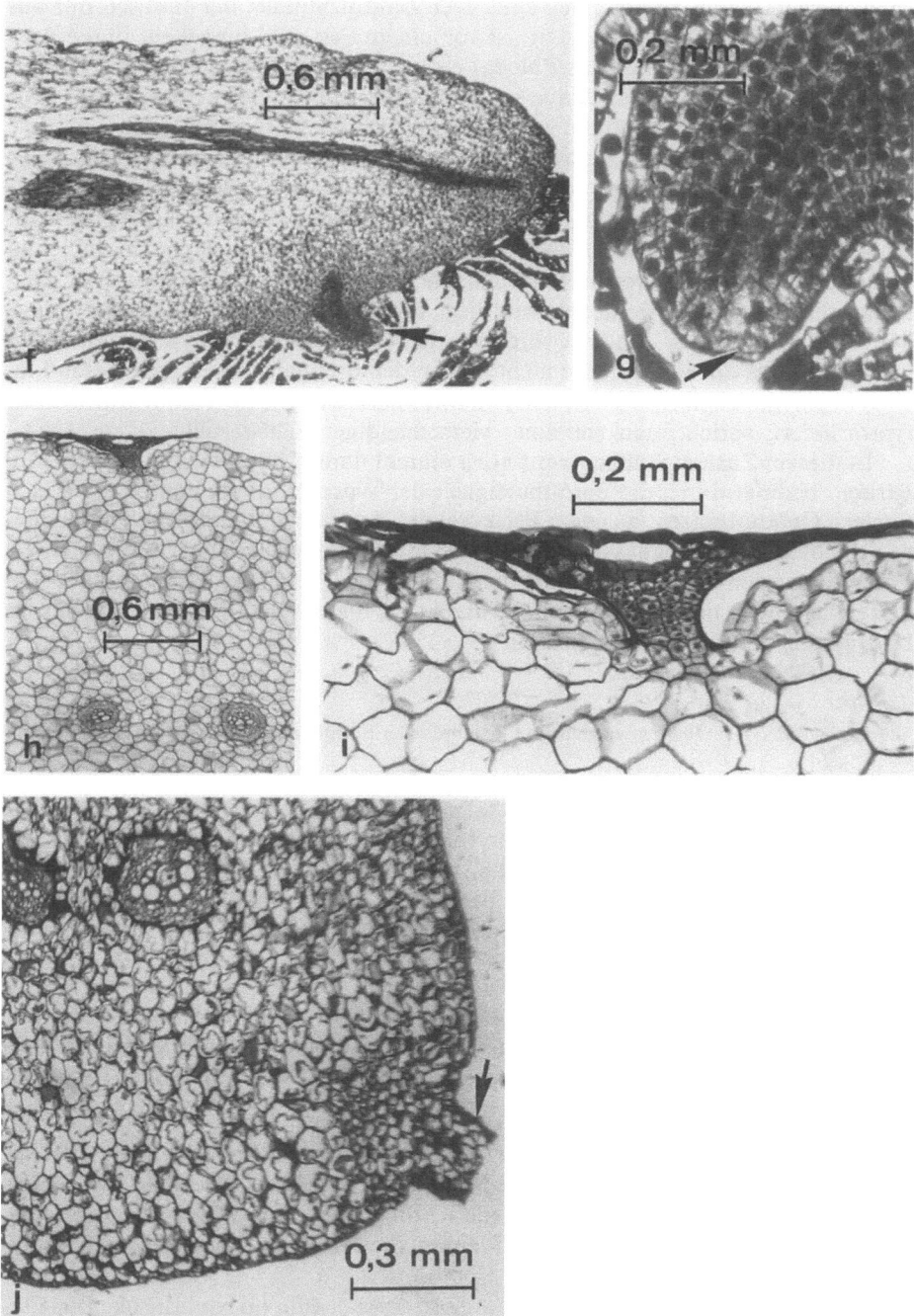

Abb. 78 a–j. *Pteridium aquilinum*. **a** Habitus des Rhizoms; **b** Vegetationspunkt des Rhizoms mit Blattanlage; **c** Querschnitt durch Rhizom (Übersicht); Ausschnitt aus Rhizomquerschnitten: **d** Leitbündel; **e** Leitbündelverzweigung. *Polypodium vulgare*. **f** Rhizomspitze mit Verzweigungsanlage *(Pfeil)*; **g** Ausschnitt aus **f**, *Vegetationspunkt der Verzweigung, Scheitelzelle (Pfeil)*; **h** Querschnitt durch Rhizomspitze; **i** Ausschnitt aus **h**, Rhizomschuppe; **j** Rhizom quer, mit sproßbürtiger Wurzel *(Pfeil)*

enchymringes kaum zu erkennen sind. Der Zentralzylinder, der faktisch nur aus einem diarchen Leitbündel besteht, ist von einem Perizykel umgeben. In die Ausbuchtungen des Xylems ist das Phloem eingelagert. Parenchymzellen als Füllelemente sind nur in geringem Maße vorhanden; Sklerenchymzellen fehlen im Leitbündel. Da sich das Leitbündel von außen nach innen entwickelt, findet man die Primanen von Xylem und Phloem in der äußeren Region des Bündels. Dies kann man vor allem an den großlumigen zentralen Zellen des Xylems erkennen.

Im Längsschnitt sieht man, das in gleicher Weise wie auch beim Sproß (vgl. Abb. 79c mit Abb. 78g) die Differenzierung von einer Scheitelzelle ausgeht und nicht von einer Gruppe von Initialzellen wie bei den übrigen Gefäßpflanzen. Diese hat die Form eines Tetraeders und liegt nicht, wie beim Sproß, an der Spitze des Vegetationskegels, sondern wird von der Wurzelhaube (Kalyptra) überdeckt (Abb. 79d). Da die Scheitelzelle nicht nur an den drei nach innen gerichteten Flächen Segmente abgibt, sondern auch an ihrer basalen Seite die Initiale für die Kalyptra liefert, spricht man von einer vierschneidigen Scheitelzelle.

In diesem Zusammenhang wird noch einmal darauf hingewiesen, daß bei den Farnen, bedingt durch die Sproßbürtigkeit der Wurzeln, diese nicht, wie bei den übrigen Gefäßpflanzen, aus dem Perizykel des Zentralzylinders entstehen, da diese Schicht im Sproß nicht vorhanden ist. Wie schon oben erwähnt, bilden sich die Wurzeln aus den inneren Schichten der Rinde (Abb. 78e). Dies trifft nach neueren Untersuchungen nicht für die Seitenwurzeln zu, die aus dem Perizykel der sproßbürtigen Sekundärwurzel entstehen.

4. Blatt

Unterrichtsfilm Nr. 57: Blattentwicklung mit longitudinaler Entrollung beim Nestfarn *(Asplenium nidus)*.

Präparation und Aufgabe: Um die Vielgestaltigkeit der Farnblätter kennenzulernen, die Morphologie einer Reihe von typischen Farnblättern betrachten, für die Beispiele in den Abbildungen 80 und 82 zusammengefaßt sind. Einzelheiten über die verwendeten Objekte wurden bereits – unter Material – besprochen (S. 166f.). Zum Studium der Blattanatomie Querschnitt durch eines dieser Objekte anfertigen und zeichnen.

Beobachtungen: Die Blätter der Pterididae sind Megaphylle (Farnwedel). Trotz ihrer großen morphologischen Mannigfaltigkeit, die von ungegliederten Blättern über mehrfach gefiederte bis zur Heterophyllie reicht (Abb. 80), gibt es einige, allen gemeinsame Kriterien:

(1) Die Farnblätter wachsen mit einer zweischneidigen Scheitelzelle. Dies trifft sowohl für die mächtigen, teils mehrere Meter langen, gefiederten Wedel der Baumfarne als auch für die kleinen Blattfiedern von gegliederten Wedeln zu. Eine Ausnahme bilden die Blätter der Osmundaceae, die mit einer dreischneidigen Scheitelzelle wachsen.

(2) Das durch die Scheitelzelle bedingte Spitzenwachstum (akroplastische Blattbildung) kann bei ungeteilten Blättern wie bei Angiospermen durch Initialzellen in ein Randwachstum übergehen. Dies ist mit einer gabelteiligen Verzweigung der Blattadern gekoppelt (Abb. 80e).

5. Klasse: *Pteridopsida* [Filices] Farne

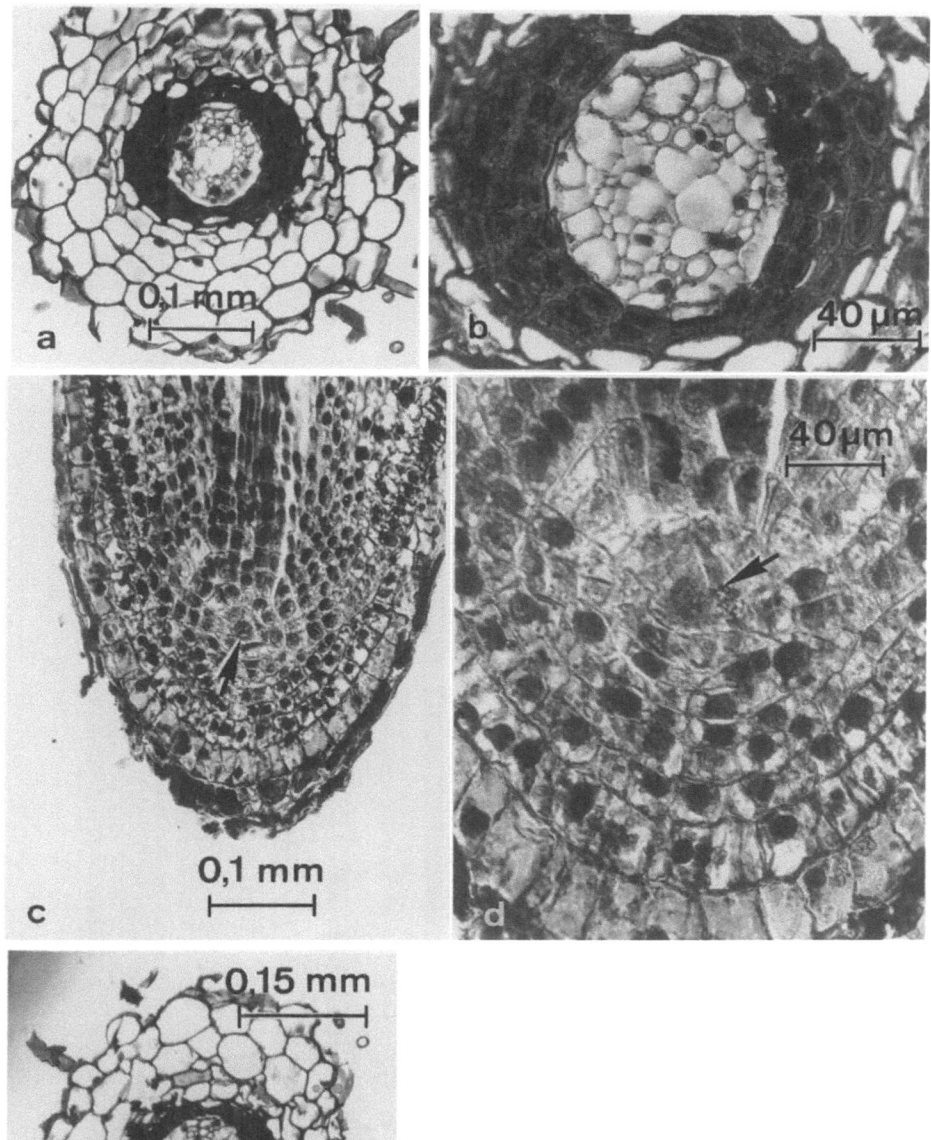

Abb. 79a–e. *Polypodium vulgare*.
a Querschnitt durch junge Wurzel;
b Ausschnitt aus a, Leitbündel;
c Längsschnitt durch Wurzelspitze;
d Ausschnitt aus c, Region der Scheitelzelle (Pfeile); e endogene Bildung einer Seitenwurzel

Abb. 80a–d

5. Klasse: *Pteridopsida* [Filices] Farne

Abb. 80a–g. Morphologische Mannigfaltigkeit der Megaphylle der Pterididae. **a** *Phyllitis scolopendrium*, ungeteiltes, wintergrünes Blatt; **b** *Blechnum spicant*, fiederteiliges, wintergrünes Blatt; **c** *Dryopteris filix-mas*, doppelt gefiedertes, sommergrünes Blatt; **d** *Pteridium aquilinum*, dreifach gefiedertes, sommergrünes Blatt; **e** *Adiantum cyclosorum*, zweifach gefiedert, Fiederblätter mit Randwachstum und gabelteiliger Nervatur; **f** *Platycerium bifurcatum*, Heterophyllie, rasch absterbende Mantel- oder Nischenblätter und mehrjährige Tropho-Sporophylle; **g** *Asplenium nidus*, ungeteilte mehrjährige Blattrosetten. In dem Blatttrichter sammelt sich Humus.

Gabelige Verzweigung der Blattadern gilt als ursprünglich und kommt nur bei wenigen rezenten Pflanzen vor. Sie wird erklärt als das Resultat einer Planation und Verwachsung von Telomen im Verlauf der Evolution (s. Abb. 56).

(3) Die Farnwedel sind im Jugendstadium eingerollt. Dies ist bedingt durch ein stärkeres Wachstum der Blattunterseite.

(4) Hinsichtlich der Blattanatomie gleichen die Farnblätter weitgehend den Blättern der höheren Pflanzen (Gliederung in Palisaden- und Schwammparenchym). Im Gegensatz zu den Blättern der meisten höheren Pflanzen findet man allerdings auch in der Epidermis der Farnwedel Chloroplasten (Abb. 81).

(5) Die Sporangien entstehen an den Blättern, und zwar meist an der Unterseite. Vielfach werden an den Trophophyllen Sporangien gebildet (Abb. 82a). Dabei kann es zu Konzentrationen an bestimmten Blattabschnitten kommen (Abb. 82b, c). Es gibt aber auch Beispiele für eine Trennung in sporentragende Blätter (Sporophylle) und Blätter, die nur der Photosynthese dienen (Trophophylle) (Abb. 82d, e).

184   5. Abteilung: Pteridophyta (Farnpflanzen)

Beispiele für die unterschiedliche Morphologie der Farnblätter im Hinblick auf Fortpflanzung und Ernährung sind in Abb. 82 gegeben. Wohlgemerkt, dies sind nur Beispiele, es gibt noch viele weitere Formen.

5. Sporangien

a) Anordnung und Morphologie der Sori

Präparation und Aufgabe: Je nachdem, welches Material zur Verfügung steht, unter dem Präpariermikroskop bei verschiedenen Vergrößerungen Bildung, Anordnung und Morphologie der mehr oder weniger zahlreichen Sporangien in den Sori beobachten. Als Anhaltspunkt für die Auswahl des Materials können die Beispiele der Abb. 83 dienen.

Beobachtungen: Die Sori findet man meist auf der Blattunterseite. Bei vielen Arten sind sie bis zur Reife von einem dünnen Häutchen, dem Indusium, bedeckt (Abb. 83a, b, d, g, h). Anordnung und Form der Sori gilt als ein systematisches Kriterium. Je nachdem, ob diese flächenartig oder randständig angeordnet sind, nennt man die Farne Superficiales (Abb. 83a–, f) bzw. Marginales (Abb. 83e, h). In beiden Fällen gibt es eine sehr unterschiedliche Morphologie.

Als ein weiteres systematisches Kriterium wird vielfach der Zeitpunkt der Sorusbildung gewertet. Wenn diese simultan entstehen, spricht man von Simplices, bei sukzedaner Bildung von Gradatae und bei unregelmäßiger Entstehung von Mixtae. Die Polypodiaceae, zu denen die meisten hier behandelten Farne gehören, werden den Mixtae zugeordnet.

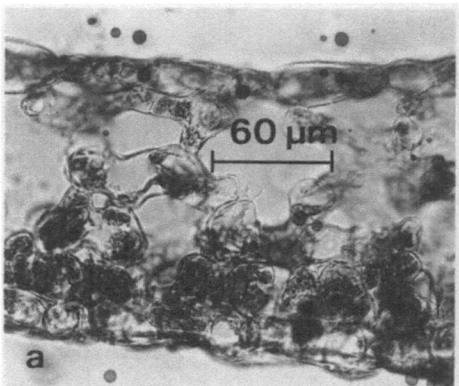 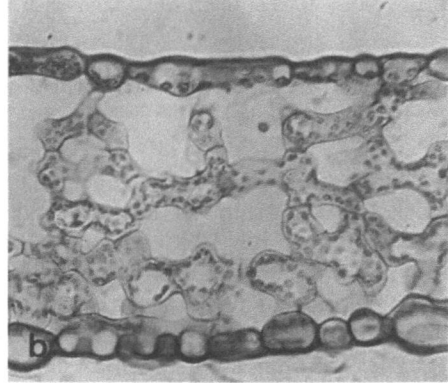

Abb. 81a, b. *Dryopteris filix-mas.* Querschnitte durch Fiederblatt: Handschnitt (**a**); Mikrotomschnitt (**b**). Durch diesen Vergleich soll der Qualitätsunterschied verdeutlicht werden, der zwischen Handschnitten von sehr dünnem oder weichem Material und Mikrotomschnitten existiert. Während man im zweiten Fall deutlich die Differenzierung in das lockere Schwammparenchym und das Palisadenparenchym erkennt und desgleichen auch deutlich die Chloroplasten in den Epidermiszellen sehen kann, ist dies im ersten Falle nicht möglich.

5. Klasse: *Pteridopsida* [Filices] Farne

Abb. 82a–d

Abb. 82a–e. a *Athyrium filix-femina*. Alle Sporophylle sind zugleich auch Trophophylle. Sporangien findet man an der Unterseite aller Fiederblättchen. b *Dryopteris filix-mas*. Hier sind ebenfalls alle Sporophylle auch Trophophylle. Man findet Sporangiensori allerdings nur in den oberen Blattabschnitten (*Pfeil*). Fiederblättchen mit und ohne Sporangien unterscheiden sich morphologisch nicht. c *Osmunda regalis*. Neben sterilen Trophophyllen gibt es Wedel mit sterilen und fertilen Abschnitten (*Pfeil*), und zwar sind die letzteren nur auf die apikalen Fiederblätter beschränkt. Eine Trennung zwischen Trophophyllen und Sporophyllen findet man bei *Blechnum spicant* (d) und vor allem bei *Matteuccia struthiopteris* (e). In beiden Fällen bilden sich die Sporophylle in der Mitte der rosetten- bzw. trichterförmig angeordneten Trophophylle. In diesem Zusammenhang siehe auch Abb. 80f.

b) Entwicklung der Sporangien [Abb. 74 (13 bis 19)]

Präparation und Aufgabe: Bei *Dryopteris filix-mas* oder bei anderen zur Verfügung stehenden Farnen, z. B. *Asplenium nidus,* Blattquerschnitte durch Sori verschiedenen Alters anfertigen. In Deckglaspräparaten bei unterschiedlicher Vergrößerung versuchen, die einzelnen Stadien der Sporangienentwicklung zu erfassen. Die ersten Stadien der Sporangienentwicklung lassen sich allerdings kaum in Handschnitten verfolgen. Hier muß man auf Dauerpräparate zurückgreifen.

Beobachtungen: Bei *Dryopteris filix-mas* beginnt die Bildung der Sporangien mit einer Gewebewucherung (Placenta) über dem Nerv eines Fiederblättchens. Im weiteren Verlauf bilden sich an der Basis der Placenta in Vielzahl die Sporangien, während aus den apikalen Teilen das einschichtige Indusium (keine Plastiden) ent-

Abb. 83a–i. Beispiele für Anordnung und Morphologie der Sori. Flächenständige Sori mit Indusium: *Dryopteris filix-mas*. Die jungen Sori sind vollständig vom einem nierenförmigen Indusium bedeckt (a); infolge von Austrocknung schrumpfen die Indusien zusammen, so daß die Sporangien bei der Reife freigelegt werden (b); *Athyrium filix-femina*, Freilegung der Sporangien durch Aufreißen des Indusiums (d); *Phyllitis scolopendrium*, das Indusium der linearen Sori von unterschiedlicher Länge reißt vor der Reife auf (g). Flächenständige Sori ohne Indusium: *Polypodium vulgare* (c). Flächenständige Anordnung der Sporangien ohne Indusium an den Enden der gabelig verzweigten Blätter bei: *Platycerium bifurcatum* (f). Randständige Sori: *Osmunda regalis* ohne Indusium (e); *Adiantum capillus-veneris* (h) durch den zurückgeklappten Blattrand wird ein Indusium vorgetäuscht (i).

5. Klasse: *Pteridopsida* [Filices] Farne

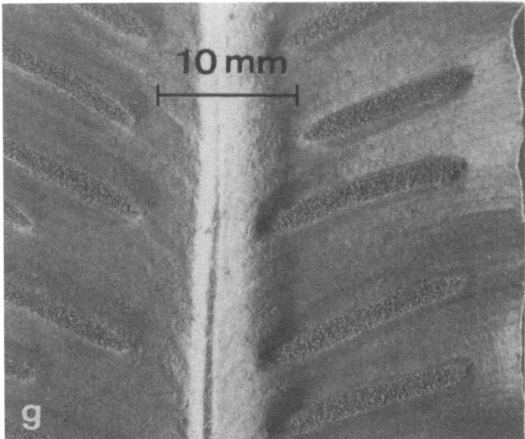
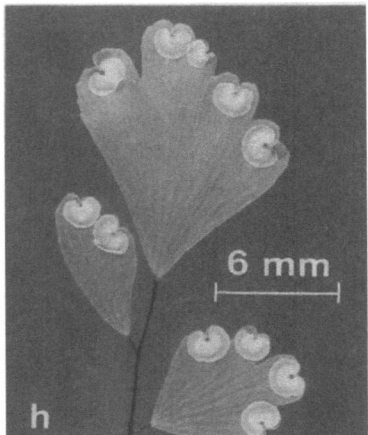
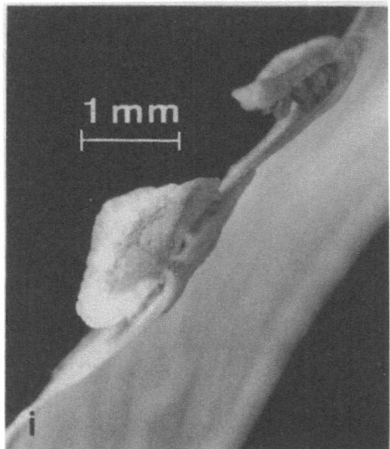

Abb. 83 g–i (Legende s. S. 186)

steht, das den Sorus schirmartig überdeckt (Abb. 84a). In jungen Sori sieht man an den Stielen der Sporangien als Ausstülpung einzellige Paraphysen. Diese vertrocknen im Verlauf der Sporangienreife (Abb. 84b).

Die Entwicklung der Sporangien wurde bereits anhand der schematischen Darstellung von Abb. 74, dem Entwicklungs-Zyklus von *Dryopteris filix-mas*, besprochen. Falls geeignete Präparate zur Verfügung stehen, kann man diese Stadien erkennen.

c) Habitus und Öffnung der Sporangien

Präparation und Aufgabe: Zunächst bei starker Vergrößerung unter dem Präpariermikroskop und dann in Deckglaspräparaten bei unterschiedlichen Vergröße-

5. Klasse: *Pteridopsida* [Filices] Farne

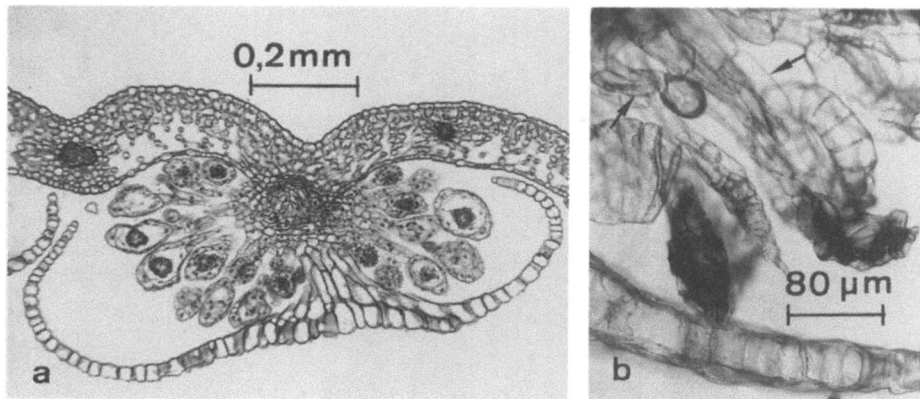

Abb. 84a–b. *Dryopteris filix-mas*. **a** Querschnitt durch Sorus mit Sporangien und Indusium; **b** Ausschnitt aus **a**, die Pfeile weisen auf Stiele von abgebrochenen Sporangien hin, die Paraphysen vortäuschen können

rungen den Habitus von reifen Sporangien betrachten. Als Anhaltspunkt für die zu untersuchenden Objekte können die in Abb. 85 zusammengefaßten Beispiele benutzt werden.

Der Öffnungsmechanismus der Sporangien kann am besten bei *Dryopteris filix-mas* studiert werden. Fiederblättchen mit reifen Sori unter das Präpariermikroskop bringen, diese mit der Mikroskopierlampe stark bestrahlen und bei geeigneter Vergrößerung beobachten. Da der Öffnungsmechanismus (s. Abb. 86) ein rein mechanischer Vorgang und nicht an die lebende Zelle gebunden ist, kann man diesen (ähnlich wie die Bewegungen der Hapteren beim Schachtelhalm S. 151) 1- bis 2mal wiederholen, z. B. Sporangien in Wasser geben und dieses dann durch die Mikroskopierlampe zum Verdunsten bringen. Den gleichen Effekt erreicht man, wenn man Glyzerin unter das Deckglas saugt, da dieses eine wasserentziehende Wirkung hat.

Beobachtungen: Die Morphologie der Sporangien der Pterididae ist durch die Morphologie der Zellen geprägt, welche mit dem Öffnungsmechanismus in Verbindung stehen. Im einfachsten Fall, bei *Osmunda regalis* (Abb. 85a,b), fehlen derartige Zellstrukturen. Das reife Sporangium besitzt seitlich Zellen mit verdickten Wänden und öffnet sich dort mit einem Längsriß. Den kompliziertesten Öffnungsmechanismus besitzt *Dryopteris filix-mas* (Abb. 85c,d); er ist in Abb. 86 verdeutlicht und in der Legende zu dieser Abbildung erklärt. Bei anderen Farnen ist zwar ein klar erkennbarer Anulus vorhanden, die Stomiumzellen sind jedoch nicht in der Deutlichkeit ausgeprägt wie beim Wurmfarn (Abb. 85e, f).

6. Vegetative Fortpflanzung des Sporophyten

Abgesehen von der Regenerationsfähigkeit von Stücken des Erdsprosses gibt es bei den Pterididae drei verschiedene Modi der vegetativen Fortpflanzung:

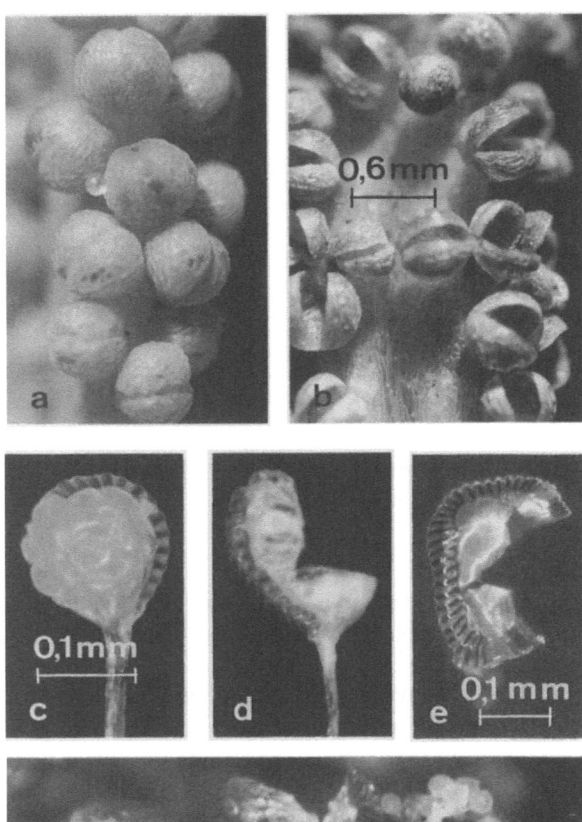

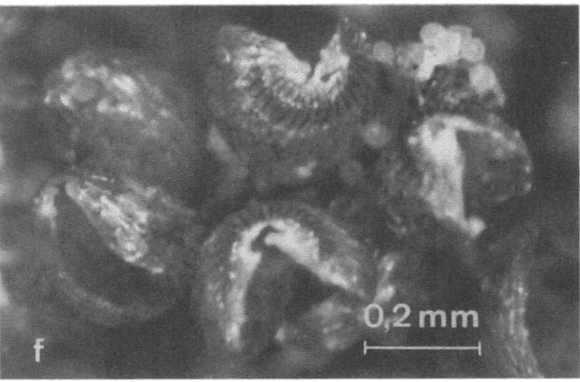

Abb. 85a–f. Morphologie von Farnsporangien. *Osmunda regalis*: Sporangium ohne speziellen Öffnungsmechanismus obwohl anulusartige Zellen vorhanden sind, **a** geschlossen; **b** durch Querriß geöffnet; *Dryopteris filix-mas*: Sporangium mit Anulus und Stomium, **c** geschlossen; **d** geöffnet; Sporangien mit Anulus, aber ohne Stomium: **e** *Cystopteris fragilis*, Blasenfarn; **f** *Anemia phyllitidis*.

(1) blattbürtige Brutsprosse (Bulbillen), relativ häufig;
(2) sproß- oder blattbürtige Ausläufer (Stolone), weniger häufig;
(3) Brutkörper (Brutknospen) an Sproß oder Wurzel, sehr selten.

Material: Asplenium bulbiferum, Asplenium daucifolium, Tectaria cicutaria, Matteuccia struthiopteris.

Präparation und Aufgabe: Im Hinblick auf die Häufigkeit des Vorkommens werden nur Beispiele für die Bildung von Brutsprossen und Ausläufern besprochen.

5. Klasse: *Pteridopsida* [Filices] Farne

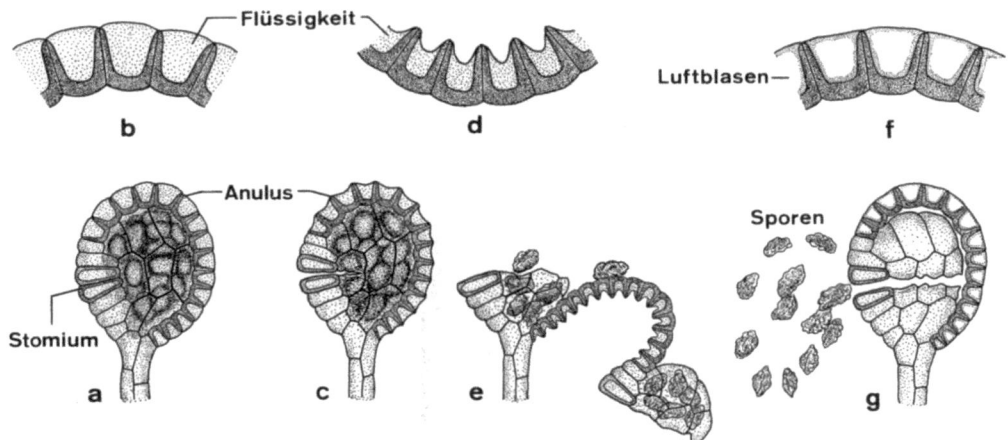

Abb. 86 a–g. *Dryopteris filix-mas.* Schematische Darstellung des Öffnungsmechanismus des Sporangiums, an dem Stomium und Anulus maßgeblich beteiligt sind. **a** Habitus des Sporangiums von der Seite. Das Stomium besteht aus zwei Zellen, die sich durch ihre Größe und Wandverdickung von den übrigen Randzellen der Sporangienwand unterscheiden. Beim Anulus handelt es sich um eine Reihe von vergrößerten Zellen der Sporangienwand, die wie eine Raupe vom Stomium über den Kapselscheitel bis zum Stiel der Kapsel hinabreicht. Die Innenwände der Anuluszellen sind an drei Seiten stark verdickt, nämlich zu den Nachbarzellen hin und an der Basis. Im Verlauf der Sporenreife sterben die Wandzellen und somit auch die Anuluszellen ab. Ihre Protoplasten degenerieren und die Zellumina sind mit ihrem Lysat prall gefüllt (**b**). Bei der Sporenreife lockert sich der Zusammenhalt der beiden lippenartigen Stomiumzellen und es entsteht ein Spalt (**c**), dessen Weite aber nicht ausreicht, um die Sporen zu entlassen. Gleichzeitig vermindert sich der Flüssigkeitsgehalt der Anuluszellen infolge von Transpiration durch die dünne Außenwand. Bedingt durch starke Kohäsion der Flüssigkeit und Adhäsion an die Zellwand kommt es zu einer Formveränderung der Anuluszellen. Die Außenwand stülpt sich ein und die Seitenwände nähern sich einander (**d**). Infolge der nun entstehenden Spannung kommt es schließlich zu einem Aufreißen der ebenfalls abgestorbenen übrigen Wandzellen, deren Wände nicht verdickt sind. Mit einem Ruck schnellt der Anulus mit der anhaftenden oberen Zelle des Stomiums sowie den Resten von Wandzellen peitschenartig nach außen und setzt auf diese Weise die Sporen frei (**e**). Nach weiterer Wasserabgabe der Anuluszellen gewinnt die Spannkraft der elastisch verformten Zellwände die Oberhand über die Adhäsionskraft der Flüssigkeit. Unter gleichzeitigem Eindringen von Luft durch die dünne Außenwand der Anuluszellen verliert die Flüssigkeit ihren Zusammenhalt und bildet einen dünnen wandständigen Belag (**f**). Da dieser Vorgang ebenfalls ruckartig erfolgt, kommt es zu einem Zurückschnellen des Anulus in die Ausgangslage (**g**), in dessen Verlauf die noch an den Resten der Sporangienwand anhaftenden Sporen abgeschleudert werden. (Nach Troll, ergänzt)

Von entsprechendem Material unter dem Präpariermikroskop Entstehung und Entwicklung der Fortpflanzungsorgane betrachten.

Beobachtungen: Bei *Asplenium bulbiferum* und *A. daucifolium* entstehen die Brutsprosse als Auswüchse auf der Oberseite der Blattfiedern (Abb. 87 a, d). Schon nach der Entwicklung des ersten Blattes (Abb. 87 c) können diese bei *A. bulbiferum* infolge einer präformierten Trennungszone zwischen Bulbille und Blatt abfallen. Sobald sie auf ein entsprechendes Substrat gelangt sind, beginnen sie mit der Bildung der Wurzel (Abb. 87 b). Bei *Asplenium daucifolium* trennen sich die Brutsprosse ebenfalls an einer präformierten Stelle von der Mutterpflanze, aber erst wenn schon mehrere Blättchen vorhanden sind (Abb. 87 e). Die Bul-

192　　　　　　　　　　　　　　　5. Abteilung: Pteridophyta (Farnpflanzen)

Abb. 87a–f

5. Klasse: *Pteridopsida* [Filices] Farne

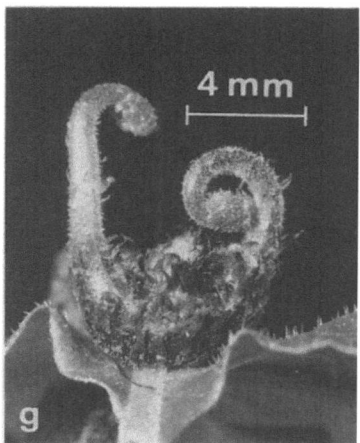

Abb. 87a–h. Vegetative Fortpflanzung bei den Pterididae durch Bulbillen und Stolone. Verschiedene Stadien der Bildung von Bulbillen bei *Asplenium bulbiferum* (a-c), *Asplenium daucifolium* (d,e), *Tectaria cicutaria* (f,g). h *Matteuccia struthiopteris*, Vermehrung durch Bildung unterirdischer Stolone, die freigelegt wurden (*schwarzer Pfeil*), der *weiße Pfeil* weist auf die freigelegte Spitze eines hypogäisch wachsenden Stolons.

billen von *Tectaria cicutaria* entstehen zwar auch an der Oberseite der Wedel, aber als Auswüchse der Mittelrippe (Abb. 87 f, g). Als Beispiel für die Bildung von hypogäischen Stolonen dient *Matteuccia struthiopteris* (Abb. 87h). Aus einer einzigen Pflanze kann während einer Vegetationsperiode eine Population von 20 bis 30 Farnen entstehen.

Unterklasse: *Salviniidae* [Hydropterides]

Die Salviniidae schließen sich als heterospore Arten übergangslos an die Pterididae an (s. Abb. 54). An den Rhizomen der im Wasser oder auf sumpfigen Böden vorkommenden Kräuter entstehen in regelmäßigen Abständen einfache Blätter und Wurzeln, bzw. Blätter mit Wurzelfunktion. Die Sori der an der Blattbasis sitzenden Mikro- und Megasporangien sind von umgewandelten Indusien und/oder vom Sporophyll umhüllt (Sporokarpien = Sporenfrüchte). Die Prothallien bilden sich innerhalb der Sporen bzw. Sori, wobei die Mikroprothallien nur aus wenigen Zellen bestehen.

Diese Reduktion des männlichen Gametophyten und die Tatsache, daß die Megasporangien nur eine Megaspore enthalten, sind Merkmale, die zu den Spermatophyten überleiten, obwohl direkte Beziehungen nicht bekannt sind (Abb. 54).

Zu den *Salviniidae* zählt man zwei Ordnungen mit nur wenigen Gattungen und insgesamt etwa 100 Arten.

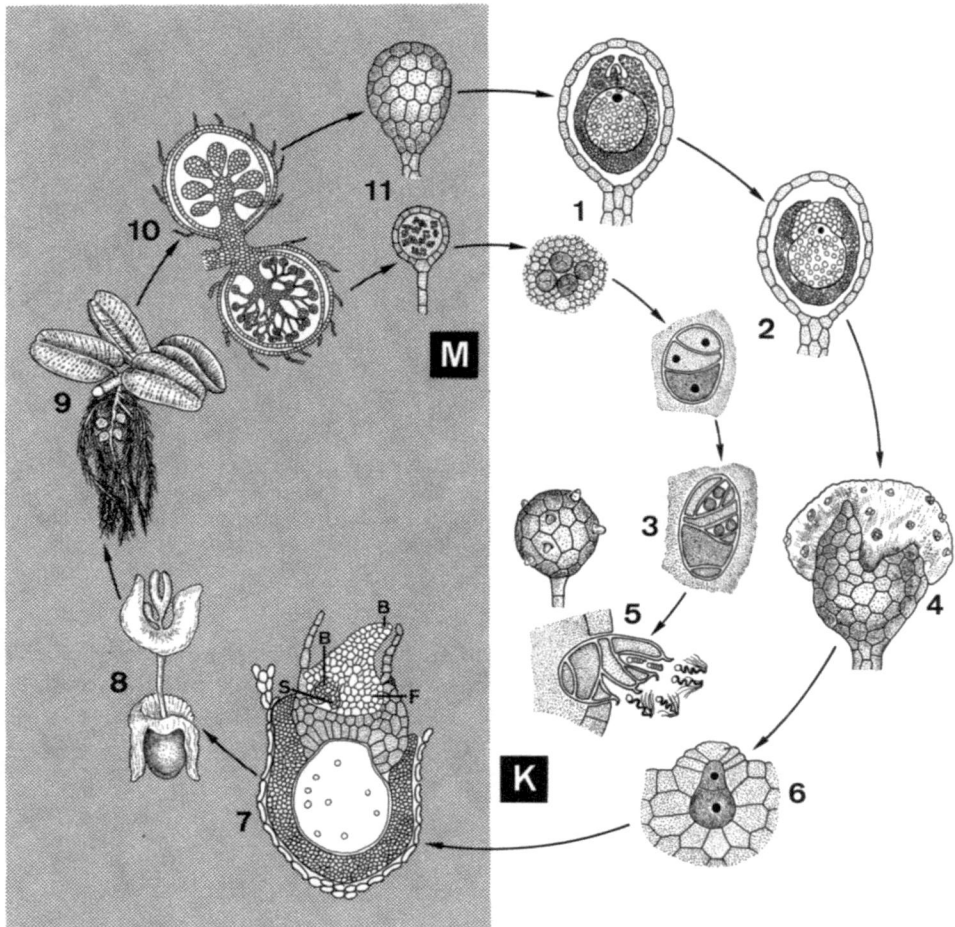

Abb. 88. *Salvinia natans.* Entwicklungs-Zyklus, Haplo-Diplont mit heteromorphem Generationswechsel. Befruchtungsmodus: Oogamie; Fortpflanzungs-System: Morphologische Diözie. Die Bezeichnungen in Nr. 7 bedeuten: S = Sproßscheitel, *B* = Blattanlagen, *F* = Fuß. (Nach von Denffer et al., 1983 verändert)

1. Ordnung: Salviniales (Schwimmfarne)

Merkmale: Von diesen frei schwimmenden Wasserfarnen gibt es nur zwei Gattungen, die jeweils auch die einzigen Vertreter ihrer Familien sind:

- *Salvinia* (Schwimmfarn, Salviniaceae) 10 Arten;
- *Azolla* (Algenfarn, Azollaceae) 6 Arten.

Beide Gattungen sind nahezu kosmopolitisch verbreitet, mit Schwerpunkt in den Tropen und Subtropen. *Salvinia* ist in unserer Region heimisch; *Azolla* kommt als „verwilderter Ausreißer" aus Gärtnereien und Botanischen Gärten gelegentlich auch in unseren Breiten vor. Fossile Salviniales kennt man aus der Oberen Kreide.

5. Klasse: *Pteridopsida* [Filices] Farne

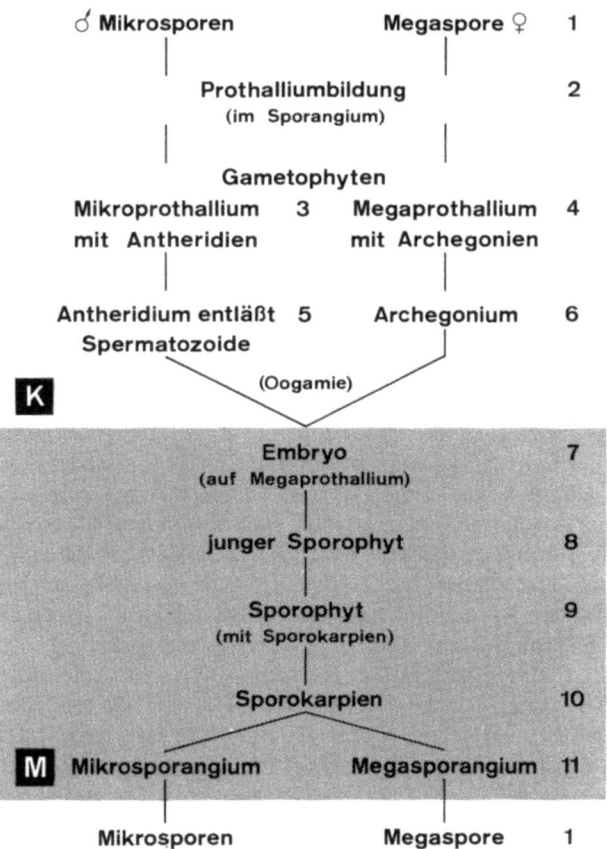

Die Schwimmfarne sind im Verlauf der Evolution sekundär ins Wasser zurück gegangen. Als Leitart dient *Salvinia natans* (Gemeiner Wasserfarn), dessen Entwicklungs-Zyklus in Abb. 88 dargestellt ist.

Wie aus Abb. 88 zu ersehen ist, werden die Mikro- und Megasporen niemals freigesetzt. Die lang gestielten Mikrosporangien (11) enthalten 16 Sporentetraden. In der Mikrospore (1) finden zunächst zwei Zellteilungen statt (2). Die untere Zelle (dunkel) ist die eigentliche Prothalliumzelle, auch Rhizoidzelle genannt. Aus den beiden oberen Zellen entstehen je ein Antheridium (Wandzellen, hell), mit je zwei Spermatozoiden (3). In diesem Entwicklungs-Stadium durchbrechen die Antheridien die sehr dünne Wand des Mikrosporangiums und entlassen die Spermatozoiden (5). Die kurz gestielten Megasporangien (1,2) enthalten jeweils nur eine Megaspore. Die Megaspore ist mit Nährsubstrat (Stärke, Protein, Öl) gefüllt. Dem Exospor ist ein schaumartiges Perispor aufgelagert.Die Sporangien lösen sich im Reifezustand von dem Sporophyten und flotieren im Wasser. Im Verlauf der Differenzierung des vielzelligen Megaprothalliums reißt die Sporangienwand auf (4). Von den an der Oberfläche des Prothalliums entstehenden Archegonien (4, 6) entwickelt sich nach der Befruchtung aber nur eines weiter und bildet einen Embryo (7), aus dem dann der Sporophyt entsteht (8). Die Sori bilden sich an der Basis der wurzelanalogen Wasserblätter in Sporokarpien (9). Ein Sporokarp enthält entweder Mikro- oder Megasporangien.

Azolla hat im Prinzip den gleichen Entwicklungs-Zyklus wie *Salvinia*. Auf Unterschiede in der Bildung der Prothallien und der Befruchtungsmodalitäten wird an entsprechender Stelle hingewiesen. Deswegen erübrigt sich eine gesonderte Darstellung.

Material: Salvinia natans (Gemeiner Schwimmfarn). In den Tropen werden einige *Salvinia*-Arten (z. B. *S. molesta*) wegen ihrer ubiquitären Verbreitung als „Unkraut" angesehen. In unseren Breiten findet man nur *Salvinia natans*, allerdings sehr selten. Da der Schwimmfarn sehr kälteempfindlich ist, stirbt im Herbst bei uns der Sporophyt ab. Eine Überwinterung erfolgt durch die in den Megasporen befindlichen Zygoten, die nach Sedimentation im Frühjahr zu einem neuen Sporophyten auskeimen. Bei der Materialbeschaffung ist man auf Botanische Gärten oder Handelsware aus Aquarien-Handlungen angewiesen. Es kostet allerdings wenig Mühe, *Salvinia* selbst das ganze Jahr über im Aquarium zu halten. Sporangien von August bis Oktober. Allerdings findet man in den meisten Botanischen Gärten oder auch im Handel nicht *Salvinia natans*, sondern andere Arten, wie z. B. die in den Tropen verbreiteten Arten *Salvinia auriculata* und *S. molesta*, die wegen ihrer größeren Blätter als Zierpflanzen geschätzt werden. Die in reichlichem Maße ganzjährig gebildeten Sporokarpien sind „hermaphrodit" und enthalten sowohl Mikro- als auch Megasporangien. Manchmal sind diese kultivierten Pflanzen allerdings steril, d. h. in den Sporokarpien findet man keine Sporangien.

Azolla caroliniana (Kleiner Algenfarn) und *A. filiculoides* (Großer Algenfarn) kommen bei uns gelegentlich verwildert vor, vergesellschaftet mit Wasserlinsen (*Lemna*). Allerdings sterben sie zumeist im Winter ab. Für die Materialbeschaffung gilt, entsprechend wie oben für *Salvinia* gesagt: Botanische Gärten oder Eigenhaltung in Aquarien. Im Handel findet man *Azolla* seltener. Beide Arten bilden reife Sporangien von August bis Oktober. Die Entwicklung der Prothallien erfolgt bei Material, das in Aquarien gehalten wird im Januar/Februar, bei Freilandmaterial allerdings erst im Mai. Daher in jedem Fall fixiertes Material und/oder Dauerpräparate bereithalten.

Präparation und Aufgabe: Von beiden Objekten Habitusbilder anfertigen, und zwar bei *Azolla* unter dem Präpariermikroskop. Dies ist bei *Salvinia* nicht erforderlich. Bei *Salvinia* aus Deckglaspräparaten von Sproßquerschnitten bei kleiner Vergrößerung Übersicht zeichnen, das Gleiche aus Querschnitten durch das Schwimmblatt, aber hier auch Ausschnitt bei starker Vergrößerung mit Spaltöffnungen und Oberflächenhaaren zeichnen. Sporokarpien abtrennen, vorsichtig aufpräparieren. Sporangien entnehmen, Deckglaspräparate anfertigen. Hierzu bedarf es im Falle der Mikrosporangien eines leichten Drucks auf das Deckglas, um die Mikrosporen freizusetzen. Mit einigem Geschick gelingen auch Handschnitte durch die Sporokarpien. Um genauere Einblicke in die zelluläre Struktur der Prothallien zu erhalten, sind Dauerpräparate aus Mikrotomschnitten angebracht. Zeichnungen entsprechend den Abbildungen 89 und 90 anfertigen.

Abb. 89 a–g. *Salvinia molesta*. Habitus des Sporophyten dorsal (**a**); lateral (**b**); **c** Ausschnitt aus b, Sporokarpien an den „Wurzelblättern"; **d** Aufsicht auf Schwimmblatt; **e** Querschnitt durch Schwimmblatt mit Oberflächenhaaren; **f** Ausschnitt aus e, Blattaerenchym; **g** Querschnitt durch Sproßachse

5. Klasse: *Pteridopsida* [Filices] Farne

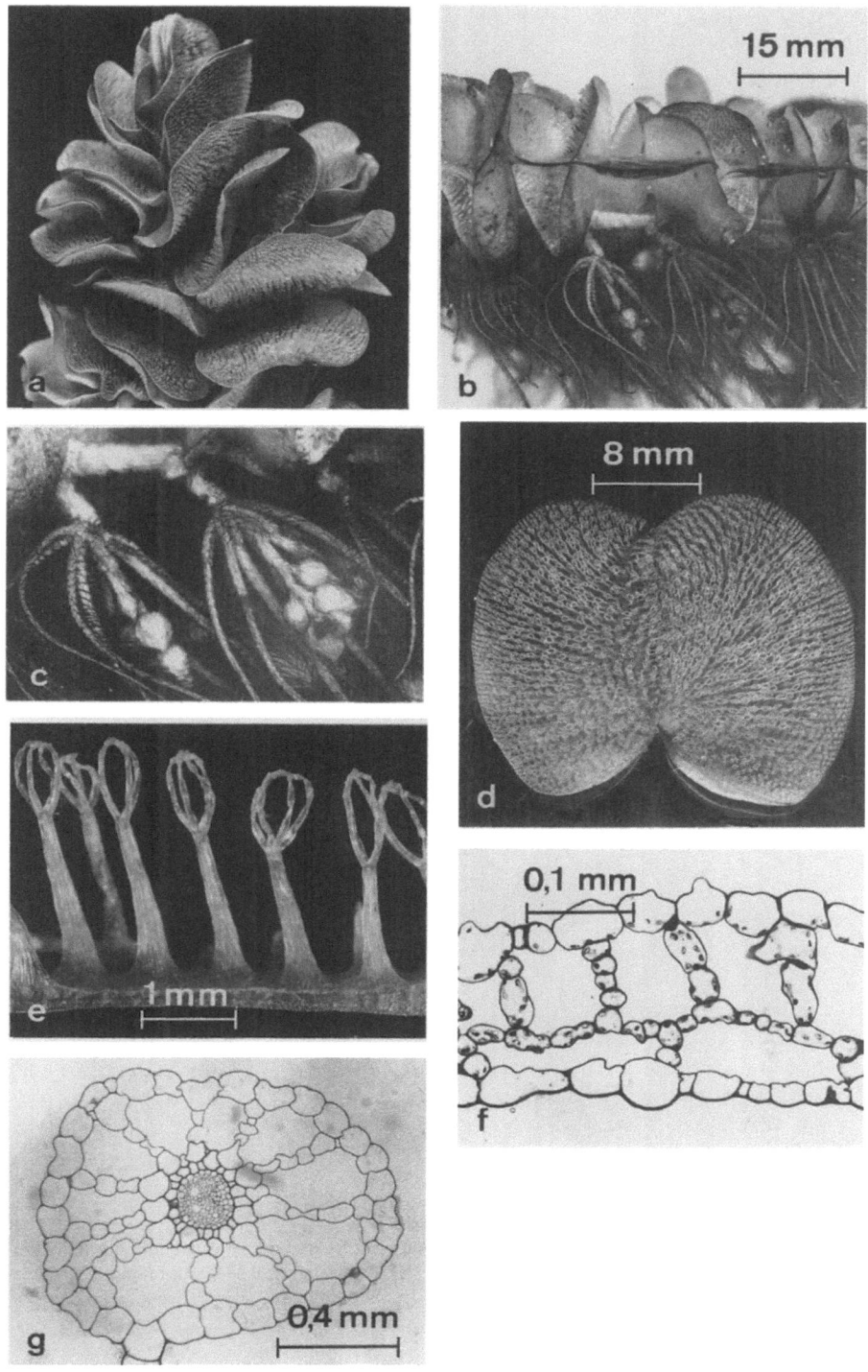

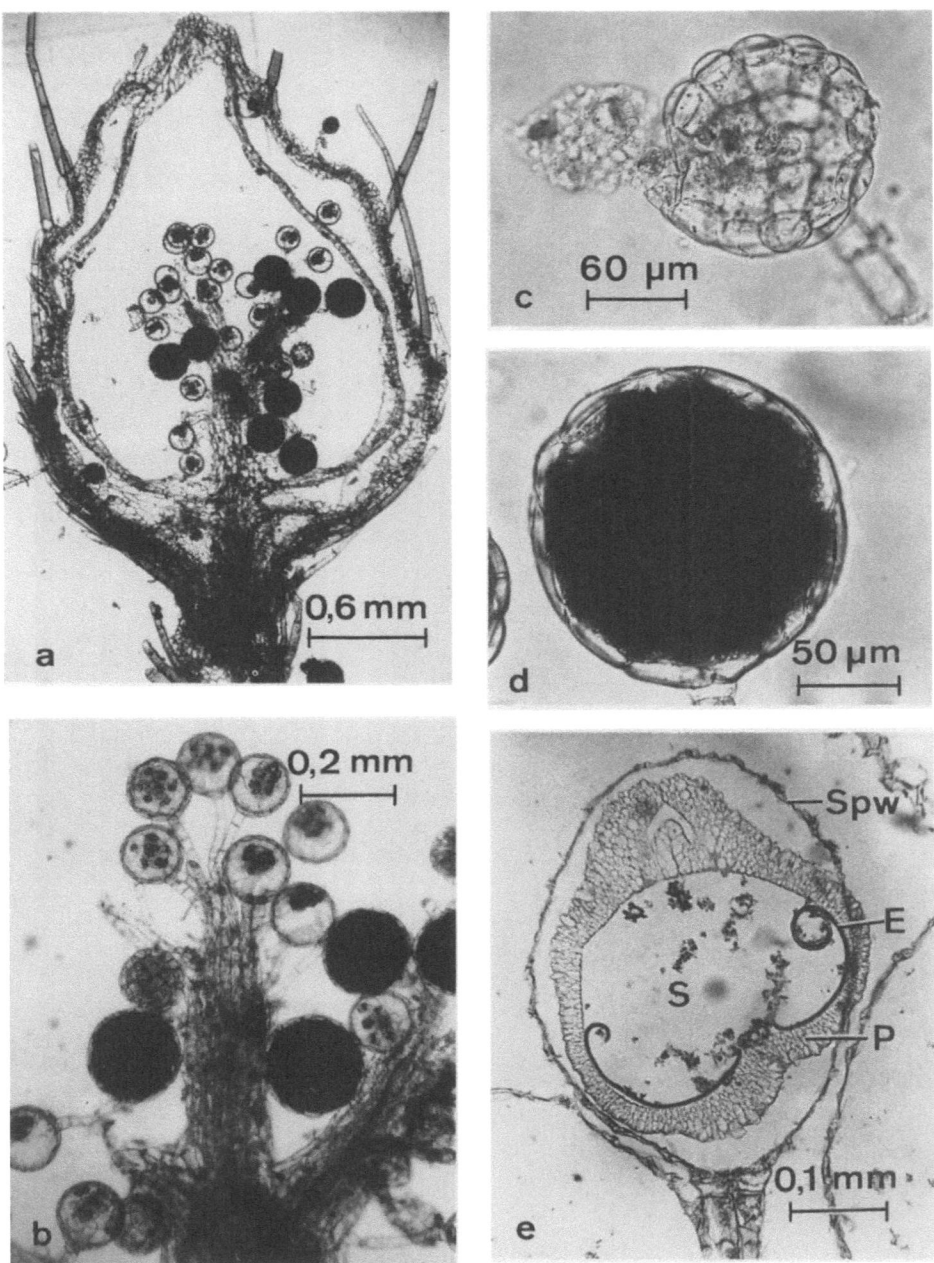

Abb. 90 a–e. *Salvinia molesta.* **a** Schnitt durch Sporokarp mit Sporangien; **b** Ausschnitt aus a, Mikro- und Megasporangien; **c** Mikrosporen aus zerdrückten Mikrosporangien; **d** Megasporangium; **e** Mikrotomschnitt durch Megasprorangium; *Spw* = Wand des Sporangiums, *P* = Perispor, *E* = Exospor, *S* = Megaspore

5. Klasse: *Pteridopsida* [Filices] Farne

Bei *Azolla* aus Deckglaspräparaten von Blattquerschnitten des Oberlappens bei starker Vergrößerung die mit Cyanobakterien gefüllten Höhlungen zeichnen. Ebenfalls aus diesen Querschnitten bei starker Vergrößerung Ausschnitt mit Spaltöffnung und Oberflächenhaaren zeichnen. Die an den Unterlappen befindlichen Sporokarpien aufpräparieren und versuchen, die Stadien der Entwicklung des Prothalliums zu erfassen. Hier sind Dauerpräparate, die von Mikrotomschnitten angefertigt werden, hilfreich.

Beobachtungen: 1. *Salvinia:* Der nur wenig verzweigte Sproß des Schwimmfarns ist, wie man schon mit dem unbewaffneten Auge sehen kann, deutlich in Nodien und Internodien gegliedert. An jedem Nodium entstehen drei Blätter. Die beiden oberen sind ungegliederte Trophophylle und dienen als Schwimmblätter (Abb. 89a). Das untere Blatt ist wurzelartig ausgebildet und hängt ins Wasser hinab (Heterophyllie!). Es ist als Wurzelanalogon anzusehen, denn echte Wurzeln werden bei *Salvinia* nicht ausgebildet (Abb. 89b). Einzelne Abschnitte sind zu Sporokarpien umgebildet (Abb. 89c). Die Schwimmblätter sind an der Oberseite mit in schräg verlaufenden Zeilen angeordneten laternenförmigen, mehrzelligen Haaren besetzt (Abb. 89d, e). Diese umschließen luftgefüllte Hohlräume und dienen so als Schutz gegen Benetzung. Dies kann man leicht durch vorsichtiges Aufbringen (Pipette) eines Wassertropfens demonstrieren. Unter der Blattoberseite, die Spaltöffnungen trägt, befinden sich große Luftkammern (Aërenchym) (Abb. 89f). Auch der Sproß besitzt ein für auf dem Wasser schwimmende Pflanzen typische Aërenchym (Abb. 89g).

In den Sporokarpien, die von einer zweischichtigen Wand umhüllt sind, findet man bei *Salvinia molesta* in Vielzahl – ausgehend von einem kurzen, stielartigen Gebilde – die langgestielten Mikrosporangien (Mikrosori), und weniger zahlreich die kurzstieligen Megasporangien (in Megasori) (Abb. 90a). Im reifen Zustand sind die an ihrer netzartigen Oberflächenstruktur erkennbaren Sporangien braun gefärbt (Abb. 90b). Nach Öffnen der Mikrosporangien ist zu sehen, daß die trileten Mikrosporen in ein schaumiges Periplasmodium eingebettet sind. Sie besitzen die Form eines Kugeltetraeders, da sie bis kurz vor der Reife als kugelige Tetraden noch verbunden waren (Abb. 90c). Im Megasporangium gibt es nur eine Megaspore (Abb. 90d), denn nur eine der 32 angelegten Sporen entwickelt sich. Der große, mit Reservestoffen (Öl, Stärke, Proteinen) angefüllte Innenraum (**S**) wird von einem derben Exospor (**E**) und einem schaumigen Perispor (**P**) (homolog zum Periplasmodium der Mikrosporangien) umschlossen. Die präformierte Öffnungsstelle der Megaspore wird durch eine apikale Aufwölbung des Perispors angedeutet (Abb. 90e). Beim Auskeimen der Megaspore bildet sich apikal ein wenigzelliges Prothallium. An der Oberseite des Prothalliums entstehen mehrere Archegonien.

In diesem Zusammenhang muß noch einmal gesagt werden, daß in der Natur die Sporen niemals das Sporangium verlassen. Je nach Vorhandensein von Material kann man unter Zugrundelegung des Schemas der Abb. 88 die einzelnen Stadien der Prothalliumbildung und Embryoentwicklung beobachten.

2. *Azolla*. Die im Vergleich zu *Salvinia* sehr kleinen Algenfarne bilden ein auf der Wasseroberfläche schwimmendes reich verzweigtes Sproßsystem mit einer an thallose Lebermoose erinnernden Morphologie (Abb. 91a). Auf der Oberseite des

Sprosses, der im Gegensatz zu *Salvinia* echte Wurzeln ausbildet, sind die zweilappigen Blättchen in zwei alternierenden Reihen dachziegelartig angeordnet (Abb. 91 b). Am Grund der Oberlappen der Blätter befinden sich Gruben, in denen sich als Symbiont das Cyanobakterium *Anabaena azollae* befindet (Teil I, Abb. 16e). Die unverzweigten Trichome dieses Bakteriums binden Luftstickstoff und dienen auf diese Weise dem Farn als zusätzliche N-Quelle. Auf den Oberlappen der Blätter, und zwar auf der Oberseite, befinden sich die Spaltöffnungen an unbenetzbaren Papillen.

Die Sporokarpien bilden sich an den submersen Unterlappen der Blätter, und zwar 2 bis 4 an den ersten Blättern eines Seitenastes. Sie enthalten entweder mehrere langgestielte Mikrosporangien (Abb. 91 c, f, g) oder ein ungestieltes Megasporangium (Abb. 91 d, e). Bei der Reife löst sich die an ihrem grobnetzigen Epispor erkenntliche Megaspore aus dem Sporokarp. Da sie apikal 3 bis 9 luftgefüllte Schwimmkörper (s. Abb. 91 d), die kapuzenartig von den Resten des Indusiums bedeckt sind, trägt, kann sie auf der Wasseroberfläche flotieren. Die Mikrosporen verlassen ebenfalls das Mikrosporangium (Abb. 91 h), sie bleiben allerdings durch das Perispor zu 4 bis 8 Ballen (Massulae) verbunden (Abb. 91 i). Da die Massulae an der Oberfläche kurze, widerhakenförmige Gebilde (Glochidien) tragen, bleiben sie, falls sie im Verlauf ihrer Flotation eine Megaspore erreichen, an dieser haften. Ebenso wie bei *Salvinia* bilden sich die Prothallien in den Sporen. Pheromone sind nicht bekannt. Der männliche Gametophyt bildet meist nur ein Antheridium mit zwei Spermatozoiden. Am Megaprothallium entwickelt sich nur ein befruchtetes Archegonium zu einem Embryo. Die Entwicklung verläuft ähnlich wie bei *Salvinia*.

2. Ordnung: Marsileales (Kleefarne)

Merkmale: Die Gattungen *Marsilea* und *Pilularia*, die auf sumpfigen Böden leben, werden von den meisten Autoren in einer einzigen Familie (Marsileaceae) zusammengefaßt. Von *Marsilea*, dem Kleefarn im engeren Sinne, sind etwa 70 Arten bekannt, die fast weltweit verbreitet vorwiegend in den Tropen und Subtropen – mit Schwerpunkt Afrika – vorkommen. In Mitteleuropa gibt es nur den vierblättrigen Kleefarn *(Marsilea quadrifolia)*.

Von der Gattung *Pilularia* gibt es etwa 6 meist außerhalb der Tropen verbreitete Arten, von denen man jedoch in Mitteleuropa nur den Kugel-Pillenfarn *(Pilularia globulifera)* findet.

Bei den Kleefarngewächsen handelt es sich um Rhizomstauden mit dichotomer Verzweigung. Am Sproß entstehen in regelmäßigen Abständen nach oben Blätter und nach unten Wurzeln. Die Sporokarpien bilden sich an der Blattbasis und werden von Blattauswüchsen umhüllt. Der Entwicklungs-Zyklus entspricht

---

Abb. 91 a–i. *Azolla spec.* **a** Habitus von dorsal; **b** Ausschnitt aus **a**; Mikrotomlängsschnitte durch Sporokarpien: Sporokarp mit Mikrosporangium (**c**); Sporokarp mit einem Megasporangium (**d**), die Schwimmkörper der einzigen Megaspore sind in der oberen Region deutlich zu erkennen (*Pfeil*); **e** Sporokarp mit Megasporangium, lebendes Material; **f** Mikrosporangium; **g** Mikrosporangium mit reifen Mikrosporen; **h** Mikrosporangium nach Entlassen der Mikrosporen, die ballenartig zu Massulae verklumpt sind; **i** Massula von Mikrosporen mit Glochidien

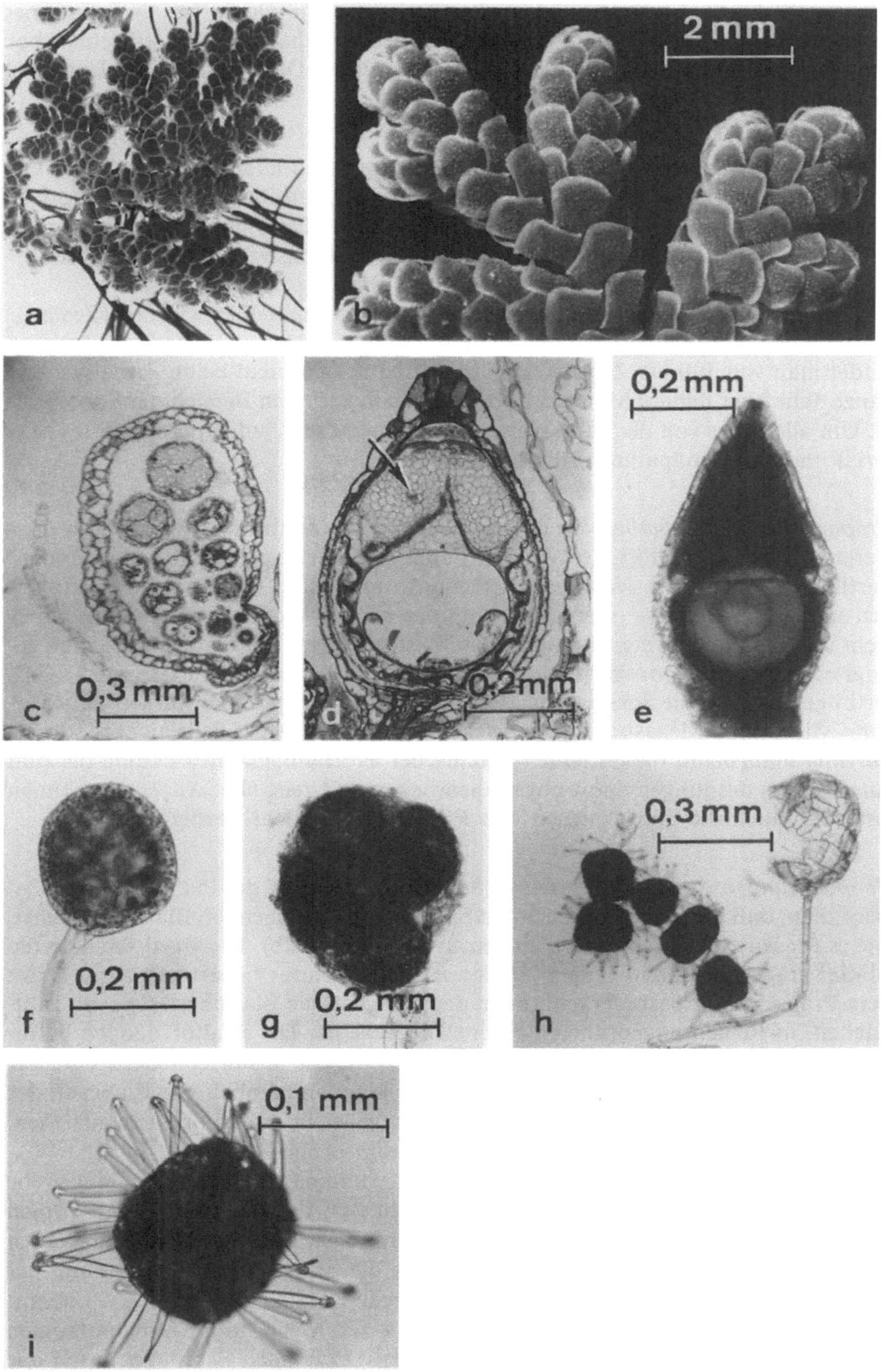

5. Klasse: *Pteridopsida* [Filices] Farne

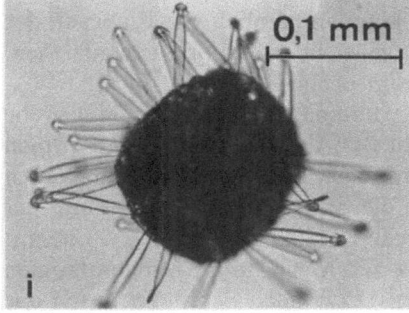

im wesentlichen dem von *Salvinia*, wenn man von morphologischen und anatomischen Unterschieden bei den Sporokarpien absieht, die später im einzelnen besprochen werden. Es kann daher auf die gesonderte Darstellung eines Entwicklungs-Zyklus verzichtet werden.

Material: *Marsilea quadrifolia* wächst an schlammigen Ufern von Sümpfen, Teichen, Gräben und auf nährstoffreichen, kalkarmen, oft überschwemmten Böden, und zwar in warmen bis gemäßigten Zonen. Sie ist in Deutschland allerdings ausgestorben, daher ist man auf Gewächshausmaterial angewiesen. Reife Sporokarpien gibt es in der Natur von September bis Oktober.

Pilularia globulifera hat ein ähnliches Verbreitungsgebiet wie der Kleefarn. Der Pillenfarn ist allerdings auch vom Aussterben bedroht. Reife Sporokarpien findet man von Juli bis August. Im Gewächshaus kann man beide Farne fast das ganze Jahr über halten. Man hat dort auch einen breiteren Bereich der Sporenreife. Um allerdings von der Jahreszeit unabhängig zu sein, sollte man fixiertes Material und Dauerpräparate bereithalten.

Präparation und Aufgabe: Von beiden Farnen den Habitus des Sporophyten skizzieren. Vorher vorsichtig die Wurzeln durch Abspülen von anhaftenden Bodenpartikeln befreien. Bei *Marsilea* Querschnitt durch Blatt und Sporokarp anfertigen und aus Deckglas- oder Dauerpräparat bei schwacher Vergrößerung Übersicht und bei starker Vergrößerung Ausschnitt zeichnen. Mit einigem Geschick gelingt es, die reifen Sporokarpien zu öffnen und nach Einlegen in Wasser die Gallertbügel, an dem die Sori haften, zur Quellung zu bringen. Bei starker Vergrößerung Mikro- und Megasporangien betrachten und skizzieren. Falls nicht schon bei *Salvinia* untersucht, die einzelnen Stadien der Prothallium-Entwicklung bis zum Auswachsen des jungen Sporophyten bearbeiten und zeichnen. Alternativ können natürlich auch die Sporokarpien von *Pilularia* untersucht werden.

Beobachtungen: 1. *Marsilea quadrifolia*. Bei Betrachtung des Habitus (Abb. 92a) sieht man, daß die an der kriechenden Sproßachse entstehenden Blätter zunächst, wie es für Farnwedel typisch ist, eingerollt sind (Abb. 92b). Die ausdifferenzierten Blätter tragen an ihrem langen Stiel zwei benachbarte Fiederblattpaare. Unter dem Präpariermikroskop erkennt man deutlich, daß die Blattoberfläche mit zahlreichen, in Reihen angeordneten Haaren bedeckt ist. Die Spaltöffnungen befinden sich auf beiden Seiten des Blattes (Abb. 92d). Die ausdifferenzierten Blätter zeigen eine Schlafbewegung, die vier Fiedern klappen nämlich mit Einbruch der Dunkelheit zusammen. Dies kann man auch sehr leicht im Labor nachvollziehen, wenn man die Pflanzen in einen dunklen Raum bringt.

In der Sproßachse ist der Zentralzylinder von einem lockeren Rindengewebe umschlossen, das von einer Epidermis umhüllt ist (Abb. 92c). Die Sporokarpien entstehen an Blattfiedern entsprechenden Auswüchsen der Blattbasis und werden vom Blattgewebe umhüllt (Abb. 92e, f). Um die sehr komplexe Anatomie der Sporkarpien zu verstehen, muß die schematische Darstellung der Abb. 93 herangezogen werden. Der Größenunterschied zwischen Mega- und Mikrosporangien ist schon nach Aufpräparieren des Sporokarps bzw. nach Schnitten durch das

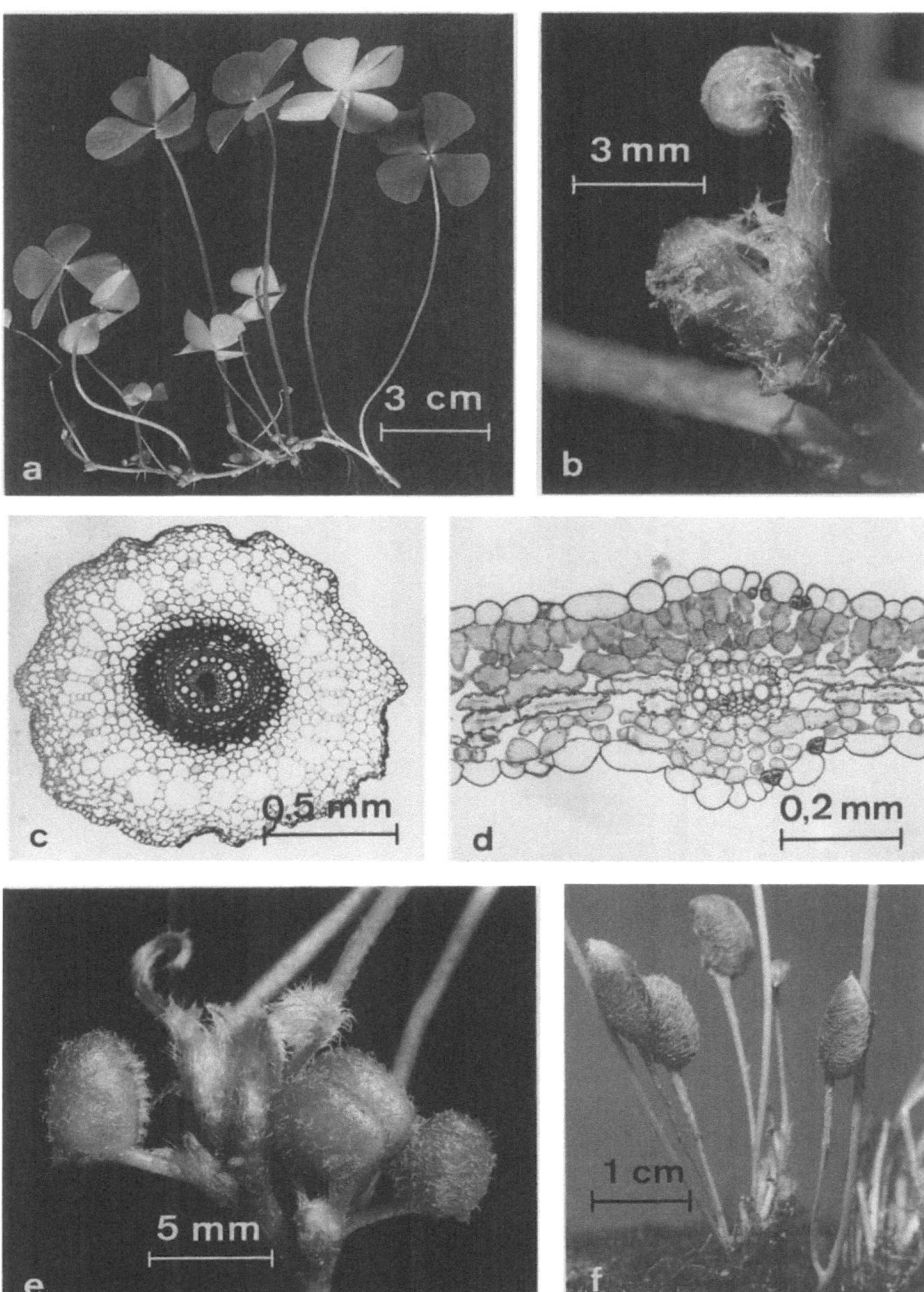

Abb. 92a–i. *Marsilea quadrifolia*. **a** Habitus; **b** junges noch eingerolltes Blatt; **c** Sproßachse quer; **d** Blattquerschnitt; **e** junge Sporokarpien an der Blattbasis; **f** ausdifferenzierte Sporokarpien (*Marsilea drumondii*); **g** aufgeschnittenes Sporokarp mit Sori; **h** Sporokarp, Querschnitt, von den deutlich erkennbaren Soruswänden umschlossen die Mega- und Mikrosporangien; **i** Mega- und Mikrosporen

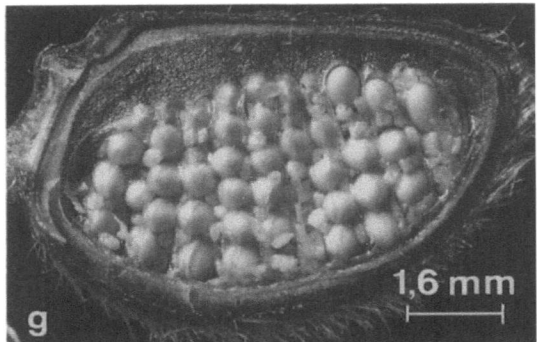
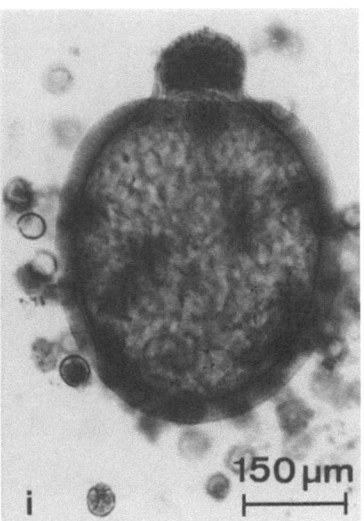
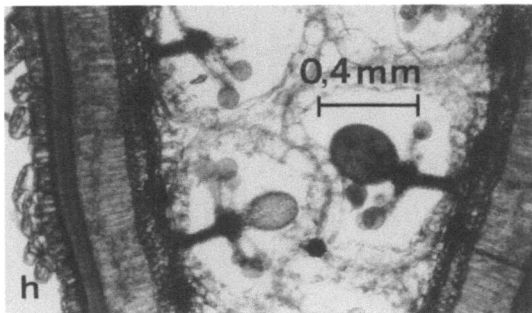

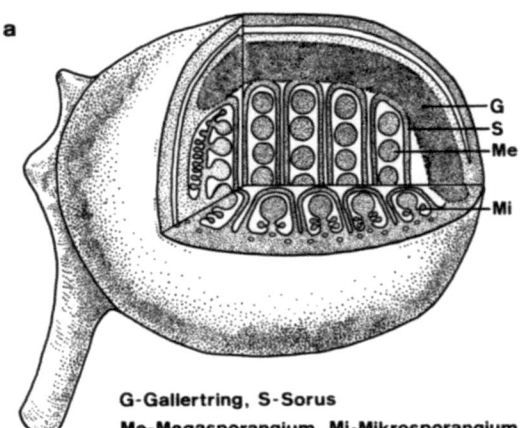

G-Gallertring, S-Sorus
Me-Megasporangium, Mi-Mikrosporangium

Abb. 93 a, b. *Marsilea quadrifolia.*
a Schema der Struktur eines Sporokarpiums. In seinen zahlreichen (bis zu 12) Kammern befinden sich die Sori (*S*). Sie enthalten jeweils Megasporangien (*Me*) und Mikrosporangien (*Mi*). In der Mediane befindet sich dicht unter der Wand des Sporokarpiums ein Gallertring (*G*). (Nach Eames und Bierhorst, verändert).
b Schema eines reifen Sporokarps nach Öffnung. Bei der Reife öffnet sich das Sporokarp longitudinal zweiklappig. Der Gallertring quillt auf, verläßt das Sporokarp und zieht auf diese Weise die ihm anhaftenden Sori heraus. (Nach Eames, verändert)

5. Klasse: *Pteridopsida* [Filices] Farne

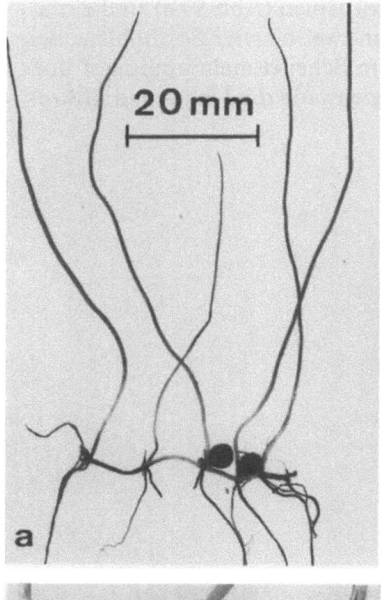

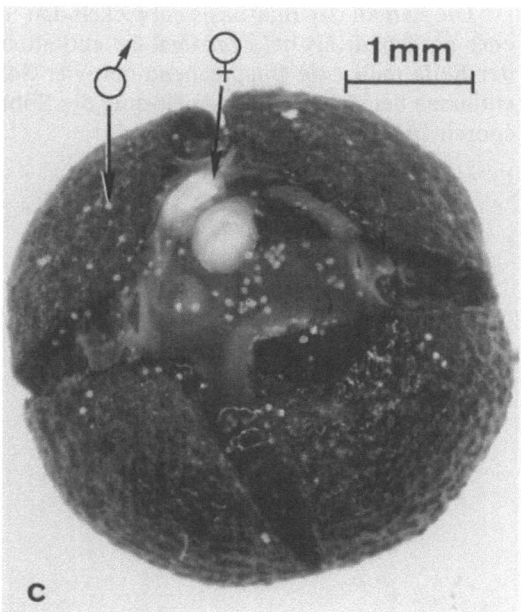

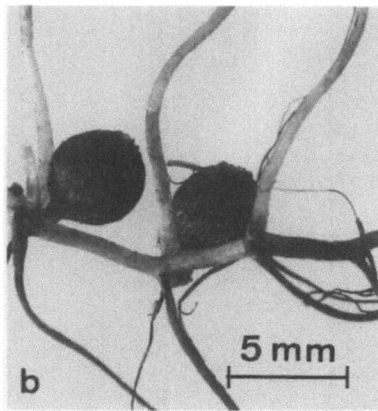

Abb. 94a–c. *Pilularia globulifera*. **a** Habitus; **b** Ausschnitt aus **a**: Sproß mit Sporokarpien an der Basis der Blätter; **c** Reifes Sporokarp, das Megasporangien mit je einer Megaspore (♀) und Mikrosporen (♂) entläßt.

Sporokarp zu sehen. Die wesentlich kleineren Mikrosporangien enthalten 32 oder 64 Mikrosporen, die größeren Megasporangien dagegen nur eine Megaspore (Abb. 92 g, h, i).

In diesem Zusammenhang muß darauf hingewiesen werden, daß nach Ausstülpen des Galertringes aus dem Sporokarp dieser nur in wenigen Fällen in dem idealisierten Zustand, wie in der Schemazeichnung Abb. 93 dargestellt, zu sehen ist.

2. *Pilularia globulifera*. Der wesentliche Unterschied zum Kleefarn besteht darin, daß die stielrunden Blätter keine „Spreite" besitzen und die Sporokarpien eine Kugelform (daher der Name!) haben (Abb. 94a).

Die sich an der Blattbasis entwickelnden Sporokarpien (Abb. 94b) sind einfacher aufgebaut als bei *Marsilea*, sie enthalten nur zwei bis vier Sorihöhlen. Bei der Reife reißen sie entsprechend den vier Sori am Scheitel mehrlappig auf und entlassen bei gleichzeitiger Auflösung der Sporangienwand die Mega- und Mikrosporen (Abb. 94c).

Anhang

I. Adressenliste für die Materialbeschaffung

1. Sammlungen, die lebendes Material anbieten

Im Gegensatz zu den Algen, vor allem aber zu den Pilzen, existieren für Moose und Farne, wenn man von den Botanischen Gärten absieht, keine Stammsammlungen. Es gibt nur wenige Firmen, die neben konserviertem auch lebendes Material anbieten. Dabei handelt es sich um:

Carolina Biological Supply Company, Burlington, NC 27215, USA.
Turtox Products, General Biological Supply House, 8200 South Hoyne Avenue, Chicago, ILL. 60620, USA.

Bei der Beschaffung von lebendem Material muß man sich, wenn man keinen Zugriff zu einem Botanischen Garten hat, die Pflanzen selbst vom natürlichen Standort besorgen. Entsprechende Hinweise findet man im Text jeweils im Teil „Material".

Für die Beschaffung von Mooskulturen ist man auf die wohlwollende Unterstützung von Kolleginnen oder Kollegen angewiesen, die sich wissenschaftlich mit diesen Objekten beschäftigen. Moosfarne, Bärlappe und Farne findet man in größeren Gärtnereien und Gartencentern.

2. Firmen, die konserviertes Material bzw. Unterrichtsmaterial anbieten

Hier wird auf die Adressenliste im Teil I (S. 531 f.) verwiesen.

II. Unterrichtsfilme

Wie schon im Teil I ausführlich dargestellt (S. 532) können die im Text an entsprechenden Stellen aufgeführten Filme vom Institut für den Wissenschaftlichen Film (IWF), 3400 Göttingen, Nonnenstieg 72, besorgt werden. Mit Ausnahme von wenigen Super-8 mm-Filmen handelt es sich dabei um 16 mm-Filme. Die meisten Filme stehen derzeit auch als Videobänder (VHS) zur Verfügung. Ein vollständiges Verzeichnis ist vom IWF zu erhalten.

Einzelheiten über den Inhalt sind den Filmbegleittexten zu entnehmen, die jeweils mit den Filmen geliefert werden. Wir geben daher nur kurz unter dem Filmtitel an, an welcher Stelle und bei welchem Objekt oder bei welcher Problematik der Film eingesetzt werden kann. Gegenhinweise sind auch im Text vermerkt.

Um Überschneidungen zu vermeiden, schließt sich das folgende Verzeichnis der Unterrichtsfilme an die laufenden Nummern aus Teil I an.

Lfd.	Verfasser, Titel, Jahr der Herstellung (H) und der Veröffentlichung (V)	Kenn-Nr.	Vorführdauer in min
47	Halbsguth, W.: *Marchantia polymorpha* (Hepaticae) Vegetative Entwicklung aus Brutkörpern. H: 1966; V: 1981; Schwarz-weiß (Ton: deutsch oder englisch). Verwendung: Vegetative Fortpflanzung der Lebermoose S. 49.	E 2621	6,5
48	Bopp, M.: Entwicklung des Laubmooses *Funaria hygrometrica* (Musci). H: 1964/67; V: 1971; Schwarz-weiß (Ton: deutsch). Verwendung: Entwicklungs-Zyklus der Laubmoose S. 71.	C 1061	11,5
49	Bopp, M., und H. Brandes: *Funaria hygrometrica* (Musci) Protonema-Entwicklung. H: 1964; V: 1965; Schwarz-weiß (Stummfilm).	E 0962	12,0
50	Bopp, M.: *Funaria hygrometrica* (Musci) Entwicklung des Moospflänzchens. H: 1964/67; V: 1971; Schwarz-weiß (Stummfilm).	E 1543	6,5
51	Bopp, M.: *Funaria hygrometrica* (Musci) Entwicklung des Sporophyten. H: 1964/67; V: 1971; Schwarz-weiß (Stummfilm). Verwendung der Filme 49, 50, 51: Entwicklung der Laubmoose S. 76, 81, 97.	E 1544	5,5
52	Hock, B., und A. Bolze: Entwicklung des Schachtelhalms (*Equisetum*). H: 1982/83; V: 1984; Farbfilm (Ton: deutsch oder englisch).	C 1523	15,5
53	Hock, B.: Chemotaxis der Schachtelhalm-Spermatozoiden (*Equisetum hyemale*). H: 1984/85; V: 1986; Farbfilm (Ton: deutsch).	C 1595	4,0

Lfd.	Verfasser, Titel, Jahr der Herstellung (H) und der Veröffentlichung (V)	Kenn-Nr.	Vorführdauer in min
54	Hock, B.: Hygroskopische Bewegung, Hapteren der *Equisetum*-Spore. H: 1982; V: 1985; Farbfilm (Ton: deutsch).	K 0144	2,25
	Verwendung der Filme 52, 53, 54: Entwicklungs- Zyklus des Schachtelhalmes S. 145.		
55	Schraudolf, H.: *Anemia phyllitidis* (Leptosporangiatae) Entwicklung und Funktion des Archegoniums. H:1966/67; V: 1968. Schwarzweiß (Stummfilm).	E 1319	4,5
56	Schraudolf, H.: *Anemia phyllitidis* (Leptosporangiatae) Entwicklung und Funktion von Antheridien und Spermatozoiden. H: 1966/67; V: 1969; Schwarz-weiß (Stummfilm).	E 1320	8,5
	Verwendung der Filme 55, 56: Gametophyt der Farne S. 170.		
57	Kandeler, R.: Blattentwicklung mit longitudinaler Entrollung beim Nestfarn (*Asplenium nidus L.*). H: 1964; V: 1979; Schwarz-weiß (Ton: deutsch).	C 1333	7,0
	Verwendung: Entwicklung des Sporophyten S. 180.		

Literatur

In diesem Zusammenhang wird auf die umfangreiche Literaturliste in Teil I verwiesen. Lehrbücher und Monographien, welche die Kryptogamen in ihrer Gesamtheit betreffen, sind im folgenden nicht erneut aufgeführt.

Technisch-methodischer Teil – Allgemeine Literatur

Johansen DB (1940) Plant Microtechnique. McGraw-Hill, New York London
Glime JM (ed) (1988) Methods in Bryology. The Hattori Botanical Laboratory, Nichinan/Japan

Praktischer Teil – Allgemeine Literatur

Monographien und Lehrbücher

Boedijn KB (1967) Knaurs Pflanzenreich in Farben, Bd 3: Niedere Pflanzen. Knaur, München Zürich
Bold HC (1973) Morphology of plants. 3. ed. Harper & Row, New York
Bower FO (1935) Primitive Land Plants. Macmillan & Co, London. Reprint: 1967, Hafner Publishing & Co, New York London
Campbell DH (1918) The Structure and Development of the Mosses and Ferns. 3. ed. Macmillan, New York
Frey W, Hurka H, Oberwinkler F (Hrsg) (1977) Beiträge zur Biologie der niederen Pflanzen. Fischer, Stuttgart New York
Frohne D, Jensen U (1985) Systematik des Pflanzenreichs. 3. Aufl. Fischer, Stuttgart New York
Goebel K (1930) Organographie der Pflanzen. Teil 1, 3. Aufl. Fischer, Jena
Melchior H, Werdermann E (Hrsg) (1954) Engler's Syllabus der Pflanzenfamilien, 12. Aufl, Bd 1. Borntraeger, Berlin
Siegel M (1977) Die echten Landpflanzen. In: Urania Pflanzenreich. 2. Aufl, Bd 1: Niedere Pflanzen. Verlag Harry Deutsch, Thun Frankfurt/M
Smith GM (1955) Cryptogamic Botany. 2nd ed, vol 2: Bryophytes and Pterydophytes. McGraw-Hill Book Company, New York St. Louis San Francisco London Mexico Panama Sydney Toronto
Walter H (1961) Einführung in die Phytologie. 3. Aufl, Bd 2: Grundlagen des Pflanzensystems. Ulmer, Stuttgart
Zimmermann W (1959) Phylogenie der Pflanzen. 2. Aufl. Fischer, Stuttgart
Zimmermann W (1969) Geschichte der Pflanzen. 2. Aufl. Thieme, Stuttgart

Floren und Bestimmungsbücher

Aichele D, Schwegler HW (1984) Unsere Moos- und Farnpflanzen. 9. Aufl. Kosmos, Stuttgart
Gams H (1973) Kleine Kryptogamenflora. 5. Aufl, Bd 4: Die Moos- und Farnpflanzen. Fischer, Stuttgart
Jahns HW (1980) Farne, Moose, Flechten Mittel-, Nord- und Westeuropas. BLV Verlagsgesellschaft, München Wien Zürich
Oberdorfer E (1990) Pflanzensoziologische Exkursionsflora. 6. Aufl. Ulmer, Stuttgart
Rothmaler W (Gründer), Schubert R, Handke HH, Pankow H (Hrsg) (1984) Exkursionsflora für die Gebiete der DDR und BRD. 2. Aufl, Bd 1: Niedere Pflanzen. Volk und Wissen Volkseigener Verlag, Berlin
Schmeil O, Fitschen J (1982) Flora von Deutschland und seinen angrenzenden Gebieten. 87. Aufl. Quelle & Meyer, Heidelberg

Praktikumsanleitungen

Dyer AF, Duckett JG (1984) The Experimental Biology of Bryophytes. Academic Press, London New York San Francisco
Koch W (1973) Plants in Laboratory. A Manual and Text for Studies of the Culture, Development, Reproduction, Cytology, Genetics, Collection and Identification of the Major Plant Groups. Macmillan, New York
Probst W (1987) Biologie der Moose und Farnpflanzen. 2. Aufl. Quelle & Meyer, Heidelberg Wiesbaden

Praktischer Teil – Spezielle Literatur

4. Abteilung: *Bryophyta*

Lehrbücher und Monographien

Bopp M (1965) Entwicklungsphysiologie der Moose. In: Ruhland W (Hrsg) Handbuch der Pflanzenphysiologie. Bd 15/1. Springer, Berlin Heidelberg New York
Goebel K (1930) Organographie der Pflanzen. 3. Aufl, Teil 2, Heft 1. Fischer, Jena
Herzog T (1925) Anatomie der Lebermoose. In: Linsbauer K (Gründer), Zimmermann W, Ozenda P, Wulff HD (Hrsg) Handbuch der Pflanzenanatomie. Bd 7/2. Borntraeger, Berlin
Loeske L (1910) Studien zur Morphologie und Systematik der Laubmoose. M. Lande, Berlin
Lorch W (1931) Anatomie der Laubmoose. In: Linsbauer K (Gründer), Zimmermann W, Ozenda P, Wulff HD (Hrsg) Handbuch der Pflanzenanatomie. Bd 7/2. Borntraeger, Berlin
Richardson DHS (1981) The Biology of Mosses. Blackwell Scientific, Oxford
Schofield WB (1985) Introduction to Bryology. Macmillan, New York London
Schultze-Motel W (Hrsg) (1981, 1984) Advances in Bryology. Vols 1, 2. J. Cramer Verlag, Vaduz
Schuster RM (ed) (1983, 1984) New Manual for Bryology. Vols 1, 2. The Hattori Botanical Laboratory, Nichinan/Japan
Smith AJE (ed) (1982) Bryophyte Ecology. Chapman & Hall, London New York
Verdoorn F (1932) Manual of Bryology. Martinus Nijhoff, The Hague. Reprint: 1967, Asher & Co, Amsterdam
Walther K (1983) Bryophytina. Laubmoose. In: Engler A (Gründer), Gerloff J, Poelt J (Hrsg) Syllabus der Pflanzenfamilien. Borntraeger, Berlin Stuttgart
Watson EV (1971) The Structure and Life of Bryophytes. 3rd ed. Hutchinson & Co, London
Watson EV (1972) Mosses. Oxford Biology Readers 29. Oxford University Press, London

Floren und Bestimmungsbücher

Burck O (1947) Die Laubmoose Mitteleuropas. In: Mertens R (Hrsg) Abhandlungen der Senckenbergischen Naturforschenden Gesellschaft, Abhandlung 477. Kramer, Frankfurt
Daniels RE, Eddy A (1985) Handbook of European Sphagna. Institute of Terrestrial Ecology, Huntingdon England
Dixon HN (1924) The Students Handbook of British Mosses. 3rd ed. VV Sumfield, Eastbourne. Reprint: 1970, Wheldon and Wesley Codicote
Düll R (1985) Exkursionstaschenbuch der wichtigsten Moose Deutschlands. IDH-Verlag für Bryologie und Ökologie, Rheurdt
Engler A (Hrsg) (1924) Die natürlichen Pflanzenfamilien. 2. Aufl, Bd 9: Hepaticae. Engelmann, Leipzig. Nachdruck: 1960, Duncker und Humblot, Berlin
Engler A (Hrsg) (1924, 1925) Die natürlichen Pflanzenfamilien. 2. Aufl, Bd 10, 11: Musci. Engelmann, Leipzig. Nachdruck: 1960, Duncker und Humblot, Berlin
Frahm JP, Frey W (1983) Moosflora von Mitteleuropa. UTB, Stuttgart
Herzog T (1959) Bestimmungstabellen der einheimischen Laubmoosfamilien. 3. Aufl. VEB Fischer, Jena
Limpricht KG (1890, 1895, 1904) Die Laubmoose Deutschlands, Österreichs und der Schweiz. In: Rabenhorst L (Hrsg) Kryptogamenflora von Deutschland, Österreich und der Schweiz. 2. Aufl, Bd 4, Teil 1, 2, 3. Kummer, Leipzig. Neudruck: 1963, Johnson Reprint Corporation New York, Cramer, Weinheim
Lorch W (1923) Die Laubmoose. In: Lindau G (Gründer) Kryptogamenflora für Anfänger. Bd 5. Springer, Berlin. Neudruck: 1971, Koeltz, Königstein
Lorch W (1926) Die Torf- und Lebermoose. In: Lindau G (Gründer) Kryptogamenflora für Anfänger. Bd 6. Springer, Berlin. Neudruck: 1971, Koeltz, Königstein
Migula W (1904) Kryptogamenflora von Deutschland, Deutsch-Österreich und der Schweiz. Bd 1: Moose. In: Thome's Flora von Deutschland, Deutsch-Österreich und der Schweiz. Bd 5/1. Friedrich von Zezschwitz, Gera Reuss
Mönkemeyer W (1927) Die Laubmoose Europas. In: Rabenhorst L (Hrsg) Kryptogamenflora von Deutschland, Österreich und der Schweiz. 2. Aufl, Bd 4, Erg Bd. Akademische Verlagsgesellschaft, Leipzig. Neudruck: 1963. Johnson Reprint Corporation New York, Cramer, Weinheim
Müller K (1954, 1957) Die Lebermoose Europas. In: Rabenhorst L (Hrsg) Kryptogamenflora von Deutschland, Österreich und der Schweiz. 3. Aufl, Bd 6/1, 6/2. Akademische Verlagsgesellschaft Geest und Portig, Leipzig. Neudruck: 1971, Johnson Reprint Corporation, New York London
Paul H, Mönkemeyer W, Schiffner V (1931) Bryophyta. In: Pascher A (Hrsg) Die Süßwasserflora Deutschlands, Österreichs und der Schweiz. Heft 14. Fischer, Jena
Schuster RM (1966, 1969, 1974) The Hepaticae and Anthocerotae of North America. Vol 1–3. Columbia University Press, New York
Smith AJE (1978) The Moss Flora of Britain and Ireland. University Press, Cambridge
Watson EV (1968) British Mosses and Liverworts. 4th ed. University Press, Cambridge
Weymar H (1969) Buch der Moose. Verlag J. Neumann, Neudamm Meselsungen Basel Wien

5. Abteilung: Pteridophyta

Lehrbücher und Monographien

Bierhorst DW (1971) Morphology of Vascular Plants. Macmillan, New York London
Bower FO (1923, 1926, 1928) The Ferns (Filicales). Vol 1–3. Reprint: 1963, Today and Tomorrow's Book Agency, New Delhi
Brause G (1923) Die Farnpflanzen. In: Lindau G (Gründer) Kryptogamenflora für Anfänger. Bd 6. Springer, Berlin. Neudruck: 1971, Koeltz, Königstein
Dyer AF (ed) (1979) The Experimental Biology of Ferns. Academic Press, London New York San Francisco

Gifford AM, Foster AF (1989) Morphology and Evolution of Vascular Plants. In: Kennedy D, Park RB (eds) A Series of Books in Biology. 3. ed. Freeman, New York
Goebel K (1930) Organographie der Pflanzen. 3. Aufl, Teil 2, Heft 2. Fischer, Jena
Guttenberg H von (1966) Histogenese der Pteridophyten. In: Linsbauer K (Gründer) Zimmermann W, Ozenda P, Wulff HD (Hrsg) Handbuch der Pflanzenanatomie. Bd 7/2. Borntraeger, Berlin
Jones DL (1987) Encyclopaedia of Ferns. An introduction to ferns, their structure, biology, economic importance, cultivation and propagation. Timber Press, Portland – Oregon/USA
Kramer KU, Green PS (1990) Pteridophytes and Gymnosperms. In: Kubitzki K (ed) The Families and Genera of Vascular Plants. Vol I. Springer, Berlin Heidelberg New York London Paris Tokyo Hong Kong Barcelona
Löve A, Löve D (1977) Cytotaxonomical Atlas of the Pteridophyta. Lehre. Cramer, Vaduz
Manton I (1950) Problems of Cytology and Evolution in the Pteridophyta. University Press, Cambridge
Meusel W, Hemmerling J (1969) Die Bärlappe Europas. Ziemsen Verlag, Wittenberg Lutherstadt
Ogura Y (1972) Comparative Anatomy of Vegetative Organs of the Pteridophytes. In: Linsbauer K (Gründer), Zimmermann W, Ozenda P, Carlquist S, Wulff HD (Hrsg) Handbuch der Pflanzenanatomie. Bd 7/3. Borntraeger, Berlin
Parihar N (1965) An Introduction to Embryophyta. Vol 2: Pteridophyta. 5th ed. Central Book Depot, Allahabad
Raghavan V (1989) Developmental biology of fern gametophytes. In: Barlow PW, Bray D, Green PB, Slack JMW (eds) Developmental and Cell Biology Series. Cambridge Univ Press, Cambridge New York Port Chester Melbourne Sydney
Sadebeck R, Diels R, Bitter G (1902) Pteridophyten. In: Engler A, Prantl K (Hrsg) Die natürlichen Pflanzenfamilien. 1. Teil, 4. Abt. Engelmann, Leipzig
Sporne KR (1975) The Morphology of Pteridophytes. 4th ed. Hutchinson, London
Tryon R, Tryon A (1982) Ferns and Allied Plants. Springer, Berlin Heidelberg New York
Verdoorn F (1938) Manual of Pteridology. Martinus Nijhoff, The Hague. Reprint: 1967, Asher, Amsterdam

Floren und Bestimmungsbücher

Ascherson P, Graebner F (1913) Synopsis der Mitteleuropäischen Flora. 2. Aufl, Bd 1. Engelmann/Borntraeger, Leipzig
Caspar SJ, Krausch HD (1980) Pteridophyta bis Anthophyta. In: Ettl H, Gerloff J, Heyning H (Hrsg) Süßwasserflora von Mitteleuropa. Bd 23. Fischer, Stuttgart New York
Eberle G (1959) Farne im Herzen Europas. 1 Aufl. Cramer, Frankfurt
Hegi G (1984) Pteridophyta Spermatophyta. In: Conert HJ, Hamann U, Schultze-Motel W, Wagenitz GF (Hrsg) Illustrierte Flora von Mitteleuropa. 3. Aufl, Bd 1/1: Pteridophyta. Parey, Berlin Hamburg
Luerssen C (1889) Die Farnpflanzen. In: Rabenhorst L (Hrsg) Kryptogamenflora von Deutschland, Österreich und der Schweiz. 2. Aufl. Kummer, Leipzig. Nachdruck: 1971, Johnson Reprint Corporation, New York London
Mickel J (1979) How to know the Ferns and Fern Allies. Brown, Dubuque, Iowa/USA
Rasbach K, Rasbach H, Willmanns O (1976) Die Farnpflanzen Zentraleuropas. 2. Aufl. Fischer, Stuttgart New York
Rothmaler W (Gründer), Schubert R, Jäger E, Werner K (Hrsg) (1987) Exkursionsflora für die Gebiete der DDR und BRD. 6. Aufl, Bd 3: Atlas der Gefäßpflanzen. Volk und Wissen Volkseigener Verlag, Berlin
Tutin TG et al (1964) Flora Europaea. Vol 1. University Press, Cambridge

Verzeichnis der Pflanzennamen

In diesem Register sind nur Gattungs-, Art- und Trivialnamen zusammengestellt. Für Pflanzen, deren Entwicklungs-Zyklus durch Abbildungen erläutert wird, ist die entsprechende Seitenangabe fett gedruckt. Dies ist ebenfalls der Fall für die Seiten, auf denen sich Photos von Pflanzen oder Pflanzenteilen befinden.

Abramis
– brama 141
Adiantum 166
– capillus-veneris 166, **186**
– cyclosorum **183**
Adlerfarn 116
– Gemeiner 167
Algenfarn
– Großer 196
– Kleiner 196
Anabaena
– azollae 200
Andreaea 77, 81
– spec. 82, 85, **86, 108**
Anemia
– phyllitidis 170, 190
Aneura 31
Angiopteris
– evecta **160**
Archaeo
– calamites 144
Archidium **75**
Asplenium 166
– bulbiferum 190, 191, **193**
– daucifolium 166, 190, 191, **193**
– nidus 166, **183**, 186
– ruta-muraria 166
– viviparum 166
Anthoceros 21, **24**, 28
– laevis 21
– punktatus 21
Athyrium 166
– filix-femina 166, **186**
Azolla 194
– caroliniana 196
– filiculoides 196
– spec. **201**

Bärlapp 127
– Keulen **126**
– Kolben **126**
– Tannen 127
Bartkelchmoos 45
Beckenmoos
– Gemeines 32

Birnmoos 81
– Bleiches 77
– Haarblättriges 77
– Rasen 77
Blasenfarn **190**
Blechnum 166
– spicant 16
Botrychium
– lunaria 156, **158**
Brachse 141
Brachsenkraut 141
– See 141
– Zartes 141
Brunnenlebermoos 37
Bryum 75, 85
– caespiticium 77
– capillare 77
– pallens 77
– spec. 82, 85, **86**

Calamites 144
– spec. **145**
Calypogeia 53
– fissa 45, **47, 54**
Cyathea 177
Cystopteris
– fragilis **190**

Danaea 160
Dendroceros 21
Dicksonia 177
Drehmoos 77
Dryopteris 133, 166
– filix-mas 116, 16, 167, **169, 173, 175, 183, 184, 186, 188, 189, 190, 191**

Einmützenmoos 45
Ephemeropsis
– thibodensis 81
Equisetum **113**, 133, 145
– arvense 145, **146,** 147, 148
– hyemale 145, 147, 148, **152**
– palustre 147, **150**
– pratense 147
Fissidens **75**

Fossombronia 43, 45
– dumortieri 43
– spec. **44**
Frauenhaar 166
– Goldenes 77
Frullania
– dilatata 45, **47**
Funaria 79, 82
– hygrometrica 75, 76, 77, 78, **79, 81,** 87, 88, 93

Haarmützenmoos 71, 75
Haplomitrium
– hookeri 45, **46**
Helminthostachys
– ceylanica 156
Hirschgeweihfarn 167
Hirschzunge
– Gemeine 167
Hornmilben 6
Huperzia
– selago 127
– spec. **128**
Hymenophyllum
– tunbrigense 171

Igelhaubenmoos 39
Isoëtes 139
– lacustris 139, 141, **143**
– setaca 139, 141

Kammkelchmoos 45
Klaffmoos 77, 81
Kleefarn
– Vierblättriger 200
Königsfarn 165, 167, 171
Kugel-Pillenfarn 200

Lappenfarn 166
Lemna
– minor 34
Lepidocarpon 139
– lomaxi **140**
Lepidodendron **140**
– spec. **140**
Leuchtmoos 76, 81

Lophocolea 45
– heterophylla 46, **48, 51**
Lunularia
– cruciata 49, 51, **53**
Lycopodiella
– innundata 125
Lycopodium
– clavatum 125, **126**, 127, **128, 130**
– officinale 125
– selago 127

Marattia
– fraxina **160**, 162
Marchantia 20, **26**, 33, 34, 36, 51, 57, 66, 70, 90
– paleacea 37
– polymorpha **26**, 28, 36 f, 38, 49, 51, **53**, 55, 63, **65, 66, 67** f
Marsilea
– drumondii **202**
– quadrifolia 200, 202, **203, 204**
Matteuccia 166
– struthiopteris 116, 167, **169, 186**, 190
Mauerraute, s. Mauerstreifenfarn
Mauerstreifenfarn 166
Metzgeria 39
– conjugata **42**
– fructiculosa 39
– furcata 39, **41, 43**
– pubescens 39, 41
Miadesmia 139
Mnium 75, 82, 85, 95
– hornum 77, **90**, 93, **103, 104**
– spec. **94**
Mondbechermoos 49
Mondraute
– Gemeine 156, **158**
Moosfarn
– Schweizer 131, 132

Natternzunge
– Gemeine 156, **158**
Nematacea 81
Nostoc 25, 49
Notothylas 21

Ophioglossum
– spec. **157**
– vulgatum 156, 158
Osmunda
– regalis 165, 167, 171, **186**, 189, **190**

Pellia 32, **33**, 36, 39
– epiphylla 32, **33**, 39, 55, 59, **64**
– fabbroniana 33, 53, **54**
Phyllitis 166
– scolopendrium 167, **183, 186**
Physcomitrella 20
– patens 20, 75, 77, 78, 87, 88
Pilularia
– globulifera 200, 202, **205**
Platycerium
– bifurcatum 167, **183**, 186
Platyzoma
– microphyllum 171
Polypodium 166
– vulagre 167, 176, 177, **179**, **181, 186**
Polytrichum 91
– commune 71, **72**, 75, 77, **79**, 82, 83, **84, 85**, 87 f, **89**, 93, **94**, 95, **98, 100, 102**
Psilotum 120
– complanatum 120, **122**
– flaccidium 120
– nudum 120
– triquetrum 120
Pteridium 166
– aquilinum 116, 167, 176, **179, 183**

Rhynia
– major **117**
Riccardia 30, **31**, 53
– incurvata **54**
– pinguis 30, **31**
Riccardsmoos
– Fettes 31
Riccia 36, 90
– ciliifera 36, **37**
– fluitans 36, **37**
– glauca 36
– warnstorfii 36
Ricciocarpus 34, 36
– natans 34, **35**
Riella 4, 57
– affinis 57, 60, **61, 62**
– notarisii 57
Rippenfarn
– Gemeiner 166

Sackmoos 45
Salvinia 194
– auriculata 196
– natans **194**, 195, 196
– molesta 196, **197, 198**

Schachtelhalm 133
– Acker 145, **146**, 147, 148
– Sumpf 147, 148
– Wiesen 147
– Winter 147
Schistostega
– pennata 76, 81
Schistostegaceae 81Schuppenbaum **140**
Schwimmfarn
– Gemeiner 196
Selaginella 133, 141
– lyallii 124
– helvetica 129, 131, **132, 137**
– selaginoides 129, 131
– spec. **135**
Siegelbaum **140**
Sigillaria **140**
– spec. **140**
Sphaerocarpus 4, 58, 60, 63, 66, 70
– donellii 19, 55, **57, 59**
– michelii 55
– texanus 55
Sphagnum 74, 76, 77, 79, 93, 99, 108, 109, 117
– spec. **79, 81**, 82, 86, **87**, 88, 90, **91**, 107
Sternmoos 77
Sternlebermoos
– Schwimmendes 36
Straußenfarn 116
– Deutscher 167
Stylites 139

Tectaria
– cicutaria 190, **193**
Tmesipteris 120
Torfmoos 81
Trichomonas
– tunbrigense 171
Tüpfelfarn
– Gemeiner 167

Vogelnestfarn 166

Wald-Frauenfarn 166
Wasserfarn
– Gemeiner 195
Wassersternlebermoos 34
Widertonmoos
– Gemeines 77
Wurmfarn 116, 133
– Gemeiner 162, **164**, 167

Zipfelmoos 43

Sachverzeichnis

Seitenzahlen in Fettdruck weisen darauf hin, daß an dieser Stelle die betreffenden Begriffe definiert sind, bzw. systematische Einheiten beschrieben werden.

Adventivsproß 43
Aerenchym 34
Aktinostele 118
Amphigastrium **15**, 46, 49
Amphithezium **16**
Andreaeaceae **77**
Andreaeidae **74**
Andreaea spec.
– Cauloid **86**
– Sporogon **108**
Aneuraceae 31
Anisophyllie **112**
Anisotomie **126**
Antheridium **15**, 170 f
Anthocerotopsida 20 f
– Fortpflanzung 20
– Klassifizierung 21
– Merkmale 20
– Übungsanleitungen 21 f
Anulus 113, 162
Archaeocalamitaceae **144**
Archaeopteridales 155
Archegoniatae **14**
Archegonium **15**, 170 f
Archespor **16**
Arrhizophyta 113
Articulatae 143
Assimilatoren 37
Astmoose 76
Ausläufer, s. Stolone
Azollaceae 194

Bärlappbäume, s. Lepidodendrales
Bärlappe, 127, s. Lycopodiopsida, s. Lycopodiales
– Material 127
Bartraminales 76
Baumfarne 162, 177
Bewurzelung
– allorrhize 174
– homorrhize 174
– – primäre 174
– – sekundäre 174
Birnmoose, s. Bryidae
Brachsenkräuter, s. Isoëtales

Brut
– äste **15**, 27, 53
– becher 51
– blätter **15**, 27
– kelche 27
– knospen 162, s. Bulbillen
– körper **15**, 27, 51
– sprosse 162
– zellen **15**, 27, 53
Bryaceae **77**
Bryales **75**
Bryidae **74**
– akrokarp **75**
– pleurokarp **76**
Bryophyta 13 f
– Befruchtungs-Modus 13
– Entwicklung-Zyklus 13
– Fortpflanzungs-Systeme 13
– Klassifizierung 16 f
– – Kriterien
– – systematische Unterteilung 18
– Merkmale 13 f
– Praktische Bedeutung 19 f
– Sporogon Entwicklung 17
– Vegetationskörper 14
– Wuchsform 15
– – folios 15
– – orthotrop 15
– – plagiotrop 15
– – thallos 15
Bryopsida 70 f, 97 f
– Fortpflanzung 71
– – sexuelle 71
– – vegetative 71, 109
– Gametangien Entwicklung **92**
– Gametophyt **81**
– Klassifizierung 73
– Merkmale 70
– Moosblättchen 87 f
– Mooskospe **83**
– Phylloid 87 f
– Protonema 76 f
– Sporen 76 f
– Sporenkapsel 99

– – Gewebedifferenzierung **99**
– Sporogon **74**, 106
– – Entwicklung **74**
– Sporophyt
– Übungsanleitungen 76 f
Bulbillen 113, 162
Buxbaumiales 75 f

Calamitaceae **144**
Calobryales 30, 39
Calypogeiaceae 45
Carina **150**
Carinalhöhle **150**
Caspary'scher Streifen 136
Cauloid **15**, 82 f
– Blattspurstränge 84
– Mantelgewebe 83
– Stereom 83
– Zentralstrang 83
Caulonema 79
Chloronema 79
Cladoxylales 155
Codoniaceae 43
Columella **16**

Dicranales **75**
Dryopteris filix-mas 191
– Entwicklungs-Zyklus **164**
– Sporangium
– – Öffnungsmechanismus 191

Einzelhülle, s. Involucrum
Elateren **16**
Embryo **29**
– Bildung
– – Anthocerotopsida 29
– – Jungermaniidae 29
– – Marchantiidae 29
– endoskopisch **112**
– exoskopisch **112**
Embryoträger, s. Suspensor
Embryotheka, s. Epigon
Endodermis 113
Endospor 113

Endothezium **16**
Epigon **16**
Equisetopsida 143 f
– Fortpflanzung 144
– Klassifizierung 144
– Material 147
– Merkmale 143
– Übungsanleitungen 145
Equisetum arvense 146
– Entwicklungs-Zyklus **146**
– Sproß
– – fertiler 146
– – Sommer 146
Erdsproß, s. Rhizom
Eusporangiatae, s. Ophioglossidae
Exospor **113**

Farnblatt 180 f
– Blattbildung
– – akroplastisch 180
Farne, s. Pteridales
– s. Pteridopsida
Farnpflanzen, s. Pteridophyta
Farnwedel, s. Megaphyll
Filices, s. Pteridopsida
Fissidentales **75**
Fovea 141
Frullaniaceae 45
Funariaceae **77**
Funaria hygrometrica
– Entwicklung 81
– – Protonema 81
– – Sporogon **98**

Funariales **75**
Fuß, s. Haustorium

Gabelblattgewächse, s. Psilotopsida
Gametangien **15**, **28**
– akrogyn 15, 28
– anakrogyn 15, 28
– der Lebermoose
– – Entwicklung **56**
Gefäßkryptogamen 113
Gemmen 27
Geschlechtsäste 43
Geschlechtschromosomen 58
Gipfelfrüchtler **16**, **75**
Gipfelmoose **75**
Glochidien 200
Gradatae 184
Grimmiales **75**
Gruppenhülle, s. Perichaetium

Hadrom **15**, **84**

Haplomitriadeae 45
Hapteren 145, 148, **152**
Haube, s. Kalyptra
Haustorium **16**, **112**
Hautfarngewächse, s. Hymenophyllaceae
Hepaticae, s. Marchantiopsida
Herba Equisetis majoris 148
Heterophyllie **112**, 199
Heterosporen **113**
Heterosporie 114
Hookeriales **76**, 81
Hornmoose, s. Anthocerotopsida
Hüllblätter, s. Perianth
Hyalinzellen 91
Hydroidzellen 16 f
Hydropteridae, s. Salviniidae
Hymenophyllaceae 171
Hypnobryales **76**

Indusium **113**
Involucrum **15**
Isobryales **76**
Isoëtales 139
– Merkmale 139
Isophyllie **112**
Isosporen **113**

Jungermaniales **30**, 39
Jungermaniidae **30**, 39

Kalyptra **16**, **113**, 180
Keilblattgewächse, s. Sphenophyllales
Klaffmoose, s. Andreaeidae
Kleefarne, s. Marsileales
Kompaßpflanzen 156
Kormus **112**
Kulturen 3 f
– Freiland 4
– Gewächshaus 4
– Labor 3, 4
Kulturmethoden 6

Lacuna 135
Laubmoose, s. Bryopsida
Lebermoose, s. Marchantiopsida
Leitbündel
– diarche 180
– zentrale radiale 177
Lepidocarpaceae 139
Lepidodendraceae 139
Lepidodendrales 139, **140**
– Merkmale 139
Leptom **15**, **84**

Leptosporangiatae, s. Pterididae
Ligula **112**, 121, **124**, 141
Literatur 211 f
Lycopodiales **124**
– Merkmale 124
Lycopodiopsida 121 f
– Fortpflanzung 121
– Klassifizierung 124
– Merkmale 121
– Übungsanleitung 124 f
Lycopodium clavatum
– Entwicklungs-Zyklus **126**
Lyginopteropsida 154

Makrophyll, s. Megaphyll
Mantelgewebe **15**
Marattiaceae 160
Marattiales 160 f
– Material 160
– Merkmale 160
Marchantia polymorpha
– Entwicklung
– – Gametangien **65**
– – Sporogon 70
– – Entwicklungs-Zyklus **72**
Marchantiaceae 36, 49, 63
Marchantiales **30**
Marchantiidae **29**
Marchantiopsida 25 f, **31**, 39, 49
– Bau des Vegetationskörpers 31
– – Marchantia Typ **36**
– – Pellia Typ **32**
– – Riccardia Typ **31**
– – Riccia Typ **36**
– – Ricciocarpus Typ **34**
– Brutkörper 49 f
– Fortpflanzung 26
– – sexuelle 27, 55
– – vegetative 26, 49
– Klassifizierung 29
– Merkmale 25
– Progression
– – der Gewebedifferenzierung 31
– – vom thallosen zum foliosen Vegetationskörper **40**
– – – Fossombronia Typ **43**
– – – Haplomitrium Typ **45**
– – – Jungermaniales Typ 45
– – – Metzgeria Typ **39**
– – – Pellia Typ **39**
– Übungsanleitungen 30 f
Marginales 184

Sachverzeichnis

Marsileales 200 f
– Material 202
– Merkmale 200
Marsupium 47, **49**
Massulae 200
Materialbeschaffung 3 f, 207
– Adressenliste 207
– Frischmaterial 3
– konserviertes Material 3
– Unterrichtsfilme 208
Megaphyll **112**, 153
Megasporangium 113
Metzgeriaceae 39
Metzgeriales 30, 32
Miadesmiaceae 139
Mikrophyll **112**
Mikrosporangium 113
Mixtae 184
Mniaceae **77**
Mnium hornum
– Archegonienstand **96**
– Peristom **106**
– Phylloid **90**
– Sporenkapsel **103, 104**
Mnium spec.
– Antheridienstand **94**
Moosblüte **16**
– akrokarp 16
– pleurokarp 16
Moosfarne, s. Selaginellales
Moosstämmchen 82 f
Musci, s. Bryopsida
Mykorrhiza 119

Nährmedien 5 f
– Benecke Agar 5
– Duckett Agar 6
– Knop Agar 5

Operculum **16**
Ophioglossaceae 156
Ophioglossales 156
– Material 156
– Merkmale 156
Ophioglossidae 156
Osmundaceae 165

Paraphysen 93
Parenchym **15**
Parthenogenese 113
Pelliaceae 32
Perianth **16**, **49**
Perichaetium 15 f
Perispor 170, 195
Peristom 16 f
Pheromon **13**, **28**
Phylloid **15**

Polypodiaceae 165 f
– Material 166
Polytrichaceae **77**
Polytrichales 75, 84, 90
Polytrichum commune
– Antheridienstand **94**
– Archegonienstand **96**
– Cauloid **85**
– Entwicklungs-Zyklus **72**
– Phylloid **88**
– Sporenkapsel **102**
– Sporogon Entwicklung **98, 100**
Pottiales 75
Präparationsmethoden 3, 7
Primärwurzel, s. Radicula
Primofilices, s. Protopteridiidae
Prosenchym **15**
Prothallium **112**
– bildung 168 f
Protolepidodendraceae 125
Protolepidodendrales 125
Protonema 15 f
– folios 15
– orthotrop 15
– plagiotrop 15
– thallos 15
Protonemamoose 81
Protopteridiales 155
Protopteridiidae 155
Protostele 117, 118
Pseudopodium **16**
Psilotopsida 118 f
– Fortpflanzung 118
– Klassifizierung 120
– Merkmale 118
– Telomtheorie, Schema **119**
– Übungsanleitungen 120 f
Psilophytopsida 116 f
– Fortpflanzung 117
– Klassifizierung 118
– Merkmale 116
Pteridales 162
– Klassifizierung 163
– Kriterien 163
– Merkmale 162
Pterididae 117, 162 f, 184 f
– Brutknospen 190
– Bulbillen 190
– Sporangium 184
– – Entwicklung 186
– – Habitus 188
– – Öffnung 188
– Stolon 190
Pteridophyta 111 f, 113
– Befruchtungs-Modus 111

– Entwicklungs-Zyklus 111
– Evolution **115**
– Fortpflanzungs-Systeme 111
– Klasseneinteilung **114**
– Klassifizierung 114 f
– Merkmale 111
– Praktische Bedeutung 116
Pteridopsida 153 f
– Derbgehäusige 155
– Fortpflanzung 153
– Klassifizierung 154
– – Klassifizierungs-Schema 155
– – Kriterien 155
– Merkmale 153
– Übungsanleitungen 155
– Zartgehäusige 155
Pteridospermae 154

Radicula **113**, 174
Rautenfarngewächse, s. Ophioglossales
Rhizoid 15, 93
Rhizom 112, 162, 174
Rhizophor 130, 132, **135**, 136
Rhizophyta 113
Ricciaceae 34, 36
Riellaceae 58
Rispenfarngewächse, s. Osmundaceae
Röhrenbaume, s. Calamitaceae

Saftfäden, s. Paraphysen
Salvinia molesta **197**
– Blattaerenchym **197**
– Periplasmodium 199
– Schwimmblätter **197**, 199
– Sorus
– – Mega 199
– – Mikro 199
– Sporangium
– – Mega 199
– – Mikro 199
– Wurzelblätter **197**
Salvinia natans
– Entwicklungs-Zyklus 194
Salviniaceae 194
Salviniales 194
– Material 196
– Merkmale 194
Salviniidae 193
Samenbärlappe, s. Lepidocarpaceae
– s. Miadesmiaceae

Samenfarne, s. Pteridospermae
Schachtelhalme, s. Equisetopsida
Scheide, s. Vaginula
Scheitelzelle
− dreischneidig **14**, 83, 179
− vierschneidig 174, 180
− zweischneidig **14**, 33, 65
Schistostegales **76**, 81
Schleier, s. Indusium
Schopfbäume 153
Schuppenbäume, s. Lepidodendraceae
Schwimmfarne, s. Salviniales
Schwimmkörper 200
Seitenfrüchtler **16**, 76
Selaginella helvetica
− Anisophyllie 133
− Entwicklungs-Zyklus **132**
− Sporenkeimung 133
Selaginellales 129
− Material 131
− Merkmale 129
Seta **16**
Siegelbäume, s. Sigillariaceae
Sigillariaceae 139
Simplices 184
Sorus 113
− Anordnung 184
− Morphologie 184
Spermatide 95, 163, 171
Spermatozoiden
− chemotaktische Reaktion 95
Sphaerocarpales **30**, 58
Sphoerocarpus donellii
− Entwicklungs-Zyklus 57
Sphagnaceae 76
Sphagnidae **73**
Sphagnum 81
− Cauloid **87**
− Mykorrhiza 81
− Phylloid **90**
− Protonema 81
− Sporogon **107**
Sphenophyllales 144
Sporangium **16**
− kleistokarp 16
− stegokarp 16
Sporenfrucht, s. Sporokarp
Sporenkapsel, s. Sporangium
Sporogon, s. Sporophyt
Sporokarp **113**, 193
Sporophyll **112**, 183
Sporophyt **16**, 189 f
− Entwicklung
− − akrokarp 71
− − pleurokarp 71
− Fortpflanzung 189 f
− − vegetative 189 f
Spreuschuppen 153, 177
Sproß **112**
Sproßachse 176
Spurenelementlösung 5
Stelärtheorie 118

Stereom **15** f
Stiel, s. Seta
Stolon **113**, 162
Stomium **113**
Stylus 49
Superficales 184
Suspensor **112**
Synangium **113**, 118, 162
Systematische Einheiten 11 f
− Benennungen 11

Tapetum **113**, 129, 136
Telom **112**
Telomtheorie 118
Tetradenanalyse 19, 58
Tetraphidiales **75**
Torfmoose, s. Sphagnidae
Trabecula 135
Trophophyll **112**, 183
Tüpfelfarne, s. Polypodiaceae

Urfarne, s. Psilophytopsida

Vaginula **16**
Valleculae 150
Vallecularhöhle 150
Velum 141
Ventralschuppen **15**, 39

Wurzelhaube, s. Kalyptra

Zentralstrang **15**
Zyopteridales 155

If you have any concerns about our products,
you can contact us on
ProductSafety@springernature.com

In case Publisher is established outside the EU,
the EU authorized representative is:
**Springer Nature Customer Service Center GmbH
Europaplatz 3, 69115 Heidelberg, Germany**

Printed by Libri Plureos GmbH
in Hamburg, Germany